U0306929

全景
生物奥秘百科

张光明　编著

中国华侨出版社
北京

图书在版编目（CIP）数据

全景生物奥秘百科 / 张光明编著 . —北京：中国华侨出版社，2016.11（2020.10 重印）

ISBN 978-7-5113-6405-0

Ⅰ . ①全… Ⅱ . ①张… Ⅲ . ①生物学－普及读物 Ⅳ . ① Q-49

中国版本图书馆 CIP 数据核字（2016）第 250955 号

全景生物奥秘百科

编　　著：张光明
责任编辑：兰　芷
封面设计：李艾红
文字编辑：朱立春
美术编辑：刘欣梅
经　　销：新华书店
开　　本：720mm×1020mm　1/16　印张：20　字数：580 千字
印　　刷：北京德富泰印务有限公司
版　　次：2017 年 1 月第 1 版　2020 年 10 月第 2 次印刷
书　　号：ISBN 978-7-5113-6405-0
定　　价：39.80 元

中国华侨出版社　北京市朝阳区西坝河东里 77 号楼底商 5 号　邮编：100028
法律顾问：陈鹰律师事务所
发 行 部：（010）58815874　　传　　真：（010）58815857
网　　址：www.oveaschin.com　　E-mail：oveaschin@sina.com

前言

PREFACE

生物世界奇妙而多彩。从生命诞生的那一刻起，进化也悄然开始。原始生命起源于海洋，它们微小而柔弱。渐渐地，千姿百态的动物陆续登台亮相：从结构简单的单细胞生物，到无脊椎动物，再到脊椎动物；从一度称霸地球的恐龙、自由飞翔的鸟类，到温血、胎生的哺乳动物……历经漫长的岁月，人类隆重登场，创造了生命世界的奇迹。

人类、动物、植物、微生物等构成了丰富多彩的生物界，各自展示着形形色色的生命现象。但直到现在，你可能只对周围常见的生物，或者连周围常见的生物特性都不甚了解。还有些生物，我们可能一生也无法见到它们，只能在图书里，或在电视上见到它们，它们有何特点？如何演化？如何生存？走进生物世界，你就如同进入一个奇妙而绚丽的神奇王国，那些我们难以用肉眼看到的微生物，那些我们闻所未闻的动植物，那些我们至今难以解开的谜团……都在等着我们去了解、去探索。

恐龙为什么会灭亡？捕蝇草是如何吃掉昆虫的？变色龙为什么可以变换不同的身体颜色？猫头鹰如何在黑暗中捕食？鲸是怎样唱歌的？人为什么会做梦？本书以优美的文字、广博的信息和大量的插图，栩栩如生地讲述一个又一个神奇的生物奥秘，为大家呈现出一幅神奇的生物画卷：从陆地到海洋，从天空到地面，从海底世界到沙漠地带，从热带雨林到极地地区，将神秘久远的史前生物、多姿多彩的植物、千奇百怪的水生物、种类繁多的昆虫、各种各样的爬行动物、精彩纷呈的鸟类王国、神奇复杂的人体一一展现在读者面前；所配 1000 多幅图片张张清晰精美，各类风景、动植物、人体照片尽在其中，逼真再现真实的场景，将生物界演绎得生动而鲜活。

用看故事的心情来感受这本充满奇闻怪趣的书，你会发现它是那样的精彩，那样的与众不同。走进生物世界，你会感到一种从未体验过的放松，你会找到一种纯净、本真的美。生物世界的旅程即将开始，你会在这段神奇的旅途中收获到更多的知识与快乐！

目录 CONTENTS

1 史前生物

2 植物

3 水生生物

4 昆虫和其他无脊椎动物

5 爬行动物和两栖动物

6 鸟 类

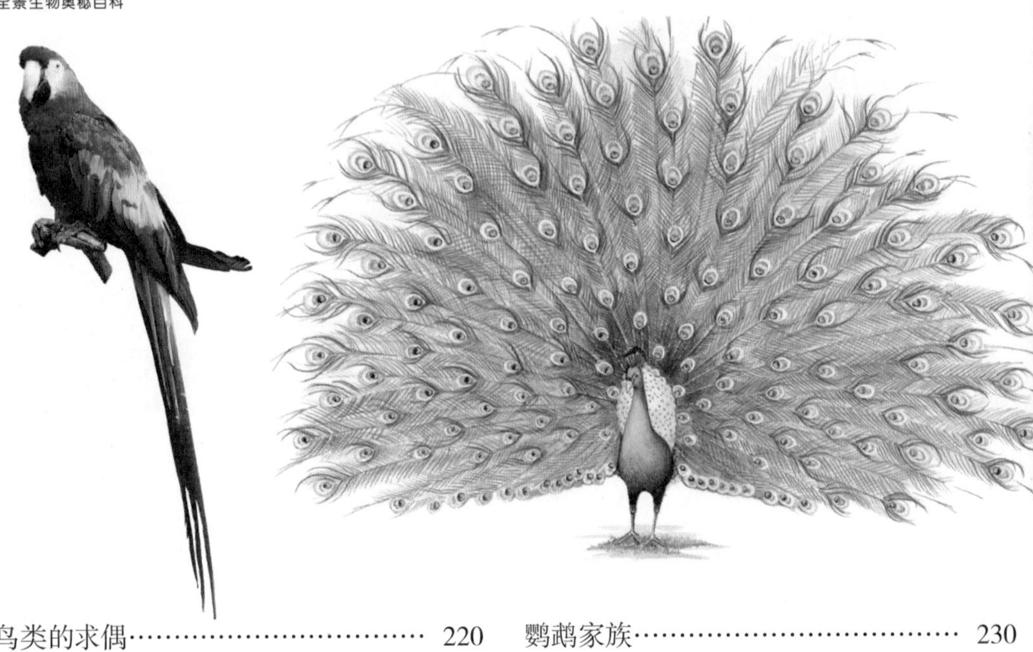

7 哺乳动物

8 人体

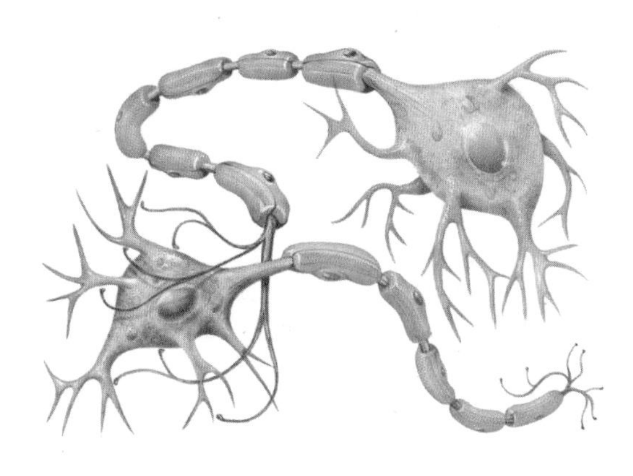

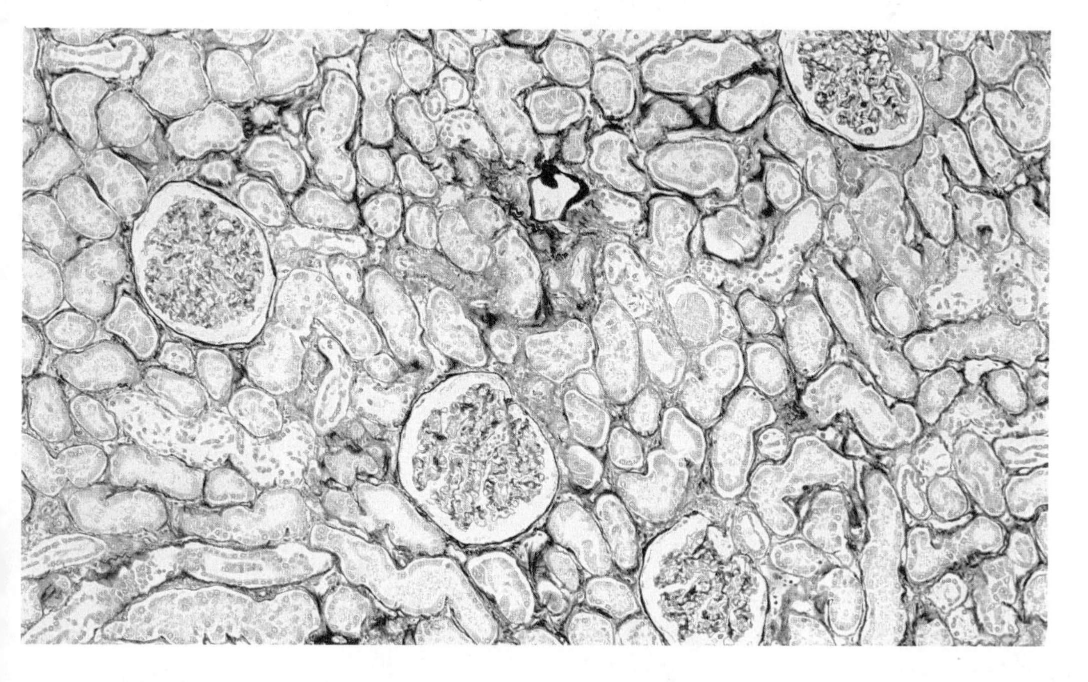

史前生物 1

研究过去

这里所要介绍的史前生物，在数万年甚至数百万年前的地球上生存过。但没有任何人看见过它们活着的样子，我们了解它们，仅凭它们的骨头、牙齿或其他残余部位的化石。通过研究化石，古生物学家能推测出这些史前生物长什么样子，以及它们如何生活。

饮食线索

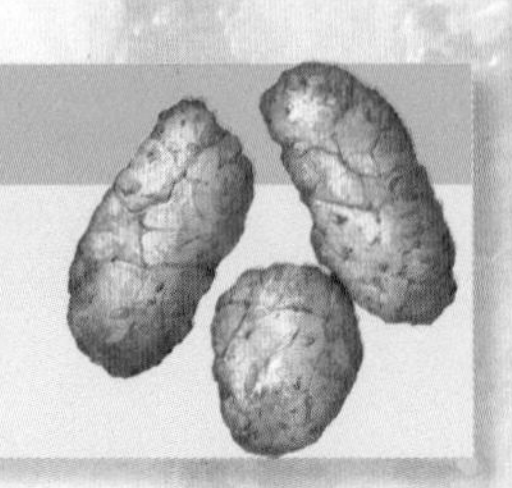

如果粪便化石（即排泄物变成的化石）可以分解，古生物学家就可从中探究出，该动物一直吃什么，以及吃多少。

❍关于史前动物的信息不仅可从实体化石中获取，而且还可从遗迹化石中探寻。遗迹化石保存的不是生物遗体，而是它们活动的遗迹或遗物。

❍遗迹化石包括钻迹、移迹和足迹，是动物通过爪或牙齿留下的印迹，还包括粪便、蛋壳等。

❍人们对多数史前动物的认识，是通过它们留下的化石残片，例如几个骨头碎片来实现的。

❍恐龙是一组史前爬行动物。科学家经常使用相似的恐龙化石，“补填”部分缺失的骨头、牙齿，甚至头颅、肢体或尾巴等。

❍诸如蜥蜴等现代爬行动物柔软的身体部分，常被用作重建恐龙肌肉和内脏的样本指南，这些都补加到了化石上。

❍古生物学家偶尔会发现某个动物迅速风干的身体残肢，有相当多的动物肢体是以木乃伊化石的形式

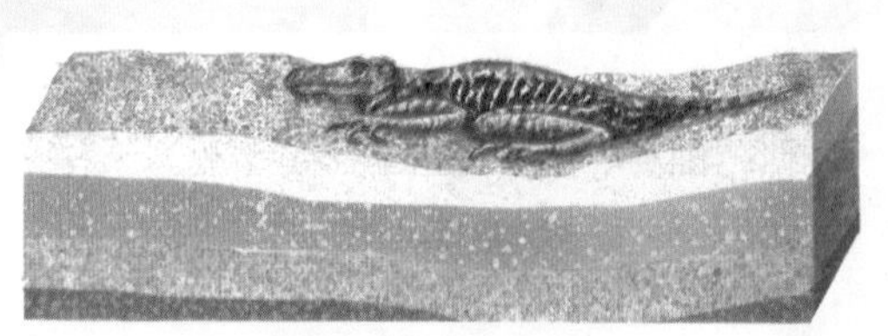

迅猛龙死后掉进湖里或河里，然后沉到了水底。肉体和其他柔软的组织均已腐烂，或者被水里其他动物吃掉。

骨头和牙齿埋在好几层泥浆和泥沙下面，岩石的矽石和其他矿物质渗入骨头缝隙中，填满所有可渗入的缺口。

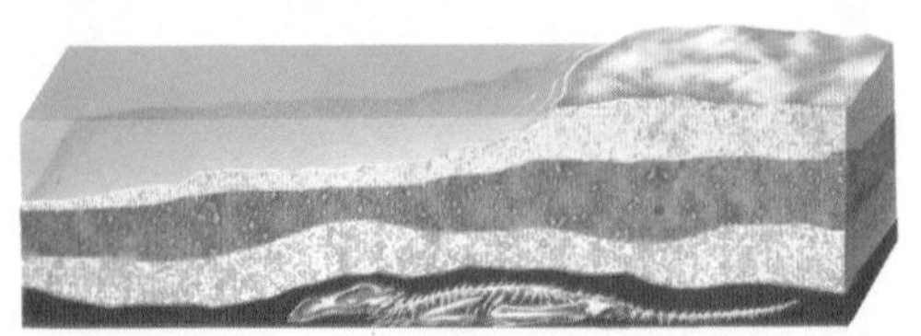

经过数百万年之后，矿物质完全替换了原先的恐龙骨头，然而却保存了其原先的形状和形式，于是，骨头变成了化石。

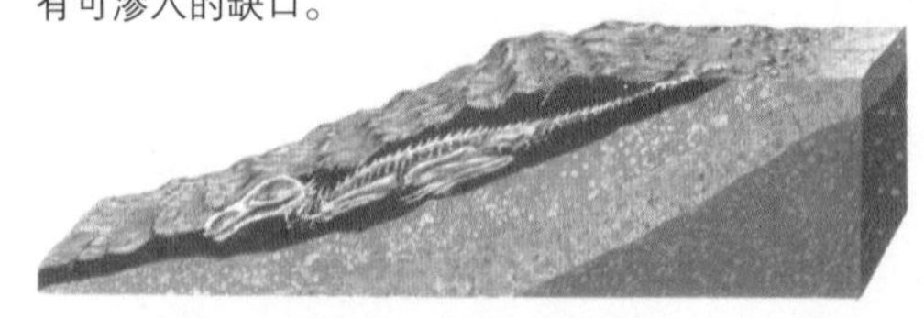

如果含有化石的岩石被抬起，且岩石已遭腐蚀，化石就会裸露出来。从而，化石可能被科学家发现，并被挖掘。

被保存下来的。

❍大多数化石是骨头或者牙齿，因为这些部位很坚硬，比柔软的肌体更容易保存。在超过数百万年的时光流逝中，原先的生物体腐烂，并且逐渐被周围岩石的矿物质所取代。化石可能非常重，且通常都很脆。不过有时，也能发现皮肤或者肌肉形成的化石。

❍古生物学家通过比较化石与现存动物的骨头来进行研究。他们寻找与化石牙齿形状相似的动物。两种动物拥有相似的牙齿，表明它们可能吃类似的食物。

❍肌肉在骨头上留下的印记，能够展现恐龙多么强壮，还能让人看出它正朝哪个方向移动腿和颈，以及身体其他部位。

化石部位

动物身体的坚硬部分极有可能形成化石，特别是牙齿、骨头、爪、角等部位。

生物学家在考古现场进行挖掘。每块化石必须精确标记，还要记录其被发现的准确地点。

❍古生物学家必须从周围的岩石，即被称作母基的岩石中取出化石。有些岩石可以用化学方法溶解剥离开，而大多数岩石则需要用金属钩和凿刀才能刮离出来。

❍最易脆化的化石是粪便化石。已知世界上最大的粪化石是一种蜥脚类亚目恐龙留下的，新鲜时可重达 10 千克。

化石大发现

1822 年 吉迪恩·曼特尔医生在英国，萨塞克斯发现第一批恐龙化石，它们属于禽龙。

1858 年 约瑟夫·莱迪在美国新泽西发现第一具恐龙骨架，它是一只鸭嘴龙。

1878 年 煤矿工在比利时贝尼沙特地区发现了 40 副完整的禽龙骨架。

1909 年 道格拉斯伯爵在美国犹他州发掘迄今为止最大一批化石。

1925 年 罗伊·安德鲁斯在中亚戈壁沙漠中首次发现了恐龙巢和卵化石。

1969 年 约翰·奥斯特罗姆发现了恐爪龙化石。

1974 年 在中国边远地区自贡地区发现数百块恐龙化石。

1993 年 发现了世界上最大的恐龙阿根廷龙，这是迄今为止发现的最大陆生动物。

1995 年 发现了长达 14.3 米的南方巨兽龙化石，这是地球上最大的肉食性动物。

1998 年 在中国辽宁发现了尾羽龙，有证据显示，有些较小的恐龙身上长着羽毛。

最早的生物

在地球形成后数百万年间，它是一个没有生命存在的世界。约33亿年前，第一种植物在海洋里逐步形成；约12亿年前，第一种单细胞动物形成。大约7亿年前，第一种多细胞动物在海洋里出现，它们类似于蠕虫和水母，既吃植物又吃其他动物。

如图所示，这样的叠层石存在于澳大利亚西部的海岸、非洲南部、东格陵兰和南极洲的部分海域里。它们由海藻和细菌的化石组成。

❍最早的植物化石是在基质熔岩里发现的。基质熔岩是由细菌和被称为海藻的单细胞植物形成的石灰石沉积物。有些基质熔岩已经约有30亿年的历史。

❍第一种以其他生物体或者有机物为食的动物是由单细胞组成的，被称为原生动物。

❍无脊椎动物（没有脊柱的动物），是生活在史前海洋里的第一种多细胞动物。

❍已知最早的多细胞动物化石之一出现在约6亿年前。这是一种被称为莫森水母的动物，它可能是原始水母或者蠕虫。

❍斯普里格蠕虫是一种早期的无脊椎动物，以地质学家斯普里格的名字命名。1946年，斯普里格在澳大利亚南部的埃迪卡拉动物化石群里发现了该动物的化石。

查尼盘虫是附在海底，像羽毛一样的史前动物，类似于今天的海鳃。查尼盘虫化石显示其生存在约7亿年前。

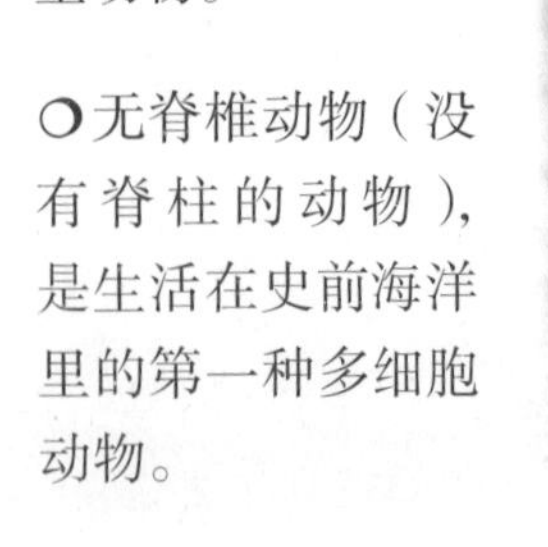

库克逊蕨分叉结果，并在顶端结孢子。库克逊蕨的最早化石标本在爱尔兰被发现，其生长年代约自4.3亿年前开始的。

❍另一种著名的无脊椎动物是由一个英国男学生罗杰·梅森于1957年发现的，这就是查尼盘虫，一种类似海鳃的动物。

❍蠕虫通常是长有柔软、细长身体的无脊椎动物。它们是生活在史前海洋里最早的多细胞动物之一。

❍由于蠕虫身体柔软，它们不宜变成理想的化石。

奇虾是一种 60 厘米长的肉食性动物。1909 年，人们在加拿大落基山脉的伯吉斯页岩石发现第一个完整的奇虾化石。该动物有一张环型嘴，身体部分长有像鳍一样的翅。

脊椎动物的祖先

皮卡虫被认为是所有脊椎动物（有脊椎的动物）的祖先，它身型小，看起来有点儿像是有尾鳍的鳗。皮卡虫化石是在加拿大约有 5.3 亿年的伯吉斯页岩中发现的，它是第一种已知的脊索动物——沿着背长有一根坚硬的杆子一样的东西，被称为脊索。在后期的动物中，这种杆子进化成为一根脊梁。脊索组动物包括全部脊椎动物，以及海鞘和无颅鱼等动物。

❍龙介虫身体周围长有硬管，这些管子比它的身体更容易变成化石。

❍龙介虫化石在中生代和新生代（约从 2.48 亿年前至今）岩石层里十分普遍。

❍伯吉斯页岩中含有环节动物卡纳迪的化石。环节动物的身体有多节，古生物学家认为，千足虫和其他节肢动物是从环节动物逐步进化而来的。

❍体型小、带壳的无脊椎动物在寒武纪（5.05 亿～5.9 亿年前）就出现了，古杯就是其中一例，其身体看起来像两个套起来的杯子。现在人们看到的甲壳类动物是经过数百万年的演化逐步形成的。

早期的石耳

石耳是由藻类和菌类共同形成的。早期的石耳同现代的石耳一样，是生长在岩石上的，久而久之，它们腐蚀部分岩石并使之成为土壤。

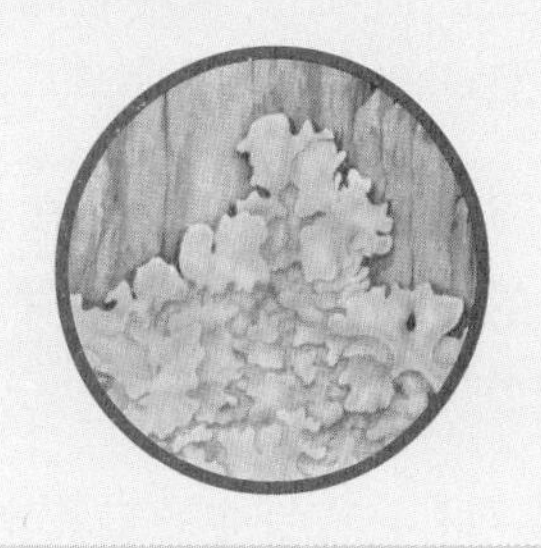

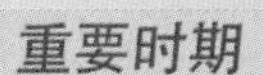

重要时期

46 亿年前	地球形成。
33 亿年前	单细胞植物在海洋里出现。
7 亿年前	水生动物，如蠕虫、水母和海绵等出现。
4.5 亿年前	鱼在海洋里逐步生成。
4.1 亿年前	陆地上出现了植物。
4 亿年前	像昆虫一样的节肢动物开始移居到陆地上。
3.5 亿年前	从鱼进化而来的两栖动物部分时间在陆地上生活。
3.3 亿年前	部分两栖动物逐步进化为爬行动物。
2.3 亿年前	恐龙在地球上出现。
2.2 亿年前	一部分兽孔目爬行动物进化成哺乳动物。

奥托亚虫是古生物学家在北美洲伯吉斯页岩里发现的一种海虫，它们生活在海床上的洞穴里，从水里滤食微生物。

三叶虫的海洋

大约6亿年前，长有坚硬躯壳的动物首次出现，其中包括软体动物和棘皮动物，这两种动物都幸存至今，可是三叶虫却灭绝了。数百万年来，这些动物种类支配着海洋里的生命。一些软体动物甚至开始在陆地上生活，尽管只活动于潮湿的地区。

❍ 三叶虫属于被称为节肢动物的无脊椎动物组，即它们都有分节的身体和坚硬的外部骨骼。

❍ 三叶虫意指有“三个圆形突出部”。三叶虫的坚硬外壳被分成3部分。第一种三叶虫大约在5.3亿年前出现，到5亿年前，它们已经进化出很多不同的类型。

❍ 三叶虫长有复眼，像昆虫的眼睛一样，能同时看见不同方向的物体。

❍ 三叶虫的腿瘦长且有节，它们可在海底迅速移动。

❍ 大约2.5亿年前，三叶虫与其他大量海生动物一起绝种了。

❍ 菊石是软体动物中头足纲的一个亚纲。

❍ 菊石在海洋里曾大量存在过，但是像恐龙一样，在晚白垩纪（约0.65亿年前）均已消失。

❍ 大量被发现的菊石化石足以证明，这些动物曾经广布于世。

❍ 菊石多是肉食性和腐食性动物，它们的视力非常好，长有可以长时间抓物的触须及强有力的嘴巴。

海　星

海星是一种棘皮动物，从体腔向外延伸有5个腔。它们靠捕食更小的动物，特别是贝和软体性动物生存。

大多数菊石长有螺旋形的壳，但是有一些菊石壳像圆锥一样直直地生长，还有些被弯曲或扭曲成为古怪的形状。

像海星一样，海黄瓜是棘皮动物。它们生活在海床上，以从泥浆和沙中过滤的极小生物为食。

软体动物标记化石

这只蜗牛是软体动物。对古生物学来说软体动物至关重要，因为它们的壳容易变成化石，而且数量巨大。一些软体动物形成，并且它们迅速改变的形状被用作“标记化石”以确定岩石的日期。

三叶虫在寒武纪、奥陶纪和志留纪，即在4.1亿~5.42亿年前非常多，到了三叠纪晚期，即约2.5亿年前，还有一些幸存者。很多三叶虫化石实际上是它们外壳或者外骨骼的残余。

❍ 菊石有多节含气的壳包，可使其身体像漂浮箱一样漂浮。

❍ 现代软体动物包括腹足动物（鼻涕虫、蜗牛和帽贝），双壳类动物（蛤、牡蛎、贻贝和乌蛤）和头足类动物（章鱼、鱿鱼和乌贼）。

❍ 首批软体动物或许极小，大概相当于针头般大小。它们约在5.5亿年前的中寒武纪出现。

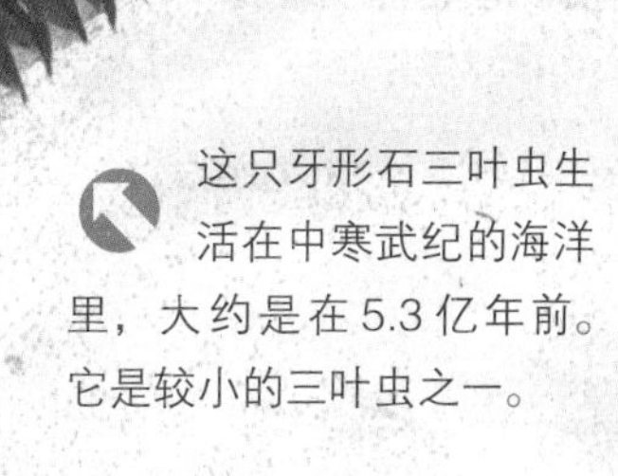

这只牙形石三叶虫生活在中寒武纪的海洋里，大约是在5.3亿年前。它是较小的三叶虫之一。

史前节肢动物

所有动物中最为成功的是节肢动物：其身体的外层长有接合的骨骼。节肢动物包括蜘蛛、蟹、昆虫和蜈蚣，以及数百种其他类型的节肢动物。在当今，约有120万种节肢动物，但是，在史前节肢动物要多得多。

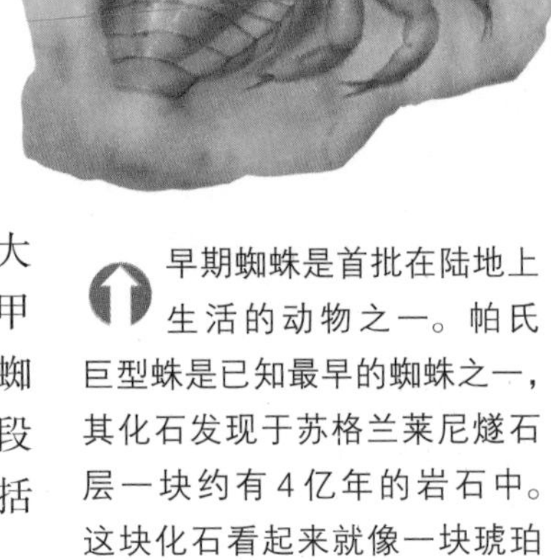

会飞的节肢动物大尾蜻蜓，可能和现代蜻蜓很像。它长有一对大而突出的眼睛，以此分辨待捕动物的运动。不过，大尾蜻蜓约为现代蜻蜓的15倍，而且有着比现代蜻蜓粗壮得多的腿。

你知道吗？

节肢动物长有一对对下肢，这些下肢在需要时可用作不同用途，如可作腿、钳子或涉水工具。

❍ 节肢动物形成动物最大的种群，其包括昆虫、甲壳动物（蟹或龙虾）、蜘蛛和千足虫，即任何有段体和接合肢的动物都包括在内。

❍ 在加拿大伯吉斯叶岩中，保存着迄今为止人们发现的最早的节肢动物化石，已有约5.3亿年之久。

❍ 节肢动物如果不是最早，至少也是首批从海洋来到

早期蜘蛛是首批在陆地上生活的动物之一。帕氏巨型蛛是已知最早的蜘蛛之一，其化石发现于苏格兰莱尼燧石层一块约有4亿年的岩石中。这块化石看起来就像一块琥珀（从古树的树脂变成的化石），帕氏巨型蛛身长0.5毫米，靠捕捉微生物为食。

远古蜈蚣是最大的陆上节肢动物，如果它直立起来，有一人高。尽管它个头很大，却是植食性而非肉食性动物。

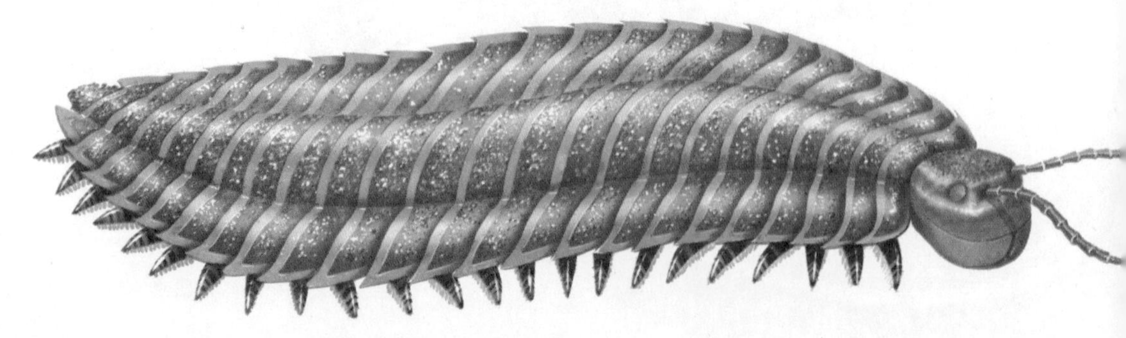

巨型植物

第一批节肢动物从水里迁移到陆地上后，发现大部分陆地都被浓密的植物覆盖着。最大的植物是巨型石松，可高达 30 米。

陆地生存的动物之一，并从此占据着陆地，时间始于约 4 亿年前。

❍ 节肢动物很适合在陆地上生活。许多节肢动物都生有外部骨骼，以阻止其身体的水分流失。有节的肢体意味着它们可自由移动。

❍ 最大的陆地节肢动物是一种类似于千足虫的远古蜈蚣虫，其身长可达 1.8 米。

❍ 像土鳖一样，远古蜈蚣虫以腐烂的植物为食。它生活在石炭纪（2.86 亿 ~ 3.6 亿年前）的森林地带。

❍ 首批陆地昆虫在泥盆纪（3.6 亿 ~ 4.08 亿年前）出现。

❍ 因为开花植物的出现，白垩纪时期（0.65 ~ 1.44 亿年前）飞行昆虫数量激增。

❍ 很多开花植物依赖飞行昆虫传播花粉，而飞行昆虫，例如蜜蜂，则依赖花（花蜜和花粉）为其提供食物。

❍ 像蜜蜂一样的昆虫，可以追溯到晚白垩纪，而现代蜜蜂却是在 0.3 亿年前才首次出现。

目前所知，居住在海洋里的翼鲎属是水里最大的节肢动物，比远古蜈蚣虫长约 40 厘米。翼肢鲎属于板足鲎亚纲，其最后一对步足呈板状。

昆虫和授粉

羽翼受粉昆虫的进化，例如蜜蜂，与开花植物的进化密切相关。蜜蜂与其他飞行昆虫在吸食花蜜的同时，也把雄性花粉授到雌性花蕊上。

远古鱼类

鱼约在 4.5 亿年前首次出现于海洋里。这些早期的鱼没有下颌，它们通过吸吮微小、软体的动物生存。有颌的鱼大约在 4.3 亿年前出现，不过，它们的骨骼最初是由软骨而不是现代概念的骨头组成的。到了 3.5 亿年前，有骨头的鱼才日渐增加。

半脊贝和其他早期的无颌鱼，能比大多数无脊椎动物游得更远，而且更迅速。这意味着，它们能更容易寻找到食物，还可以游到新的摄食区。

❍早期的鱼被称为无颌鱼，意思是说没有颌的鱼。无颌鱼通过其结构简单的嘴，吸食从海底向上铲起的海藻和浮游生物。

❍后来的无颌鱼变得流线化，身体扁大，眼睛位于头部前方。这表明它们可以不受限制地游到海底。

❍七鳃鳗和八目鳗是无颌鱼的近亲，它们长有柔软的肌体，看起来像鳗，并且无颌。

❍大约 3.5 亿年前，大多数无颌鱼均已绝种。

❍有颌鱼（棘鳍鱼）有骨骼。因为有了下巴和牙齿，与无颌鱼相比，它们占有巨大的优势。棘鳍鱼能吃多种食物，并进化成了肉食性动物，还能够更有效地保护自己。当无颌鱼数量逐渐下降时，棘鳍鱼却日益兴旺起来。

弓鲛是一种钝首史前鲨鱼，与恐龙处于同一时代，生活在 1.25 亿至 2.5 亿年前。它看起来十分类似于现代鲨鱼，但是其下颌却与鲨鱼非常不同。

作为有颌鱼的一个种类，栅鱼生活在约 4 亿年前。有颌鱼的另一个名字棘鳍鱼意为“多刺的鲨鱼”。虽然它们不是鲨鱼，但是其鳍的边缘上都长有脊骨。

❍有颌鱼进化了下颌，也进化了牙齿。最早的鱼牙是沿着下颌，像圆锥一样的突出物，由骨头和坚硬釉质组成。

❍早期的棘鳍鱼牙齿各不相同。有些种类长有锋利的、又长又尖的牙齿，而其他种类的牙齿则看起来像叶片甚至平板。每种牙

长有圆形鳍状物的鳍鱼，可使用肌肉发达的鳍为游水提供动力。但在有助于其活动敏捷的同时，鳍也影响了它游动的速度。

弓鲛是一种钝首史前鲨鱼，与恐龙处于同一时代，生活在1.25亿至2.5亿年前。它看起来十分类似于现代鲨鱼，但是其下颌却与鲨鱼非常不同。

侧棘鲨

第一种长有颌及牙齿的鱼是鲨鱼。侧棘鲨是3.5亿年前生活在湖、河里的一种鲨鱼。

齿形状，都是为了适应吃某种特别的食品。

❍盾皮鱼是有角质护甲覆盖身体前部的有颌鱼。它们在晚志留纪（4.15亿年前）出现，在泥盆纪（3.6亿~4.08亿年前）的海里得以大量繁殖。

❍多骨鱼体内有一副硬骨架，外部覆着鱼鳞。它们在泥盆纪后期（约3.60亿年前）首次出现，然后逐步进化成最丰富和最多样的鱼种群。

❍多骨鱼有两类，分别长有射线鳍状物和圆形鳍状物。史前有多种圆形鳍状物的多骨鱼，但是只有少量幸存至今。它们分属于不同的两类：肺鱼或者腔棘鱼。

古鲨鱼牙齿

一颗史前锯蜂总科鲨鱼牙齿化石（左），与一颗来自现代大白鲨的牙齿（右）进行比较。像其他脊椎动物一样，鱼的最常见化石是牙齿，因为牙齿是由一种能保持很长时间、被称为釉的物质形成的。

新翼鱼利用它的鳍状物离开水面。新翼鱼的意思是“又好又坚固的鳍”，曾经被认为是四足动物最亲近的祖先。不过，古生物学家后来又找到了亲缘关系更近的潘氏鱼。

从鱼到两栖动物

大约 3.5 亿年前，有一个种群的鱼逐渐长出了原始肺，因此它们得以呼吸空气。它们也长出了 4 条腿，腿是从坚固的鳍状物中逐步进化出来的。它们是首批两栖动物，既能在陆地上生活，也能在水里生活。数百万年过去了，两栖动物越来越适应陆地上的生活，但是它们仍然需要返回水中产下其柔软的卵。

❍ 反映鱼向两栖动物过渡的化石，在拉脱维亚的矿脉中被发现。它名叫潘氏鱼，有一对肌肉发达的鳍，从鳍上长出了四肢。潘氏鱼的头颅与更晚时期的两栖动物非常相似。

❍ 四足动物意指有“四条腿”。早期四足动物都是两栖动物，既能在水里又能在陆地上生存。四足动物的数量在石炭纪（2.86 亿~3.6 亿年前）有所增加，这可能是因为当时地球上遍布森林，大气层中的氧气非常充沛。

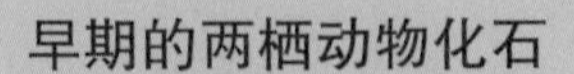

早期的两栖动物化石

这是来自格陵兰的棘鱼石螈化石。早期两栖动物化石只在格陵兰及附近和西欧等少数几处地方有发现。

❍ 逐步适应陆地生活的四足动物必须面对多种挑战，例如复杂的温差变化、阳光带来的紫外线辐射。

❍ 棘鱼石螈是最早的四足动物之一。它有像鱼一样的身体，这说明它生命的大部分时间都是在水里度过的。通过棘鱼石螈在基岩形成的化石分析，其生活年代可追溯到泥盆纪后期（3.7 亿年前）。

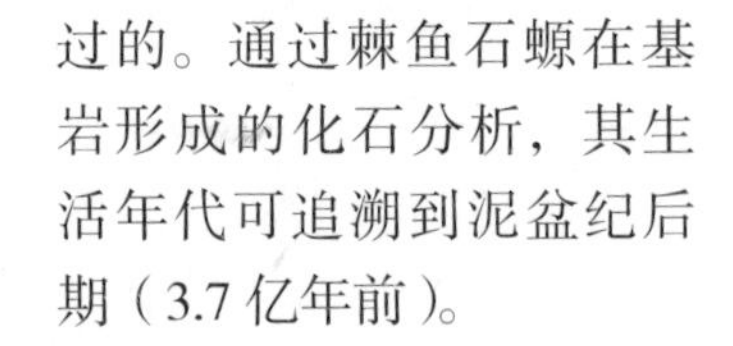

❍ 棘鱼石螈的腿非常发达，前脚上长有 8 个脚趾，后脚上长有 7 个。它脚上的脚趾数使古生物学家惊

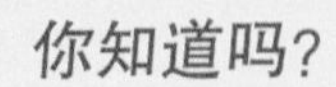

你知道吗？

科学家了解到，约在 2.5 亿年前，有 100 多种两栖动物生存于世。可是到了 1.5 亿年前，几乎所有这些两栖动物都已绝种。

棘鱼石螈可能是从像新翼鱼和潘氏鱼那样长有圆形鳍状物的鳍鱼逐步进化而来的。它与这些鱼具有许多相似特征，其中包括相似的鳃、肺、尾鳍和脑壳。

乳齿象身长可达2米。它生有锋利的牙齿，可以猎食鱼、两栖动物以及小型爬行动物。乳齿象生活在爬行动物大量繁衍的三叠纪（2.13亿~2.48亿年前），但是大多数其他大型两栖动物没有能在爬行动物大量进化时幸存下来。

庞大的两栖动物

乳齿象是一种庞大的两栖动物。像其他早期两栖动物一样，它可以长时间离开水生活，但是必须返回水里产卵。

讶不已，他们曾认为，所有四足动物都只长有5个脚趾。

❍ 鱼石螈像棘鱼石螈一样，是早期另一种四足动物。它是在格陵兰一块3.7亿年的岩石里被发现的，身长约1米。古生物学家认为它身体上覆盖着鳞甲。

❍ 形似青蛙的两栖动物是在石炭纪（2.86亿-3.6亿年前）出现的两栖动物，它们是最大的早期四足动物。

❍ 壳状椎鱼是在3亿~3.5亿年前出现的一种早期四足动物。它们大多与现代蝾螈的身长（10~15厘米）相似。

❍ 现代两栖动物，例如蛙、火蜥蜴和蚓螈属于棘蛙属，在晚石炭纪和早三叠纪之间逐步进化。

两栖动物

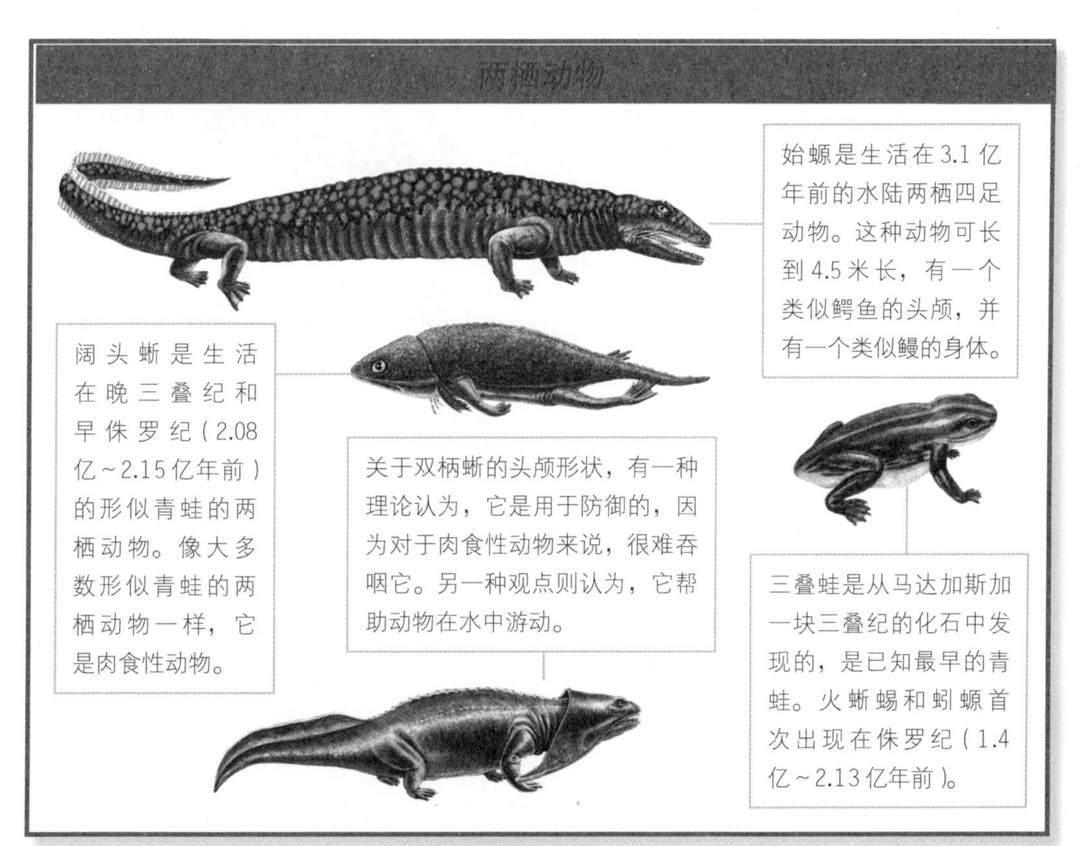

始螈是生活在3.1亿年前的水陆两栖四足动物。这种动物可长到4.5米长，有一个类似鳄鱼的头颅，并有一个类似鳗的身体。

阔头蜥是生活在晚三叠纪和早侏罗纪（2.08亿~2.15亿年前）的形似青蛙的两栖动物。像大多数形似青蛙的两栖动物一样，它是肉食性动物。

关于双柄蜥的头颅形状，有一种理论认为，它是用于防御的，因为对于肉食性动物来说，很难吞咽它。另一种观点则认为，它帮助动物在水中游动。

三叠蛙是从马达加斯加一块三叠纪的化石中发现的，是已知最早的青蛙。火蜥蜴和蚓螈首次出现在侏罗纪（1.4亿~2.13亿年前）。

第一种爬行动物

在约 3.3 亿年前，两栖动物逐步进化出了防水皮，这就意味着，它们可以居住在气候干燥的地方而身体不会迅速变干。它们还逐步演变为可在干燥的陆地上产卵，而无须像两栖动物那样一定要到水里产卵。这些变化最终使它们进化为爬行动物。

最早的蛇出现在 1 亿年前的亚洲西南部。它们或许是从失去腿能力的穴居类爬行动物进化而来的。

泛古陆

爬行动物出现的时候，地球上的全部大陆还是由一块巨大的被称为泛古陆的陆块连接着。之后，各大陆逐渐分开。即使今天，各大陆仍然在地球表面缓慢地移动。

❍ 与两栖动物的肢体相比，爬行动物的腿能很好地适应在陆地上运动。此外，爬行动物拥有更为有效的循环系统，使血液在体内流动更为顺畅，而且它们的大脑比其他动物要大一些。

❍ 和两栖动物相比，爬行动物拥有更强有力的下颌肌肉，这对肉食性动物是非常有利的。早期的爬行动物以千足虫、蜘蛛和昆虫为食。

蜥脚亚目是单古杯海绵亚纲哺乳动物类（像哺乳动物一样）爬行动物，生活在二叠纪早期，大约 2.86 亿年前的北美洲。而且，单古杯海绵亚纲爬行动物和哺乳动物在头颅方面有惊人的相似之处。

你知道吗？

8000 万年以前，爬行动物首次出现在格陵兰及其附近地区，与两栖动物首次出现时的地区一样。

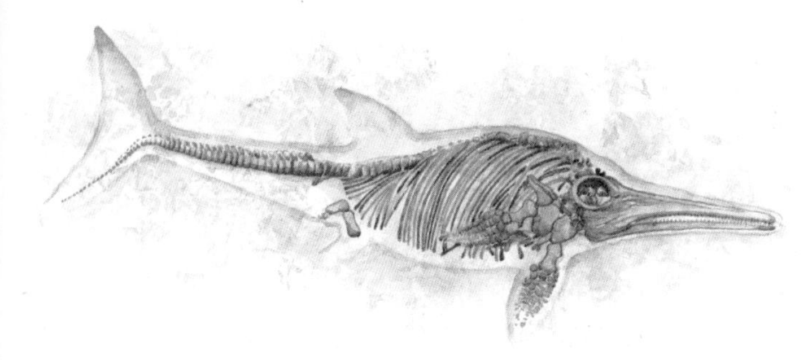

鱼龙化石显示出了其身体的外形。在英国和德国侏罗纪的岩石里，发现了鱼龙化石。

❍ 爬行动物逐步进化，开始产下有保护壳的卵。这样一来，爬行动物就能够在陆地上产卵，而且因为有壳的保护，蛋也不会变干。

❍ 有壳卵的好处是爬行动物不必返回水中繁育后代，因此它们能迅速扩展新的生活区。另一个好处是，爬行动物在陆地上产卵后，能将其更好地隐藏起来——水中产的卵则容易被饥饿的动物吃掉。

❍ 爬行动物胚胎在卵壳里完成其全部发育阶段——孵化时，它看起来就像一个微型成体。

❍ 在石炭纪后期（约3亿年前），爬行动物头颅上的眼窝后面，长出了一些孔。这些开孔使得下颌有了生长更多肌肉的空间。

❍ 随着时间的推移，4类爬行动物的头颅进化了，而且每一类属于不同的爬行动物类别。

❍ 鳞龙次亚纲动物的头颅上除了眼窝，没有其他开孔。海龟和乌龟属于此亚纲。

爬行动物的卵

爬行动物通过把硬壳卵下在陆地上中断了生育和水之间的联系。这个蛇壳包含发育中的幼子（胚），食品储存（羊毛油脂）和保护液（羊膜液）。

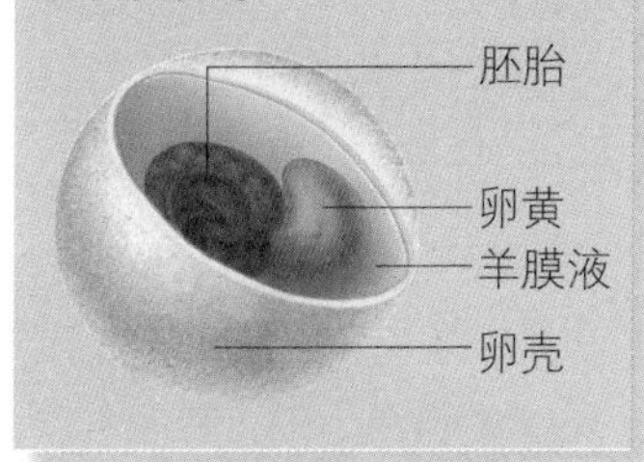

❍ 鳞龙头颅两侧上方高处各有一个开孔。海里爬行动物，例如鱼龙，是鳞龙。但是这类爬行动物群没有得以幸存的后代。

❍ 下孔型爬行动物头颅的两边下方各有一个开孔。哺乳动物是由下孔型爬行动物进化而来的。

❍ 双孔亚目爬行动物头颅两侧各有两个开孔。恐龙和飞行爬行动物是双孔亚目爬行动物，鸟类和鳄鱼也是。

林蜥也被叫作“森林老鼠”，生活在石炭纪中期，约3.2亿年前，是最早的爬行动物之一。在加拿大新斯科舍省的加更斯，化石发现者发现了它的化石。人们认为，这种小型爬行动物靠其圆锥形的牙齿捕获昆虫和其他无脊椎动物。

爬行动物的世界

大约 2.7 亿年前，爬行动物统治着地球。而两栖动物因为无法完全适应干燥的陆上生活，只能在潮湿的地区或者接近大片水域的地方生存。最初单古杯海绵亚纲在爬行动物中占据绝大多数，后来锯牙龙占据绝大多数，然后就被双孔亚目爬行动物取代了。

颌龟，现代海龟和乌龟的祖先，长有 60 厘米长的龟壳，但它却不能在壳里伸头或者伸腿。

像其他下孔亚目爬行动物一样，犬颌兽有强壮的下肌肉用来开合下颌，这使其成为强大的捕食者。

从一些化石可以看出，显示大陆是怎样在地球表面上漂移的。爬行动物水龙兽大约生活亿年前，其化石已在欧洲、亚洲、非洲和南极洲相继被发现。水龙兽不会游泳，因此大陆那时肯定是连接在一起的。经过数百万年，大陆漂流分开，最终到达了现在各自的位置。

有些爬行动物拥有锋利的牙齿，而且这并不仅限于肉食性动物。大约 2.7 亿年前，以植物为食的生活在南非洲的麝齿兽，像犀牛一样高大。它的牙齿又长又直，像一把锋利的凿刀。它能轻易咬掉灌木丛中带刺的树枝和叶子。

穴二齿兽约生活在2.6亿年前，是二齿兽和下孔亚目的祖先。它是一种类似于哺乳动物的爬行动物，以植物为食，掘穴居住。

原鳄的化石发现于美国亚利桑那，其生活年代可追溯到2亿年前。虽然原鳄在很多方面都与现在的鳄鱼相似，但是它的腿却要长得多。

你知道吗？

广口蜥的牙齿既长在上颌上，又长在下颌里。

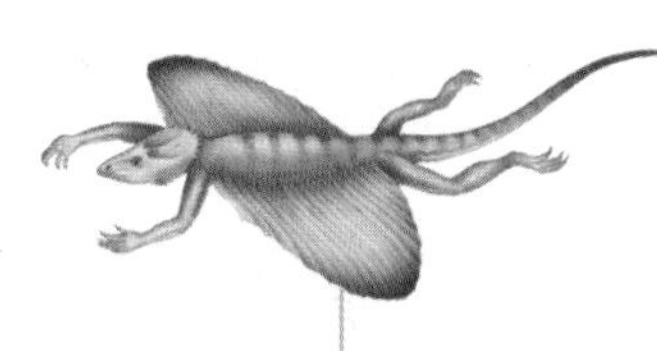

空尾蜥身长60厘米左右，曾生活在欧洲和马达加斯加的森林中。古生物学家最初把其滑动杆误认为为鳍，以为它是一种鱼。

广口蜥是早期祖龙，也是恐龙的先祖。它曾生活在大约2.5亿年前，身长达2米。

异齿龙长有很大的鳍状物，既可以作为热量调节器，使身体迅速变暖或者冷却，又可以帮助自己吸引伙伴或者抵御竞争者。

三叉棕榈龙有3类不同的牙齿。前牙小，用于刺和咬；大一些的狗牙，用于刺杀猎物；粗糙的颊牙，用于剪物。捕食较小的动物时，它会有效地使用各种牙齿。

恐龙的出现

恐龙是史前爬行动物，腿长在身体下面，像现代哺乳动物一样。恐龙的头骨与其他爬行动物不同，却与鳄鱼密切相关。有人认为，鸟或许是从某一类恐龙进化而来的。

❍恐龙名字的意思是“可怕的蜥蜴”，英国科学家理查德·欧文在1842年给这些古代爬行动物起了名。

❍恐龙属于祖龙，曾经是

➲鸟鳄可能是早期的祖龙，与恐龙的祖先可能有些关系。这类恐龙大约4米长，长有强有力的肌肉，善于捕获猎物。

恐龙时代

在地球上，恐龙生活在大约0.65亿到2.3亿年前。这漫长的时间跨度可分成3个时期：三叠纪、侏罗纪和白垩纪。这些时期共同构成中生代，也被称为“恐龙时代”。

三叠纪 2.13 亿 ~ 2.48 亿年前

祖龙日益重要，并成为第一批真正的恐龙。这一时期还有一些小型两腿肉食性动物和大型的植食性动物。

侏罗纪 1.44 亿 ~ 2.13 亿年前

这一时期，恐龙种类繁多。大型恐龙成为有势力的动物霸主，例如庞大的植食性恐龙重龙。

白垩纪 0.62 亿 ~ 1.44 亿年前

恐龙类型要比其他时期多，包括巨型肉食性恐龙及一些植食性装甲龙。

卵化石

人们在成为化石的恐龙卵内发现了其胚胎残余。化石显示，恐龙卵在大小和外形上都各不相同，有些卵甚至比现代鸡卵还要小。

最早的恐龙之一——埃雷拉龙，大约生活在2.3亿年前的南美洲。该恐龙身长约4米，以猎获其他动物为食。埃雷拉龙有下颌，颌内长满向后弯曲的锋利牙齿。这些牙齿可紧紧控制住挣扎的猎物，不让其挣脱。

占统治地位的爬行动物。这个种群包括现在的鳄鱼和已经绝种的几种爬行动物。

❍根据髋骨的形状，恐龙可分成几类。蜥臀目恐龙，其髋骨像现代爬行动物的髋骨；鸟臀目恐龙长有现代鸟的髋骨。

❍科学家为数百种不同类型的恐龙命了名，但无人确知恐龙的总数。数以千计的恐龙化石还埋在地下，尚未被人发现。

❍美颌龙在所有恐龙当中体型最小。这种恐龙相当于一只鸡大，体重约2.5千克。美颌龙长有长尾和颈，伸长时可达1米多，但是，站立时只有约40厘米。美颌龙以捕获昆虫和小蜥蜴为食。

❍体型最大的恐龙下的卵也是最大的。那些卵直径约达40厘米，与一个足球差不多，图中所示可能是蜥脚亚目恐龙下的卵。

恐龙家族

数亿年以前	家族
1.6～2.2	原蜥脚次亚目
0.65～1.9	蜥脚亚目
0.8～1.8	结节龙
0.8～1.7	剑龙
0.8～1.5	棘龙
0.65～1.4	禽龙
0.6～1.25	驰龙科
0.65～1.1	甲龙
0.65～1.1	似鸟龙
0.65～1.05	肿头龙
0.65～1	角鼻龙
0.65～1.95	副栉龙
0.65～0.85	窃蛋龙
0.65～0.8	兽脚亚目肉

以上时间均为近似值。

与大多数爬行动物不同，孵出幼崽后，恐龙会在最初几个月里照顾幼崽的生活。这也是恐龙成活率高的原因之一。

早期的恐龙及其亲缘关系

人们认为，恐龙于三叠纪中期即在 2.3 亿年前首次在南美洲出现。之后，它们迅速遍布整个世界，并且逐步形成许多不同的种类。到 1.9 亿年前，恐龙已经在地球上成为很有势力的动物，并且保持这种优势达 1.2 亿年之久。

里澳哈龙是三叠纪晚期生活在南美洲的蜥蜴类爬行动物。

❍目前已发现，腔骨龙是拥有巨大数目的恐龙群。在北美洲，已经有数百具腔骨龙化石被挖掘出来。最有戏剧性的是，1947 年在美国新墨西哥州幽灵大农场内，科学家发现一大堆腔骨龙化石，将近 100 具。据推测，这群腔骨龙是被沙尘暴杀死的。

❍埃雷拉龙是强有力的肉食性动物，身体长 4 米，体重达 100 多千克。它是大约 2.28 亿年前生活在现在南美洲的早期恐龙之一。

❍1988 年，一副几乎完整的埃雷拉龙骨骼化石在圣胡安附近安第斯山脉的山麓里被人们挖掘了出来。它狭窄的下颌长满了锋利而向后倒钩的牙齿，长而强壮的后腿使它可以迅速运动。

❍只有少数几只跳龙的身体化石在靠近苏格兰埃尔金处被人们发现。跳龙是一种极小的恐龙，相当于宠物猫大小。跳龙每只爪有 5 个指头，这是当时肉食性恐龙的原始典型特征。后来，经过数百万年的进化，恐龙减少到每只爪只有 3 个，甚至 2 个指头。

❍最初对鸟鳄的化石进行研究时，有些专家认为，它是一种非常原始的恐龙。不过，它现在被列为槽齿目的成员。一些槽齿目成员可能发展成了恐龙。鸟鳄体长可达 3 米，其锋利的牙齿适于抓获大型猎物，并撕开其肌肉。它跑动时可能用四条腿，也可能只用后边两条腿。

❍舟爪龙不是恐龙，而是被称为喙头龙的“鸟嘴状的爬行动物”的成员。它们以植物为食，体长从 40 厘米到 2 米不等。舟爪龙是较大的喙头龙之一，能用上颌钩下羊齿科植物叶子，也能啃地面上的植物。

❍喙头龙在恐龙时代初期非常多，但是不久逐渐消失，或许是因为肉食性恐龙发现它们是容易被捕获的动物。

你知道吗?

恐龙和哺乳动物几乎同时出现，但是，当时恐龙控制着地球。恐龙消失之后，哺乳动物才变得重要起来。

腔骨龙是一种细长、敏捷的恐龙。它可能会疾走、会跳跃，可以敏捷地到处飞奔。有时它靠其两条后腿笔直奔跑；在另外一些场合，则会像狗一样，用四条腿跑动，时速可达 30 千米以上。

专门分工的足

作为植食性动物，板龙成功的秘密之一很可能是它那双前足，需要时它可以将其伸长。这种灵活性意味着板龙在吃树叶时可以抓住树枝。

○南十字龙体长大约2米，体重15千克左右，它尖利的牙齿适于捕获诸如蜻蜓、鼻涕虫等小动物。

○始盗龙与埃雷拉龙生活在同一时期的同一地域，但是它要小得多，从鼻子到尾尖只有1米，站着时仅及成年人的膝盖处。它嘴的前部长有极不平常的叶状牙齿，非常锋利，向后倒钩，这是肉食性动物的典型特征。始盗龙行动轻便、敏捷，善于捕捉小动物为食。

○槽齿龙在1843年被命名为“牙槽齿状蜥蜴”。这一命名使它成为得到正式学名的最初几种恐龙之一。它遗留的东西极少，但是据此依然可看出，它长有长颈和长尾，以植物为食。槽齿龙的体型看起来像是后期蜥脚亚目巨型恐龙，但实际上它身长只有2米。

○鼠龙的体重为成年人的两倍。它生活在南美洲的阿根廷，以低矮植物，如羊齿科和马尾科等植物为食。被研究的第一个鼠龙标本或许是刚刚从卵壳孵出的幼崽。在所有恐龙化石当中，最小的只有今天的老鼠般大小。到了后来，人们才发现成年鼠龙的遗骨。

当鼠龙从卵壳里孵出时，只有大约 25 毫米长。它可能一直待在巢中直到它长到超过 20 厘米。成年鼠龙体长达 3 米。

巨型恐龙

在侏罗纪时期（1.44 亿～2.13 亿年前），恐龙在世界各主要大陆上繁衍生息，并进化出许多新品种。最大的恐龙是蜥脚亚目恐龙，该类恐龙体型大、身体重，以植物为食。原蜥脚亚目动物是蜥脚亚目恐龙的先祖，包括体型像大象一样的原批恐龙。

❍鲸龙化石脊椎原先曾被鉴定为鲸的脊椎。这种侏罗纪中期蜥脚亚目恐龙，有早期的原蜥脚次亚目动物的综合特征，而后则进化为更大的蜥脚亚目，并以植物为食。该恐龙体重25吨，体长约15米。鲸龙骨与有关水生植物和动物有某种联系。鲸可能生活在沼泽中，以柔软水产植物为食。

❍生活在侏罗纪中晚期的重龙脖颈很长，且强壮有力，还长有巨大、强壮的尾翼，但是身体却相对较小。它的身体总长约25米，体重在30吨左右。颈有16～17根颈脊椎（或称颈骨），其中有些长近1米。

⬇腕龙是在地球上生活过的最大的恐龙之一。它的体重超过50吨，相当于一辆巨型卡车。不仅如此，它也是最高的恐龙之一，它的头能伸到离地13米的高度。在温暖、潮湿的侏罗纪时期，植物甚至能在贫瘠的土地上茁壮生长，因此植被覆盖了绝大多数地区。

⬆体重最大的陆生动物或许是阿根廷龙。关于这个庞然大物，人们并非很了解。这种巨型恐龙体重可能超过100吨，从头到尾有35米。阿根廷龙的头和大脑虽小，但却有一个庞大的身体。

巨骨

蜥脚亚目恐龙长有巨大的骨头。巨脚龙股骨有一人高，约170厘米。

你知道吗?

科学家们认为，蜥脚亚目恐龙阿根廷龙的心脏最大，可能重达1吨。

胃石

一堆堆圆而光滑的石头，有网球般大小，经常被发现与植食性巨龙残骸埋在一起。可能的解释是，这些石头是恐龙的胃石，恐龙有意识地吞下这些石头，以帮助磨碎胃中的巨量植物。在帮助消化的过程里，石头变得光滑而发亮，就好像在一台磨碎机里工作过一样。

❍ 蜀龙是侏罗纪中期一种较小的蜥脚亚目动物。它有其种群中典型的长颈、庞大的身躯和极长的尾巴。蜀龙身长约11米，体重超过10吨。它最为显著的特征是一根由延伸的尾骨组成、由若干尖峰武装的尾棒，它是一种有效的防御性武器，可以抡起以打击抢劫的肉食性动物。

❍ 瑞拖斯龙是首批被命名的澳大利亚恐龙之一。它与近亲蜥脚亚目恐龙蜀龙有很多相像之处。它的化石在罗马、昆士兰被人们发现。该种恐龙体格强健，以植物为食，身长大约15米，体重达15吨。

❍ 地震龙是一种巨大的蜥脚亚目动物，其身长为恐龙之最。不过，身长55米的估计，是基于从鼻子到尾部部分化石的分析，身长40米到49米则更有可能接近真实情况。地震龙的化石在美国新墨西哥州被人们发现。尽管阿根廷龙的体重可能是地震龙的两倍，但当地震龙移动身体时，就好像发生地震一般。

❍ 蜥脚亚目动物可能是以群为伍进行生存的。人们作此判断是根据它们的足迹化石。每只脚留下一个和椅子一样大的足印，数百个足印集聚一处，说明成群动物走动时彼此相距很近。一天中，它们很可能用20个小时进食。因为它们巨大的身躯需要消耗大量食物，而且只能靠那张小嘴进行采集。

像重龙这样以植物为食的巨型恐龙，主要靠食用高处的针叶、羊齿科植物、银杏树叶和松柏生存。

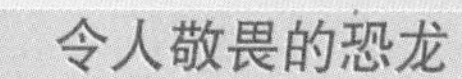

令人敬畏的恐龙

	身长	体重
阿根廷龙	35米长	100吨
地震龙	40米~49米	50吨~80吨
腕龙	30米	50吨
雷龙	20米	20吨~30吨
双棘龙	23米~27米	12吨

上述身长与体重全部都是近似值。

剑龙

数百万年以来，鸟臀目恐龙保持着较小的体型，而且数量相对稀少。然而在大约 1.6 亿年前，一个大型鸟臀目恐龙新家族出现了，它们就是以植物为食、身上长满甲片的剑龙。它们在世界各地迅速繁殖、壮大，在地球上存在了 5000 万年左右。

沱江龙

大多数科学家展示的恐龙图片颜色较为黯淡，但是发现沱江龙的中国科学家却指出，沱江龙的颜色或许更明亮一些。

钉状龙有不平常的防御手段——板坯骨和尖峰的结合处，延伸于整个身体的背部。钉状龙身长超过 5 米，体重达 1 吨左右。

❍ 剑龙经常被人们称为平板恐龙，因为它们的背上长有平板或者板坯样的骨头。在侏罗纪早期剑龙首次出现在东亚地区，然后逐渐繁衍到了其他地区。

❍ 剑龙从鼻子到尾部长达 9 米，体重为 3 吨。从化石分析，其生活年代可追溯到侏罗纪晚期和白垩纪早期。

❍ 在中国发现并以沱河命名的沱江龙，身长 7 米，体重 1 吨，也是剑龙家族成员之一。随着在北美洲剑龙化石和在非洲发现了勒苏维斯龙化石的发现，人们研究出了侏罗纪晚期剑龙家族在地球各大陆的繁衍演变过程。

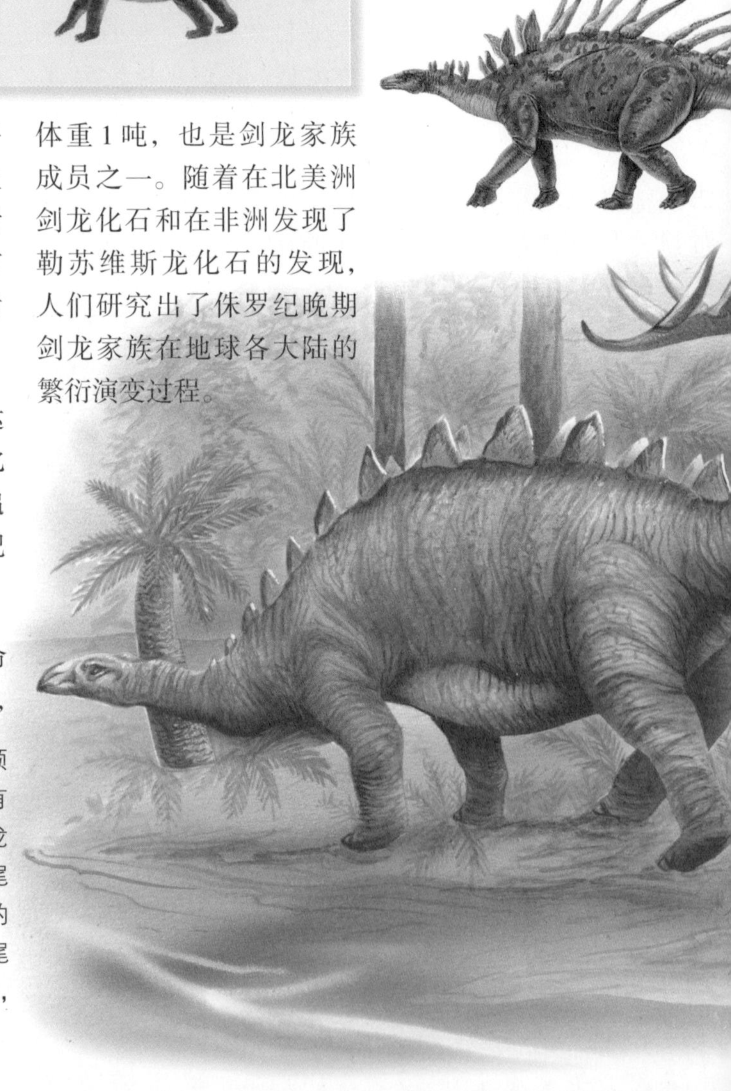

剑龙家族的沱江龙，其颈部、背部和尾巴突出长有多达 15 对盘子骨。像其他剑龙一样，沱江龙把肌肉发达的尾部当作一种防御性武器。它的尾巴下面长有圆锥形盘子，尾尖长有尖峰，只要挥动起来，就可给任何进攻者致命一击。

为了对付肉食性动物的牙齿和利爪，剑龙喉内长有大量坚硬的骨牙。与庞大身躯相比，剑龙的头颅较小，大脑也相对较小，臀部分布有神经系统和神经组织。人们认为，这些可能帮助它协调腿和尾巴的运动，减少大脑需要应付的神经信号的数量。

❍长久以来，关于剑龙家族的未解之谜是，它们背上为何会长出突出的峰、三角形或者菱形的骨板。这些骨板是由轻质的骨头形成的，在生长过程中有皮覆盖着，以起某种保护作用。

❍骨板可能作为吸热器，吸收太阳的热量，这样，作为植食性动物，它就可以比其他冷血恐龙在早晨更迅速地行动起来。

❍大多数剑龙嘴的前部设有牙齿，但是有鸟一样粗硬起茧的喙，以此采集植物的叶子。它们用较小的脊状面颊牙齿，咀嚼吞进的植物。

❍像同类其他成员一样，沿着背，沱江龙长有突出的三角形状或叶状的板坯骨。这些叶状板坯骨组成两排，像笔直粘在背上一样。它们还长有似鸟般的喙，主要是为了吃低处的植物；尾端长有4个尖峰，以V形张开，是强有力的防御武器。

❍用于叼植物的“喙”，低垂着的头，向后拱起的后背，突出的板坯骨加上尖头尾巴，都充分显示钉状龙是剑龙家族的成员。的确，正像其名字所表示的，它是“锥形爬行动物”。它的化石与腕龙家族其他成员的化石是在东非坦桑尼亚著名的敦达古鲁层里被发掘出来的。

恐龙是什么颜色的?

化石不是原始的活材料，而是由矿物质合成的石头，因此，化石的颜色是其矿物质的颜色。这表明，人们不能从化石颜色判断恐龙或者其他早已绝种的动物的颜色。有些恐龙呈暗褐色或菜色，就像现存的短吻鳄和海龟一样。但是，其他恐龙可能具有明亮多彩的颜色，就像今天的某些蜥蜴和蛇。为了绘制动物活生生的模型和图片，就像在这本书里呈现的，颜色是根据智能化推测和比较后被选用的。

剑龙可能有明亮的皮色

狩猎恐龙

在侏罗纪时期（1.44亿~2.13亿年前），恐龙呈现多种不同的种类。能捕猎其他大型恐龙者，逐步形成更大和更强有力的动物种群。其他动物则变得更小、更快，也更敏捷，以便能抓住蜥蜴或者昆虫。

初次命名

巨齿龙于1824年被科学家命名，它是被命名的第一种恐龙。这种动物被正式命名为恐龙是18年以后的事。

美颌龙是一种肉食性恐龙，就目前化石发现情况而言，这种恐龙相对稀有。它体长1米，体重3千克，是最小的恐龙之一，并且主要以昆虫和较小的爬行动物为食。美颌龙行动快速、敏捷，它们为了自卫，经常群体行动。

你知道吗？

狩猎恐龙的牙齿长在下颌上，而且不牢固，很容易碰断，因此它必须不断长出新牙齿。

弯脊龙依靠强壮的后腿奔跑，虽然每只脚有4个脚趾，但只有3个脚趾接触地面，不过它们依然能跑得很快。它的头很大，长有长颌，颌内长满了锋利的牙齿。它的名字意为“弯曲漂亮的脊椎”，主要就它脊椎关节表面的形状而言。

双棘龙因头顶上有两片大大的骨冠而得名，骨冠可能是装饰用的，用来区分品种、雄雌或是否成熟，而不具有防御功能。

❍ 双棘龙身长6米，体重半吨，是最早的大型兽脚亚目肉食性恐龙之一。人们从美国亚利桑那州和中国云南省发掘的化石中了解了它。它身体柔软，行动敏捷，牙齿弯而锋利，如果遇到新近孵出的植食性动物，如蜥脚亚目动物幼崽，它能轻而易举地将其变成美餐。

❍ 扭椎龙曾活跃于侏罗纪中期，是曾经生活在英国牛津地区的凶猛肉食性动物。它比今天同类型肉食性动物要大得多，身长7米，体重达0.25吨。

❍ 大量的蜥脚亚目动物体型巨大。食肉性巨龙充分利用了这些肉山。侏罗纪晚期，世界上最大的肉食性动物是异龙。

❍ 一种略小的肉食性动物身长2米。虚骨龙因其具有显像管一样的肢和尾骨而得名。因其骨头有空间，体重就会减轻，因此这种体型小、行动敏捷的肉食性动物体重只有15千克，其化石在美国怀俄明州被人们发掘了出来。这些肉食性恐龙以捕获小动物为食，例如蜥蜴、虫、蛆和昆虫等。

❍ 角鼻龙因为鼻子上长有像犀牛一样突出的角而得名，它两眼的每一边都有一块突出的多骨脊。这种肉食性恐龙身长6米，体重将近1吨。它和异龙在北美洲的同一地区生活，时代也极为相同。它们的化石已经在多处被发现。

❍ 身强体壮的肉食性牛龙是雷克斯暴龙家族的成员。

❍ 肉食性牛龙化石主要是从南美洲阿根廷丘布特地区发掘出来的。它属于中型恐龙，大约生活在1亿年前，身长大约7.5米，体重达1吨。

❍ 肉食性牛龙名字的意思是“吃肉的公牛”。肉食性牛龙长有两个圆锥形的“角”，每个角都高于眼睛，如同现代公牛长角的地方一样。

异龙

异龙化石在美国犹他州克利夫兰劳埃德恐龙采石场被人们发现。异龙化石在非洲也有发现。在侏罗纪时期，两个洲还是连在一起的。异龙身长12米，体重2吨。异龙几乎可与巨型霸王龙一争高低，虽然它生存年代要早7000万年。恐龙采石场是这些巨龙的死亡陷阱，它看起来是一个水池，其实却是陷埋恐龙的厚泥浆。路过的异龙想过来食用里面的动物，结果被厚厚的泥浆下吸致死。这种事年复一年地发生，至今已发现超过65具异龙的残余化石。

海生爬行动物

在中生代（0.65亿~2.48亿年前），几种爬行动物离开陆地，慢慢回到了海里。它们仍然呼吸空气，而且大多数都把卵产在干燥的土地上。这些爬行动物在海里依然是体型最大的动物，直到中生代后期，它们绝种为止。

鱼龙

像鱼龙那样的史前海生爬行动物的化石，在19世纪初曾轰动一时，因为它们发现于恐龙化石之前。

❍ 古海龟是一种巨型海龟，甚至是有史以来最大的海龟。在晚白垩纪（0.70亿年前），古海龟生活在北美洲的海域。它重约2.3吨，以各类鱿鱼为食。古海龟依靠其强有力的前鳍肢，在水中推动自己前进。

❍ 盾齿龙是早期的水中爬行动物。它们生活在三叠纪中晚期（2.2亿~2.4亿年前）。这些爬行动物有庞大的面颊牙齿，磨食所捕获的猎物。

❍ 盾齿龙体形矮胖，长有短粗的肢，脚趾有蹼，尾巴上可能长有一片鳍状物。

你知道吗？

科学家不能肯定，许多不同种类的海洋爬行动物是否彼此有着密切的关系。

❍ 盾齿龙或许使用长在嘴外突部位的板平牙齿，捕获岩石上的贝壳类生物。

❍ 幻龙是另一类回到海里生活的爬行动物。正像其名字所暗示的那样，幻龙的颈、尾巴和身体

在白垩纪晚期，现在美国得克萨斯州地区是一片浅海，板龙就生活在那里。无齿翼龙以猛冲下水里，抓鱼为食。

都是灵活的。它的身体总长度大约 3 米，体重大约 200 千克。

❍从三叠纪晚期到白垩纪晚期（0.8 亿~2.15 亿年前），蛇颈龙是水中爬行动物，而且数量众多。与幻龙或者盾齿龙相比，蛇颈龙能较好地适应海里的生活。它们的下肢是发育完全的“短桨”，能迅速推动短粗的身体向前运动。

❍很多蛇颈龙都有长而弯曲、柔韧的颈，颈端有一个小头，并有强壮的下颌和锋利的牙齿。该动物以鱼、鱿鱼和飞行于水面觅食的飞虫为食。

❍第一个蛇颈龙化石，是由玛莉·安宁在 19 世纪初于英国南部海岸莱姆里吉斯地区发现的。该动物身长 2.3 米，其化石现放在伦敦自然史博物馆里。

❍蛇颈龙游泳速度不快。它用鳍一样的肢体移动水中的身体，因为尾巴力量较弱，不能强有力地推动身体向前运动。

❍鱼龙看起来既像鱼科中的鲨鱼，又像哺乳动物中的后海豚。若某种动物逐步进化成另一种动物，则被科学家称为“趋同”现象。

❍一些形成化石的鱼龙骨骼和其他体内有胎儿鱼龙的（未出生的幼崽）。这显示鱼龙是胎生，而非像其他爬行动物那样卵生后代。

❍鱼龙生活在三叠纪和侏罗纪的早、中期（1.55 亿~2.48 亿年前），数量众多。但是到了侏罗纪晚期和白垩纪（0.65 亿~1.55 亿年前），这一种系则变得稀少起来。古生物学家在世界各地，如南北美洲、欧洲的俄罗斯、印度和澳大利亚等地都发现了鱼龙化石。

➡沧龙是一名既快又强有力的游泳健将。它长有巨尾和短桨形状的下肢。它可能把这些肢体当作舵来使用。

恐龙时代

身长 2 米的盾齿龙使用它那像板一样的边牙，咬啃、吞食海床上的软体动物。

幻龙是能使用有蹼的脚在旱地上活动的水生爬行动物。

早期的混鱼龙在运动中使用像短桨一样的下肢。

泥泳龙流线型的身体，可使它迅速游动，抓住鱿鱼、乌贼和菊石等动物。

蛇颈龙身长约 4.5 米，但是这个长度绝大部分被其巨大的颈占去了。

植食性恐龙

在白垩纪早期（1.44 亿年前），恐龙发生了一些变化。蜥脚亚目变得稀少多了。它们从三叠纪起，被体型较小的植食性恐龙取代。这些植食性恐龙就是鸟臀目恐龙。

栉龙身长 9 米，生活在白垩纪晚期（约 0.7 亿年前）的亚洲和北美洲地区。

赖氏龙身长 9 米，它进食时身体重量全部放在四肢上。

板龙生活在三叠纪晚期（2.25 亿年前）的欧洲，它属于蜥臀目原蜥蜴类。

需要迅速走动或者长距离运动时，禽龙就用后脚走路。

三角恐龙体重超过 10 吨，成群结队地遍布在北美洲地区。

穆塔布拉龙生活在白垩纪早期（1.30 亿年前）的澳大利亚。

根据赖氏龙部分身体化石推测，该恐龙身长可达 16 米。

包头龙生活在白垩纪晚期（0.75 亿年前）的北美洲，身长可达 5 米。

副栉龙身长 2 米，头上长有一个空心的鸟冠。

埃德蒙顿恐龙以发现该恐龙化石的加拿大人埃德蒙顿的名字命名。

剑龙因为不能把头抬得很高，所以只能吃低矮的灌木丛。

肢龙可能是更晚时期的剑龙和甲龙的祖先。

埃德蒙顿恐龙身长至少13米，而且以刚性植物为食。

敏迷龙与众不同，因为沿着它的肚子和背全都长满了鳞甲。

冠龙头上长有供它呼吸的圆形空心鸟冠。

钉状龙长有尖峰，而其他剑龙却长有骨板。恐龙长这些部分，可能是用来保护自己免受其他动物的攻击。

雷利诺龙长有特别大的眼睛，它可能在夜间觅食。

剑角龙头颅上长有一个坚固的圆顶，在打斗中用于抵撞对方。

多刺甲龙化石非常稀少，迄今为止，尚未找到一具其完整的骨骼化石。

恐龙时代

中生代

科学家将地球漫长的历史划分为不同的地质年代，每一年代都有一些共同特征。如从生命之初到约 2.48 亿年前，被称为古生代，是“古老的生物时期”。从 0.65 亿年前到今天被称为新生代，即“现代生物时期”。从 0.65 亿～2.48 亿年前被称为中生代，意思是“中间的生物时期”。恐龙就生活在中生代。每代又被分成若干纪，每一纪的特点不同。例如，在白垩纪（0.65 亿～1.44 亿年前），世界各地的地层深处都有深厚的白垩层。下面是中生代不同时期恐龙生活的各种“快照”。

三叠纪中晚期（2.2 亿～2.3 亿年前）

1 腔骨龙　9 板龙
2 始盗龙　10 原美颌龙
3 真双齿翼龙　11 里澳哈龙
4 埃雷拉龙　12 跃足龙
5 大椎龙　13 舟爪龙
6 黑丘龙　14 南十字龙
7 鼠龙　15 槽齿龙
8 鸟鳄　16 三叉棕榈龙

中侏罗纪早期（1.6 亿～2 亿年前）

1 近蜥龙　10 巨齿龙
2 巨脚龙　11 大带齿兽
3 重龙　12 瑞拖斯龙
4 鲸龙　13 肢龙
5 双脊龙　14 小盾龙
6 蝙蝠龙　15 地震龙
7 弯脊龙　16 蜀龙
8 异齿龙　17 云南龙
9 里索龙

侏罗纪晚期到白垩纪早期
（1.35 亿～1.5 亿年前）

1 异特龙　9 梁龙
2 迷惑龙　10 钉状龙
3 始祖鸟　11 马门溪龙
4 腕龙　12 嗜鸟龙
5 圆顶龙　13 喙嘴龙
6 角鼻龙　14 波塞冬龙
7 空尾龙　15 沱江龙
8 美颌龙

白垩纪中期（0.8 亿～1.2 亿年前）

1 阿根廷龙　10 慈母龙
2 重爪龙　11 敏迷龙
3 北票龙　12 联鸟龙
4 尾羽龙　13 钉背龙
5 恐爪龙　14 鹦鹉嘴龙
6 南方巨兽龙　15 强壮爬兽
7 伊比利亚中鸟　16 棘龙
8 禽龙　17 剑龙
9 雷利诺龙

白垩纪晚期（0.65 亿～0.75 亿年前）

1 阿尔伯脱龙　10 萨尔塔龙
2 拟鸟龙　11 剑角龙
3 盔龙　12 似驼龙
4 埃德蒙顿甲龙　13 镰刀龙
5 埃德蒙顿龙　14 三角龙
6 包头龙　15 伤齿龙
7 赖氏龙　16 暴龙
8 副栉龙　17 古猬兽
9 翼齿龙

恐龙之后

大约在 0.65 亿年前，恐龙在很短的一段时间内突然灭绝了，目前，科学家也无法确切解释这场大规模的动物灭绝的原因。一种可能是巨大陨石撞击地球，引起毁灭性的破坏，大面积的云状灰尘遮住了太阳光；另一种可能是，巨大的火山喷发引起了剧烈的气候变化。新的生命取代了恐龙。

❍在恐龙绝种之后，被称为“恐怖鸟”的大型却不能飞行的鸟类抓住了这一机会，成为当时很有势力的肉食性动物。泰坦鸟就是恐怖鸟之一。泰坦鸟有巨大的头和强有力的腿，因此能跑得比猎物快。据此，有些专家认为，泰坦鸟是鸭子、鹅和其他相关物种的祖先。

❍始祖鸟是渐新世晚期（0.24 亿~0.28 亿年前）的早期鹦鹉。奥其太古鹰是已知的第一只猫头鹰，生活在古新世（0.58 亿~0.65 亿年前）。埃其太古雨燕是早期雨燕一样的鸟类，生活在始新世和渐新世（0.24 亿~0.58 亿年前），可能是雨燕和蜂鸟的祖先。

巨大的阿根廷巨鹰化石于 1979 年被人们发现，是现代北美洲火鸡兀鹫的祖先。

❍阿根廷巨鹰是像兀鹫一样巨大的猛禽，它的翼展超过 7 米，是现代最大的飞鸟——信天翁的两倍。个别阿根廷巨鹰羽毛长达 1.5 米。它们主要生活在距今 600 万~800 万年前。

❍始新世鸟是肉鸡家族的早期成员。始新世鸟化石在美国怀俄明始新世（0.37 亿~0.58 亿年前）的基岩里发现。已知最早的兀鹫生活在古新世，已知最早的鹰、鹤、大鸨、布谷鸟和鸭禽生活在始新世。

一些科学家相信，是一块撞击地球的巨大陨石杀死了恐龙。陨石撞击影响巨大，如掀起巨大的水浪、岩石灰和灰尘等，遮住了太阳多年。在阴暗中植物无法生长，而以植物为食的恐龙和以植食性恐龙为食的肉食性恐龙因此就相继消失了。

❍已知最早的哺乳动物较小，而且胆子也小，于三叠纪后期（2.13亿~2.2亿年前）出现。它们在恐龙灭绝的0.65亿年之后，才逐步形成较大气候，逐渐壮大，种类也多起来。

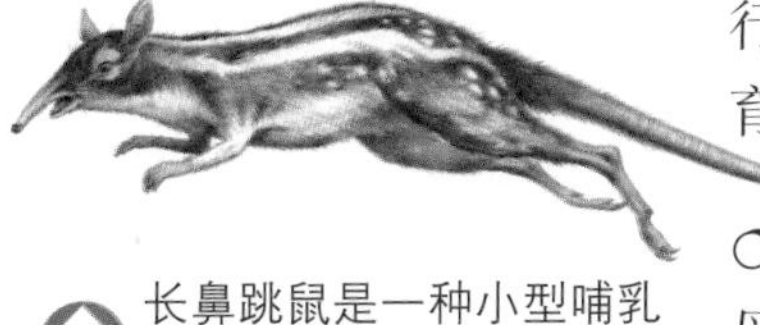

⬆长鼻跳鼠是一种小型哺乳动物，它具有鼬鼠、地鼠和大袋鼠等综合特征。像其他小型肉食性生物一样，它或许在夜里出来觅食。

❍与爬行动物相比，哺乳动物（以及鸟）长有更大的大脑，并且是温血动物。这些特征使哺乳动物能在第三纪和第四纪（从0.65亿年前到现在）不断改变的气候区域内成功地生存下来。在始新世（0.37亿~0.58亿年前），哺乳动物在陆地上成为最有势力的动物。

❍长鼻跳鼠是身长达90厘米，生活在0.4亿~0.5亿年前的一种小型肉食性哺乳动物。它靠长长的后腿跳跃前进，有一点儿像大袋鼠。它主要以昆虫为食，也吃小的蜥蜴、哺乳动物和无脊椎动物等。

❍大多数哺乳动物都是直接生产幼崽，而不像爬行动物和鸟那样靠卵生育后代。

早期的啮齿动物

第一批啮齿动物曾于0.6亿年前生活在北美洲。

❍哺乳动物的幼崽一般在母亲身体子宫里孕育，并通过胎盘吸收生长需要的养分，直到完全发育成婴儿才出世。有袋哺乳动物在较早阶段生育其子女。幼崽出生后待在母亲的育儿袋直到发育成熟，这期间母亲胸部腺液会分泌奶汁以喂养幼崽。

大规模的动物灭绝

寒武纪晚期　大约5.60亿年前，当时地球上约75%的植物和动物都消失了。

二叠纪　大约2.25亿年前，当时海生物中约70%的物种突然绝种了。

白垩纪　大约0.65亿年前，当时大多数陆生动物和数种海洋动物绝种了。恐龙就是在这个时期消失的。

现代　在过去的1万年中，当人们狩猎并把野生动物栖息地变成农田时，很多大型的陆生动物，例如猛犸象、恐鸟和鹿等逐渐绝种了。

⬇泰坦鸟是“恐怖鸟”中最大的一种，这种鸟于约100万年以前曾在美洲出现过。它站立时身高约有3米，捕获多种哺乳动物为食。当人类约于3万年前到达美洲时，恐怖鸟已趋于灭绝。

哺乳动物占主导地位

大约 0.55 亿年前，哺乳动物成为陆地上占统治地位的动物。它们在数量和种类上已经取得史无前例的发展，在生存方式上也超过任何以往的哺乳动物。而鸟类和爬行动物已经失去了恐龙时代的辉煌。

❍ 首批专门以植物为食的哺乳动物（植食性动物）在古新世晚期（0.6 亿年前）出现。它们的体形与现在的獾和猪相似。这些早期的植食性动物或是用鼻拱土，或吃嫩叶，在森林里搜寻食物。直到古新世末期，即大约 0.58 亿年前，首批大型植食性动物才逐步进化。

一些史前骆驼长有犄角。奇角鹿头后部及鼻子上长有 Y 型的双角。它或许用角同敌人作战，又或许是在发情生育期间用角向同类炫耀。

❍ 中蹄兽是首批有蹄哺乳动物。它们生活在第三纪早期（0.4 亿~0.65 亿年前）。之后的有蹄哺乳动物都是中蹄兽的后代。最早的中蹄兽长有与蹄相背的爪子，后期的有蹄哺乳动物下肢逐步增长，长有指甲或蹄子，这样遇到肉食性动物便可迅速逃走。

高齿羊是生活在 0.3 亿年前的植食性动物。它与绵羊相去无几，长有大头和长身。

❍ 奇蹄兽是植食性、有蹄哺乳动物。与众不同的是，其脚趾是奇数。现存的三种奇蹄兽是马、貘和犀牛。雷兽和爪兽已经灭绝。在第三纪大部分时期，奇蹄兽是主要的哺乳动物，之后它们的数量下降，偶蹄动物则逐渐后来居上。

牛鬣兽

牛鬣兽是典型的肉齿类哺乳动物，肌体强壮，牙齿锋利。牛鬣兽的脚部结构表明它能爬树，它或许以鸟、小型哺乳动物和昆虫为食。

❍ 偶蹄动物是脚上长着偶数蹄子的哺乳动物，猪、骆驼、长颈鹿、绵羊、山羊、牛、河马、鹿、羚羊及其祖先都是偶蹄动物。像奇蹄兽一样，偶蹄动物首次于大约 0.5 亿年前出现。在中

史前的声呐

同现存的蝙蝠一样，伊神蝠等史前蝙蝠可能也使用声呐探测周围环境以寻找猎物。它们所发出的高音声波，在碰到物体时会发生反射，史前蝙蝠就通过检测声波变化来探知物体。

安氏中兽的生活习性有一点儿像现代的熊。它猎取有蹄的哺乳动物，也吃其他肉食性动物吃剩的食物，还吃浆果和昆虫。迄今为止还没有发现一具完整的安氏中兽骨骼化石，仅发现它的 83 厘米长的头颅。

新世期间（0.05 亿~0.24 亿年前），偶蹄动物成为繁衍最好的哺乳动物。

❍ 与足相比，偶蹄动物得以迅速繁衍的另一个主要原因是它们有个好胃。它们逐步形成更完善的消化系统，这使得它们能够处理粗糙的草本植物，而不仅仅是早些时候食用的柔软树叶。

你知道吗？

0.55 亿年前，现存的所有哺乳动物几乎都已出现，还有一些现在已经灭绝了。

❍ 灵长类动物包括狐猴、猴子、猿和人。他们的臂、腿、手指、脚趾灵活，触觉也更敏锐，因为他们的手指和脚趾端头是平的指甲，而不是弯曲的爪——指甲背面的肉皮逐步形成敏感的肉垫。

❍ 灵长类动物的祖先是小型食虫动物（吃昆虫），或像地鼠一样的哺乳动物。第一个已知灵长类动物是近猴，在大约 0.6 亿年前生活在欧洲和北美洲，是个像松鼠一样的爬树能手。

❍ 安氏中兽是曾生活在陆地上的最大的肉食性哺乳动物之一，它于始新世后期（0.4 亿年前左右）生活在东亚地区。

❍ 伊神蝠是已知最早的蝙蝠。据化石分析，其生活年代可追溯到 0.45 亿~0.55 万年。伊神蝠看起来像现代蝙蝠，但尾巴由皮肤副翼连接到腿。

早期灵长类动物近猴长有很长的尾状物，手指和脚趾上长有爪子，与后来长有指甲和脚趾的猴子及猿有所不同。

巴基鲸奔跑迅速，水性也很好。它可能生活在河边或溪边，以猎取水陆动物为食。

哺乳动物的繁衍

到 0.4 亿年前，地球各大陆已经被分隔开了，除了一些小的差别，基本就是现在的样子。哺乳动物遍布所有大陆，支配着各陆地上的生活。其中，有一组哺乳动物鲸已经适应了海里的生活。

❍在中新世（0.05 亿~ 0.24 亿年前），随着草场的增长和森林面积的下降，植食性动物身体加速变化。它们进化出比肉食性动物跑得快的腿，也拥有了更强的消化系统，以应付粗糙的新草。

马科动物首次出现时比宠物猫大不了多少。始祖马大约于 0.5 亿年前生活在欧洲、亚洲和北美洲。它站立时只有 20 厘米高，通常在树林和森林中活动。

❍在第三纪大部分时期（0.02 亿~0.65 亿年前），南美洲与世界其他各大陆分离。

❍像澳大利亚大陆一样，南美洲与其他大陆隔离，这意味着某些哺乳动物只在那里繁衍生息。这两大洲的主要差别是，南美洲有胎盘哺乳动物和有袋动物。

巨型短面袋鼠体形庞大，站立起来足有 3 米高。在澳大利亚，像袋鼠那样的有袋动物占主导地位，就像其他地方有蹄哺乳动物占据主导地位一样。

像兔子一样的啮齿动物

原齿兽是像兔子一样的啮齿动物，生活在南美洲，身长大约 50 厘米。它与有蹄哺乳动物有血缘关系，但它长着爪而不是蹄子。

❍南美洲的胎盘哺乳动物包括大树獭和与熊一般大小的巨大啮齿动物。

❍雕齿兽是从 0.05 亿年前到 1.1 万年以前生活在南美洲的巨大犰狳。它们有穹顶状的壳，尾巴长有盔甲状保护层，尾端呈锥形骨棒。当它们用后脚站起保护自己或者进行交配时，尾巴用作支点。

❍雕齿兽长有强有力的下颌和巨大的面颊牙齿，经常换牙，这一点与其他大多数哺乳动物有所不同。这些经常换的牙齿说明，它们能咀嚼最坚硬的植物而不损耗其牙齿。

❍在大约 300 万年前，巴拿马地峡把北美洲与南美洲连在一起。很多南美洲哺乳动物向北方迁移。有些动物，如豚鼠、犰狳、豪猪等，在其新家生活得很成功。其他一些动物，包括雕齿兽，最终消失了。这可能是因为气候的变化，也可能人为的灭绝所致。

❍大地懒是一种曾生活在约 500 万年前的大型地獭，现在已经绝种。大地懒站立时身高约 7 米，长有巨大、强有力的臂和爪，能折毁树枝，甚至把树连根拔起。它有短粗的后腿，结实的尾巴，后腿站立时能够到很高的树枝。

❍大地懒曾生活在南美洲一些地区，例如现代的玻利维亚和秘鲁。

❍大地懒的个头可能令大多数肉食性动物望而生畏，此外，它还有额外的防御工具——异常坚硬的皮。在南美洲山洞里发现的地懒皮残余显示，它由极小的骨块构成。

❍澳大利亚有其独特的博物学史，因其在 4000 万年前就与其他大陆隔绝。澳大利亚本地的哺乳动物，幸存的或已经灭绝的，主要是有袋动物。雌性成年有袋动物在袋里哺育下一代。

弄错了身份

史前鲸鱼曾一度被人们弄错为爬行动物。之所以发生这样的事情，是因为化验其化石的第一个人认为它是庞大的史前海上爬行动物——蛇颈。

巨型袋熊身长 3.4 米，是地球上最大的有袋动物。它的门牙是长长的獠牙，不过它的面颊牙看起来像是袋鼠。

❍化石证据显示巨型袋鼠和双门齿兽在中新世时期生活在澳大利亚大陆。这两种有袋的动物捕食大型植食性动物，如像狮子一样的袋狮和体型较小、像狼一样的袋狼。

❍史前鲸鱼大约生活在 0.4 亿年前，是现代鲸的祖先。它身长 20~25 米，有 3 头大象站成一排那样长，以大鱼和鱿鱼等海洋动物为食。

你知道吗？

哺乳动物唯一不能自然生存的地方是从海里喷发形成的火山岛。但是即使如此，这些地方也有人带入的哺乳动物。

大约 5000 万年前，南美洲与北美洲被海洋分隔开。此时，南美洲看起来像是一座巨大的海岛，很多奇怪的动物在此时逐步进化，这些动物在世界其他地方没有被发现。

早期的人类

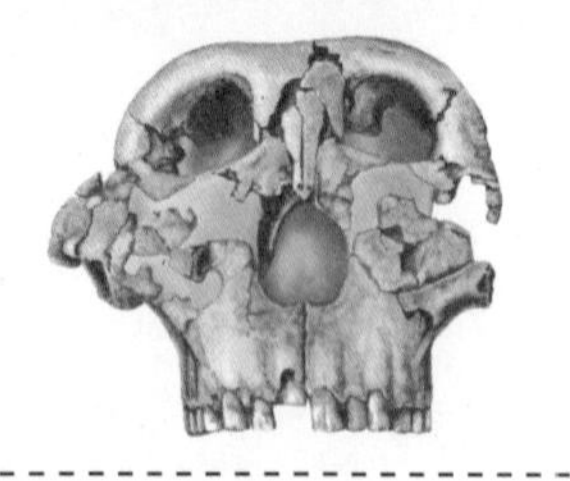

科学家相信，在大约500万年前，猿生活在非洲开阔的草场上，并可以用后腿直立行走，这是演化成现代人的最初的时期。猿家族有很多不同的成员，不是所有猿都与人类有着直接的演化渊源。

❍原始人（早期人）的化石记录是修补而成的。大多数早期人类化石是在横贯埃塞俄比亚、肯尼亚和坦桑尼亚的东非大裂谷发现的。坦桑尼亚北部的奥杜威峡谷可能是寻找人类祖先证据的最佳场所。

❍已知最早的原始人之一是地猿始祖种。他们生活在大约450万年前，类似于黑猩猩，只是用两条腿行走。他们居住在树林和森林里，夜里睡在树上，白天在地上搜寻食物。一个成熟的男性地猿始祖种，身高约1.3米，体重约27千克。

❍人科中最早的南方古猿，大约生活在350万年前。他的大脑与黑猩猩差不多，并且有现代猿的短腿和长臂。

❍南方古猿体形小，只有90~120厘米。以种子、水果、坚果为食，偶尔也吃肉。

❍非洲南方猿是被发现的最早的更新纪灵长动物，它们大概生活在距今230万~280万年前。

❍傍人鲍氏种生活在140~230万年前。与现代人相比，他们的身体要小得多，但有大得多的下颌和牙齿。他们以植物的根和块茎为食。男性身高大约1.37米，这是东部非洲原始人为了适应当时的气候而发展的体形。

❍能人是已知我们属于的最早人种之一。他们生活在160万~240万年前。能人的意思是“敏捷用手的人”，他们能用手采集水果和敲破坚果，能把棍和石头当作简单工具。能人男性身高在1.5米左右，体重大约50千克。

❍巨人（又称为东非直立人）是最早的样子像人的原始人类。大约生活在190万年前。他们的身高达到1.8米，长有长而瘦的肢体和一根直的脊骨。

❍原人是生活在30万~180万年前的原始人类，他们从非洲迁入欧洲和亚洲。人们已经发现了原人使用火的证据。

❍尼安德特人生活在2.8万~23万年前，他们横穿欧洲、俄罗斯和中东一些地区。他们比现代人重30%，有更健壮的身体和较短的腿。他们埋葬死者，煮肉吃，并且会制造工具和武器。

❍智人大约于15万年前生活在非洲。非洲以外的首批智人曾于9万年前在以色列生活过，到4万年前，智人已经到达世界很多地方，包括欧洲和婆罗洲。

❍智人可能于大约3万年以前到达过北美洲。他们有可能是穿过冰川期海平面下降时形成的白令大陆桥，即现在的西伯利亚，到达现在的阿拉斯加。

人类的进化

人类进化的过程是复杂的。在关键点达成一致后，研究人员在人类和不同原始人种族之间的联系和不同点等方面意见不一。所有提出的日期都是近似数。

450万年前

地猿始祖种可能是目前已知的最早人类祖先，能够直立行走，也能在树枝顶端攀爬。

350万年前

像其他原始人一样，南方古猿用两条腿行走，这是它在地上觅食的有效行动方式。他们在白天吃东西，夜里睡觉。

230万～280万年前

非洲南方古猿身高大约1.3米，生活在整个非洲地区。他们使用木头和骨头作为战斗或准备食品的工具，他们可能以水果、种子和根茎为食。

140万～230万年前

纤细型南方古猿的雄性有很大的下颌、结实的头颅，顶上长有骨冠，下颌长有强有力的咀嚼肌肉。雌性猿则没有这些肌肉。

60万～190万年前

东非直立人与早期的原始人不同，他们更高且长有一张瘦小的脸和较小的面颊牙齿。东非直立人是长有突出鼻子的原始人，而不仅仅是长着鼻孔。

30万～180万年前

原人在洞里使用的石头炉底可证明他们掌握了火，以此防御、取暖、照明和煮食品。证据还显示，原人可能会同类残食。

15万年前～至今

智人看起来不同于以前的人，他们长有较高的前额和更突出的下颌。洞穴画、烹饪和错综复杂的工具是早期智人的全部特征。

1.3万～9.5年前

在2004年，澳大利亚科学家发现了一个全新的人种——弗洛里斯人残骸。这群原始人生活在印度尼西亚遥远的弗洛里斯岛上，身高1米，长有柚子般大小的头颅。

冰川期的世界

大约 200 万年前，地球的气候经历过一次巨大的变化。持续数千年的极寒时期过后，又经历了长期的温暖天气。我们现在称长期寒冷时期为冰川期，当时北极风格的天气在地球的大部分地区传播。

❍长毛猛犸生活在0.6万~12万年前的这段时期。在第四纪（160万年前~至今）的冰川期，它们主要生活在亚洲和俄罗斯的大草原和北美洲的平原上。

❍为了在寒冷的地方生存下来，猛犸才长出长毛。它们的长毛外层由两层毛组成：外层毛长而粗糙，里面一层浓密成刺毛状。此外，它们还长有非常坚韧的皮，厚达 2.5 厘米，皮下是厚厚的一层护皮脂肪。

❍雄性长毛猛犸身长 3.5 米，肩高 2.9 米，体重达 2.75 吨。它们长有向前、向上然后向背后弯曲的长牙。

❍在遇到攻击时它们用长牙保卫自己，也可能用它寻找埋藏在冰雪下面的植物。在长期冰封的西伯利亚已经发现了保存完好的长毛猛犸遗骸。

❍长毛犀牛生活在1万~180 万年前。为了度过寒冷的冰川期，它长有长而粗的毛皮、短腿和小耳朵。长毛犀牛曾生活在北

你知道吗？

下一个冰川期可能在大约 100 年后到来，也可能经过 15 万年后才出现，没有人能知道具体的时间。

是角还是爪？

当长毛犀牛角于 19 世纪被人们在俄罗斯发现时，很多人认为它是一只巨大的鸟爪。

欧、俄罗斯和中国的大平原上。

❍ 长毛犀牛是植食性动物，主要以低处植物（例如苔藓、药草和小灌木）为食。

❍ 长毛犀牛鼻子处长有一双角，雄性成年犀牛前角高达1米。长毛犀牛体高3.5米，体重达4吨。

❍ 长毛犀牛的最近亲属是印度尼西亚苏门答腊犀牛。

❍ 大角鹿是迄今为止生活在地球上最大的鹿种之一。成年雄性鹿肩高2.2米，体重700千克，生活在距今0.9万~40万年以前。

❍ 大角鹿也被称为爱尔兰鹿，因为该物种的许多化石都是在爱尔兰发现的。但是，大角鹿曾遍及欧洲、中东、中国和北美洲。大角鹿长有较现代鹿宽而扁平的鼻子，这就是说，它不怎么挑剔食料，而是像真空吸尘器一样大量吞进各种植物。

❍ 像现代鹿一样，雄性大角鹿每年脱落旧角，然后长出一对新角。大角鹿要想长出如此大的鹿角，就需要摄入营养物和矿物质。大约1万年以前，气温骤降，大角鹿主要营养来源——矮小柳树灌木丛也不断减少，这可能是大角鹿消失的原因。另一个理论说，早期人类非常珍视鹿角，由于猎捕，大角鹿最后灭绝了。

爱尔兰鹿

科学家曾认为，大角鹿的角如此之大，只能用于展示来吓跑竞争者。不过，到了20世纪80年代，研究证明这些鹿角主要用于角斗。大角鹿的角横向长度达3.7米，重约220千克，这就是说，鹿角占去了整个体重的15%。

⬆ 尽管冰川期气候普遍比今天冷，仍有许多动物能适应当时生存环境，例如长毛猛犸象、麝香公牛和长毛犀牛，它们长有粗厚的毛皮保热。大角鹿可能在最冷的天气里迁移南方，这样它们就成了洞穴狮子的美食。

植　物　2

植物世界

植物为世界上人类的福祉做出各种形式的贡献，包括供氧、用其根部在适当位置固定土壤。植物还为人类食品、饮料、药材、衣服、木材和纸张的制作提供了原材料，以及像煤和石油那样的燃料。

❍首次出现的陆生植物是简单的植物，例如苔类、羊齿科植物和马尾。这些植物是从极小，即称为孢子的简单结构中发展起来的。

❍类似于今天银杏叶的叶子化石，已经在侏罗纪以前形成的岩石中有所发现。

❍银杏是世界上现存的最老的种子植物。

❍藻类可从微小的单细胞生物体成长为巨大海藻。巨大海藻“森林”位于美国加利福尼亚海岸附近。

❍因为海藻的生长与陆地植物不同，很多科学家不将其列入植物类，而是单独列出门类，即原生生物类。还有一些科学家则把凡是单细胞海藻都列入原生生物。

❍树脂来自好几种松树，可用于调制油漆、清漆和胶等。

地球上最古老的活树是狐尾松，有一些已经4000多岁了。它们之所以有很长的寿命，是因为它们生长非常缓慢，且生长在凉爽、干燥地区，例如在美国的内华达、犹他州和加利福尼亚州。

巧克力是由磨碎的可可粉豆炼成糨糊，做成巧克力酒，再经过霉菌发酵后而制成的。

植物生长能力

所有植物的共同点是从阳光里获取能量。比如向日葵，吸收太阳的能源延续自己生长和再生等生命过程。动物则通过食用植物得到能量。

植物组别

世界上约有37.5万种植物。最大的植物家族是开花植物或被子植物，超过25万种。其次是苔藓属、叶苔属（见右图）、羊齿科植物、马尾类、松柏类植物和苏铁类植物。菌类过去常常被列为植物类，但是因为它们不能生产食物，现在被单独列为一类，包括大约10万种菌。

一朵兰科植物花可以结出200多万颗极小的种子，而且种子需借助菌的帮助才能萌发。

○棉布是由棉属植物种子周围柔软、白色的绒羽状纤维制成的。

○大多数植物不能像动物那样，从一处移动到另一处。它们主要面向太阳生长，以便得到阳光。植物也没有诸如视觉、听觉这些感官，不能像动物那样发现和了解周围的环境。

○一种植物的特征确定它属于哪一植物目类，特征包括它的高度，独自生长还是寄生，喜欢生长在何种土壤里。其他植物种属的重要分类是根据叶子和花。

○煤是数百万年前生长在沼泽中的植物死亡后变成的柔软岩石。衰败的植物被埋在泥浆里，随着岁月的流逝，热和压力把它们变成了煤。

○棕榈树是植物中非常古老的一目，人们发现的棕榈树化石可追溯到1亿年前的恐龙时代。

羊齿科植物通过孢子而不是种子进行繁殖。它们是地球上最老的植物之一。

很多动物都以植物为食，它们是食物链里的第一环。例如大熊猫，它们以吃竹子为生。

今天的苏铁类植物和银杏似乎是地球上首批种子植物的直接后裔。

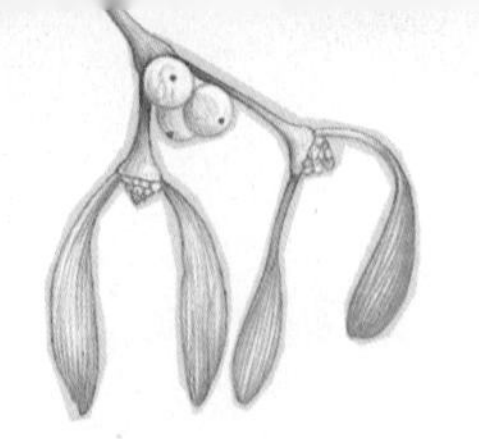

植物的养料

可以想象一下，假如你春夏秋冬全天候站在野外，寻觅食物并进食，能够做到吗？大多数植物通过光合作用都能做到这一点。在阳光充足的白天，植物利用阳光的能量进行光合作用，以获得生长发育必需的养分。

寄生植物

槲寄生是缠绕在树周围的半寄生植物。它们从树中汲取养料，同时也用自身的叶子通过光合作用制造一些养料。

❍ 阳光在叶绿体内进行光合作用，叶绿体内含叶绿素，它是一种能从光中吸收能量的重要色素。

❍ 利用光能，植物将水和二氧化碳转化成碳水化合物。

⬆ 像其他菌一样，蘑菇不能通过光合作用制造养料，因此它们需要借助其他物质以汲取养料、维系生命，例如树就是一个不错的选择。

❍ 植物通过气孔吸收空气中的二氧化碳，通过根从土壤中吸收水分。

❍ 植物中的化学反应生产出葡萄糖，然后被输送到需要它的地方，氧气则被当作生产废料，由植物释放后，进入空气中。

❍ 阳光中包含有不同颜色的光，叶绿素主要吸收红色和蓝色光，绿色光则吸收不进来——这就是植物总是绿色的原因。

❍ 光合作用产生的一些葡萄糖被立刻溶解掉，释放出能量，变成了二氧化碳和水。这个过程被称为植物的呼吸过程。

❍ 植物也使用葡萄糖制造纤维素，以建造子房壁。

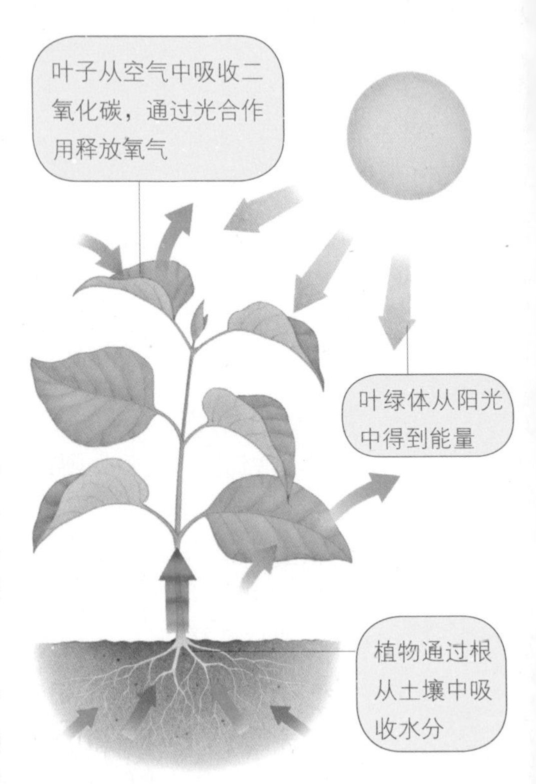

⬆ 任何一种绿色植物都是一家奇妙的化学制品厂，它接受来自太阳的能量，将水分解成氢和氧，然后再将氢与空气中的二氧化碳结合制造糖分，即植物生长所需要的养料。

❍ 一些葡萄糖合成为更大一些的淀粉分子，便于植物储存。当需要额外能量的时候，植物便把这些淀

粉分解成糖，然后吸收。

❍淀粉来自植物，是我们从面包、大米和马铃薯等食物中获取的主要营养。

❍在仙人掌等一些植物里，食物养料不是由叶子，而是由茎提供的。

❍一些细菌，例如蓝细菌，也能通过光合作用制造养料。

生命所需的氧气

光合作用产生的废物之一就是氧气，这种气体是通过植物叶子释放到空气中的。动物，包括人类，还有植物，全都需要氧气。通过光合作用释放的氧气帮助了地球上的所有生物。

加拿大水池草在水中发出氧气泡。

⬅绿叶中包含叶绿素。在光合作用期间，植物展开叶子，尽可能多地吸收阳光。叶子通常是展开的，因此彼此间互不遮蔽。

⬆海草虽然没有根、干、叶子，也没有花，但是它们是植物，并且可通过光合作用产生养料。

你知道吗？

通过光合作用，世界上所有植物每年总计可生产约1500亿吨糖分。

⬇马铃薯是块茎植物——地下茎顶端长有块茎。它们以淀粉形式储存能量，而淀粉则是由光合作用下叶子生产的葡萄糖转化而成的。

食虫植物

设陷阱以捕捉昆虫，并以此做食物的植物称为肉食性植物。这些植物生长在氮不充足的土壤中，因此它需要从昆虫身上获取生长所需的氮。

蜻蜓触动了陷阱边上可向子房室发送信号的触须。

一旦引发触须，陷阱周围的子房室立刻膨胀，而体内的子房室则开始收缩，关闭陷阱。

↗ 捕蝇草通过花蜜把昆虫诱捕进像下颌一样的叶子陷阱中。昆虫一旦落进叶内，不到一秒就被叶子卷起，然后叶子立即分泌消化液，淹死猎物，最后将其分解、消化。

❍世界上有食虫植物550多种，它们生长在从新西兰的高山顶峰到美国卡罗来纳的沼泽地等区域。

❍捕虫堇之所以得此美名，是因为其叶子能生产出像黄油一样闪耀的液体小滴，这些小滴包含植物的消化液。

❍茅膏菜能区别肉体和其他物质，并且只对肉体产生反应。

❍茅膏菜的叶面上密布可以分泌黏液的腺毛。

❍有昆虫落在叶面时，就会被茅膏菜的黏液粘住。腺毛极其敏感，会向下向内运动，将昆虫裹住。不到10秒钟，昆虫就会窒息而死。

陷阱的类型

一些食虫植物，包括捕虫草和猪笼草，不移动，使用被动的陷阱。另一些食虫植物，如茅膏菜和捕蝇草，使用主动的陷阱，移动捕获昆虫。

奥尔巴尼捕虫草（被动）

眼镜蛇捕虫草（被动）

北美捕虫草（被动）

猪笼草（被动）

捕蝇草（主动）

圆叶茅膏捕蝇草（主动）

狸藻属捕虫堇（主动）

狸藻捕虫草（主动）

↑ 猪笼草（又称忘忧药）有一个盖子，为昆虫提供了抵达的平台，也防止雨水稀释猪笼草里面的消化液。很多忘忧药植物长有两类瓶状叶，一种长在地上，一种长在高高的茎干上。这些瓶状叶长度不等，从5～35厘米都有。

猪笼草

猪笼草的叶子从叶尖部发展，延伸到卷须，然后像气球一样膨胀。最初，叶子内充满空气，但是不久，开始充满消化液。猪笼草的形状及大小随物种而变化，但是，它们全部以其瓶状叶或者罐状叶命名。最小的猪笼草在树上悬挂着，而最大的，例如印度的邦主猪笼草，可安坐在地上并且有几品脱液体。猪笼草通过气味或者颜色把昆虫吸引过来，让其沿叶壁滑落，并淹死在底部的消化液里。猪笼草的陷阱是被动的，这表明它们不会移动着去猎取受害者。

在野外，诸如蜘蛛、蚊子和树蛙等这样的小动物，会把家安在猪笼草里。因为，虽然猪笼草可捕食昆虫，但有些昆虫的幼虫不受消化液影响，还能生活在猪笼草叶罐里，并且以在猪笼草底部的植物和动物残渣为食。

❍如果在20秒内至少两次碰触到捕虫草叶，叶子就会自动合上。

❍很多食虫植物以花蜜香味或者肉臭味诱捕昆虫。

❍一棵猪笼草的汁液可在几天之后把大块牛排消化殆尽。

❍狸藻类植物的液泡曾经被认为是植物漂浮着的气囊。实际上，它们是捕获水生昆虫的陷阱。

当一只昆虫落在发黏的触须上时，它挣扎着要脱离出去，但是这种抵抗反而刺激触须更牢地抓住了它们。随后触须施放消化猎物的消化液。

单向滑动

昆虫一旦不知不觉中掉入北美瓶子草陷阱中，就无法逃脱。因为它的叶边长有一种蜡粒子的物质，使猎物无法逃脱。

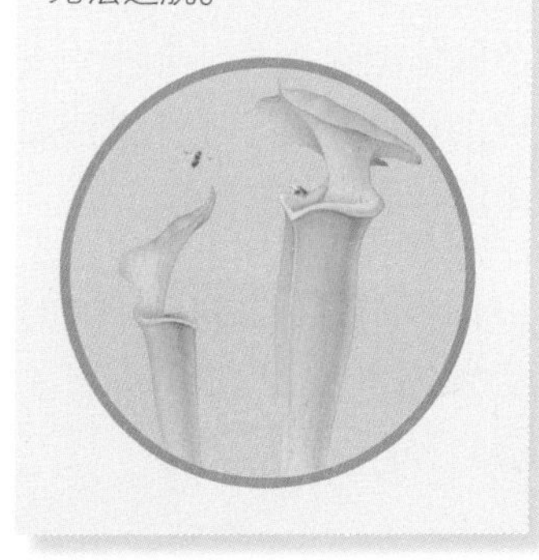

菌与地衣

菌不是植物，因为它们没有叶绿素为其制造食物。因此，科学家将其列成独立的种类。而地衣则是海藻和菌合作的产物。

菌孢子

菌孢子中心呈球形，顶部有一个洞。菌完全长成后，孢子从洞内逃进空气中。

❍菌曾经被认为是无叶的简单植物。现在人们知道，在菌和植物之间其实有很多差别。其中一些差别与构成菌的化学成分有关，而这些化学成分与甚至最简单的植物都是不同的。

❍地衣能在地球上最艰苦的条件下生长，如在贫瘠的土地里、在岩石上以及最冷的地区，包括北极、南极和高山。它们之所以能在这样严峻的条件下生存，是因为它们是由菌和海藻组成的，而且它们各自都不是独立生存的。

❍菌是由多达5万个种类组成的庞大家庭，包括蘑菇、伞菌、霉菌、霉和酵母等。

❍菌不能自己制造食物，必须靠其他植物或动物才能生存。

❍菌通过释放一种被称为酶的化学制品吸收养料。

❍青霉菌是在腐烂的水果上生长的普通菌。一种被称为点青霉的菌类，能产生化学作用杀死细菌。它被广泛应用于抗菌药物青霉素里，主要治疗由细菌传染引起的疾病。

❍法国卡门贝干酪、罗克福尔，斯蒂尔顿干酪和丹麦布鲁等乳酪，都是通过各种不同成熟的霉菌发酵后做成的各种乳制品。一些乳酪里的蓝色条纹实际上是各种霉菌。

❍寄生菌以活着的生物体为食，腐生菌以死去的植物或动物为食。

❍块菌是在栎树和榛子根部生长的菌。因为味道独特，该种菌能被狗或者猪闻到。

❍地衣有2万多个种类。有一些在土壤里生长，但是大多数都在岩石或者树皮上生长。

新生蘑菇

蘑菇通过释放数百万个极小的孢子进行繁殖。孢子萌发成菌丝体，菌丝体取得足够养料就开始形成子实体。子实体是繁殖器官，可以产生大量孢子。

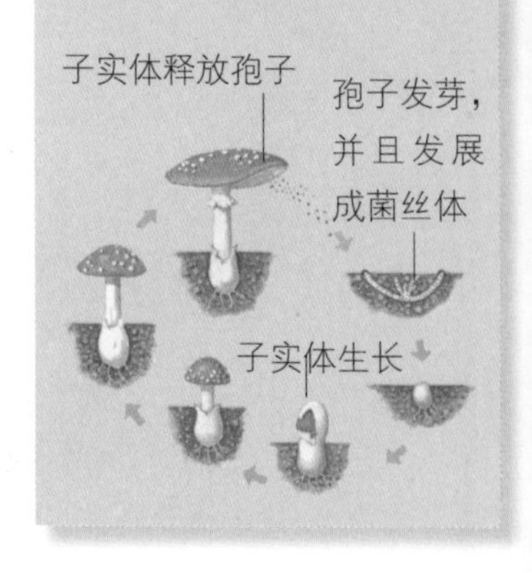

❍南极大约有400种地衣，北极的一些地衣已高达4000多岁了。

❍地衣能够在盐地上生长，因此经常在海岸岩石上为人们所发现。

❍一些地衣可用来做抗生素或染料。地衣对空气中的有害化学成分，特别是二氧化硫，非常敏感，因此它们也被用来监控空气质量。

各种菌类

鬼伞菌
晶粒鬼伞

蜡磨菌
红蜡磨

乳菇菌
松乳菇

丝膜菌
软靴耳

羊肚菌
小羊肚菌

小皮伞菌
蒜头状小皮伞

柄伞菌
棒柄杯伞

银耳
金耳

冠状菌
蜜环菌

粗鳞大环柄菇
翅鳞伞

齿耳菌
大肉齿耳菌

拟瑚菌
梭形黄拟锁瑚菌

鸡腿蘑
毛头鬼伞

环锈伞菌
类鳞环锈伞

火鸡尾型菌
白腐菌

马勃菌
网纹马勃

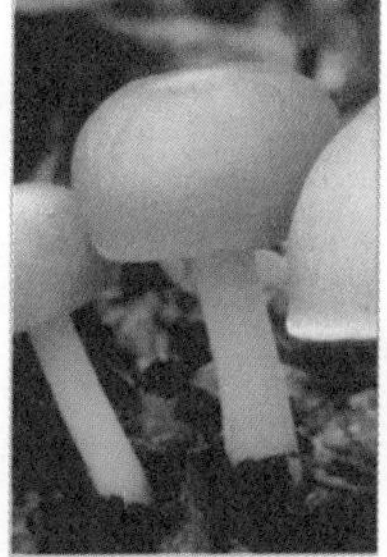
白蘑
栎金钱菌

枝瑚菌
密枝瑚菌

鹅膏菌
赤褐鹅膏菌

寄生菌
泌乳寄生菌

无花植物

很难想象，苔藓、蕨类与北美洲红杉或松柏有何共通之处。不过它们的确有一个关键的相似点：都是无花植物。

孢子与种子

原始植物（包括苔藓、叶苔、马尾以及更高级的植物等）的主要差别之一在其再生方式。原始植物生产孢子，而非种子。例如，一棵植物可生产数千颗极小的孢子，随风被吹到任何一个地方。

❍ 海藻制造出了大量氧气，远离海岸的人也能享受到。

❍ 苔藓和其近亲叶苔，是在低洼潮湿地区生长的植物。它们没有防水的外部层保护自己，也缺乏把水和其他营养运送到植物不同部位的系统。

❍ 苔藓比叶苔稍微复杂一些，但是都缺乏真正的根系。为了在物体表面固定住，它们长有被称为假根的小芽。

❍ 像苔藓和叶苔一样，羊齿科植物也主要生长在潮湿地区，并且需要有充足的水源。但是羊齿科植物也有一些更先进的植物特征，包括像样儿的根、干、叶子，以及传输水、汁液的管道供应系统。这些构造意味着羊齿科植物长得能比苔藓和叶苔高大得多。

❍ 墙上、岩石和木材上的苔藓可厚达几毫米。没有水，苔藓也能生存数周。下雨时，苔藓就像海绵一样吸收雨水。

❍ 泥炭藓能吸收相当于自身 25 倍重的水分。

❍ 苔藓的受精必须借助于水，在水中，精子游动到雌性器官里完成受精。因此，苔藓常见于潮湿的溪边。

❍ 羊齿科植物的孢子长在孢子囊里。孢子破裂后，则散落到合适的地方开始生长。

⬆ 大多数植物在湿润条件下才能生长，很多蕨类生长在森林深处的树基周围。

➡ 大多数海藻，例如这些海草，生长在海里、湖里或池塘里。它们既没有根、叶子，也没有花，尽管为依附岩石，某些海草长有叶样的东西、像根样的类根结构。

从微小的孢子开始，苔藓有两个繁殖阶段。第一阶段，首先像蝌蚪一样的精子在花粉囊里成熟，然后借助水游到杯状的卵子上，梗萌发，梗上长出数千个孢子囊。第二阶段，孢子破裂、喷射，落在适宜的地方生长，新的生命过程重新开始。

❍一旦羊齿科植物孢子落到适宜的地方，便会发育成极小的心形。原叶体既产生雄配子也产生雌配子，在雨水过后，雄配子游到雌配子上，为其授粉。之后新根和干才开始生长，形成真正的羊齿科植物叶子，而极小的原叶体则逐渐死去。

❍松柏类植物长有针状叶子，常年葱绿，其种子不长在花内，而是长在圆锥状的果核里。

❍松柏类、银杏类和苏铁类植物都属于裸子植物，种子都长在圆锥形的孢子叶里。

❍智利南洋杉被认为是现存的最原始松柏类植物，该树种雌、雄异株。

松柏类植物圆锥果

圆锥果是长在松柏类植物上的果实。雄性圆锥果生产黄色花粉，雌性圆锥果授过花粉后便开始长种子。圆锥果形成初期全部呈绿色，十分柔软，成熟时，则开始变成棕色，而且很坚硬。当它们成熟后，圆锥果张开，释放种子。

马尾草是已经在地球上存在数百万年的一种高茎植物，状如羊齿科植物。叶子有点儿像车轮，生产孢子的圆锥果成熟后会生新孢子。马尾草经常在杂草地里生长。

羊齿科植物约有1万多种。典型羊齿科植物长有小根，从土壤表面长出地下茎干和扩展树冠（叶子）。茎干通过土壤向外扩展。

开花植物

开花植物达 25 万多种，包括花、蔬菜、草、树等。它们可被分成两组：单子叶植物（例如草和鳞茎植物）和双子叶植物。

子叶

双子叶植物是种子有两个子叶的植物，单子叶植物是种子有一个子叶的植物。

❍ 在花朵绽放之前，芽被紧紧包在绿色的花萼里。花萼由极小的绿色萼片组成。

❍ 五彩缤纷的花朵由许多花瓣组成。花瓣构成花冠，花萼和花冠共同形成花被。如果花瓣和萼片的颜色相同，它则被称为（花）被片。

❍ 莴氏普亚凤梨要生长 150 年才开一次花，然后便死去。

❍ 单子叶植物约有 5 万种，占全部开花植物的 1/4。

➔ 单子叶植物（如小麦）可迅速生长，茎干通常较软，而且易弯；叶子里的静脉彼此平行生长。单子叶植物长有多而凌乱的细根，而不像双子叶植物那样长有单个的长根。

❍ 单子叶植物的花瓣数一般是 3，或者是 3 的倍数。

❍ 单子叶植物干从里面生长，而双子叶植物有一层形成层，是在茎外面的一层生长细胞。单子叶植物很少长有形成层。

❍ 通常认为，单子叶植物首次出现大约在 9000 万年以前。它们最有可能是从生活在沼泽及河里的双子叶植物发展而来，最初样子像水荷花。

❍ 约有 17.5 万种双子叶植物，占全部开花植物的 3/4 以上。

❍ 双子叶植物生长缓慢，至少 50% 长有木质茎干。

❍ 双子叶植物的花基数为 4 或 5。

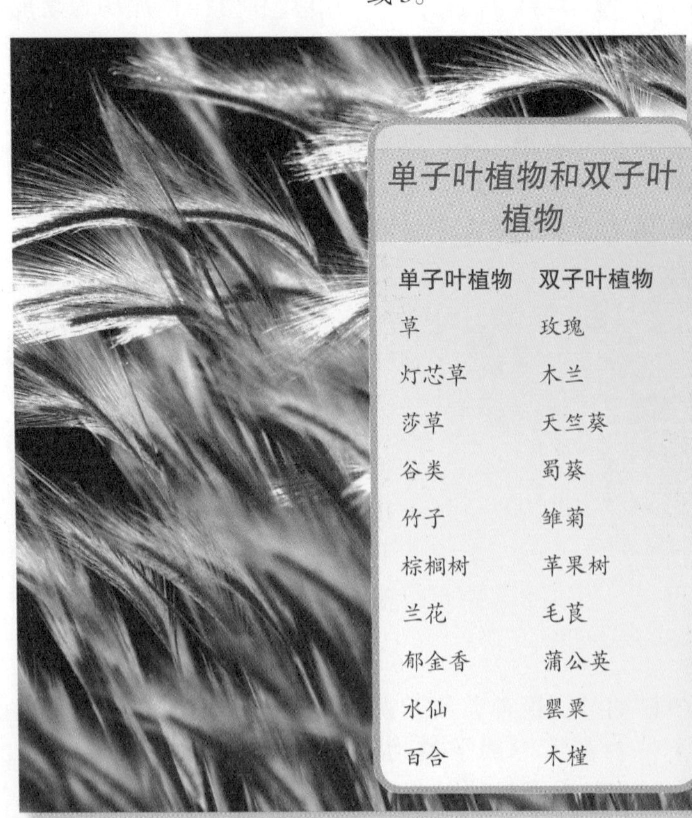

单子叶植物和双子叶植物

单子叶植物	双子叶植物
草	玫瑰
灯芯草	木兰
莎草	天竺葵
谷类	蜀葵
竹子	雏菊
棕榈树	苹果树
兰花	毛茛
郁金香	蒲公英
水仙	罂粟
百合	木槿

花蕾已经形成，被绿萼紧紧包裹着。

适宜的温度下，花蕾绽放，花萼打开，露出五彩缤纷的花瓣

萼片张得越开，花瓣向外和向后生长得越大，越能展露花中美丽的花冠

花完全张开，它鲜艳的花粉囊露了出来

每年，花蕾都会应时绽放，生命得以循环往复。有些花花期短暂，仅能盛开一天，而有些花则可怒放数日，然后才授粉、结子。

现在很少有图片中展现的大片野花，大多数野花比花园中的花朵更小、更美丽。

花匠控制温室中的光、水和温度，像仙客来这样的植物就可在同一时间全部开放。

你知道吗？

最大的头状花序是在莴氏普亚凤梨中发现的，直径达 2.5 米，长有 8000 朵花。

- 大多数双子叶植物长有枝茎干和被称为直根的单个主根。

- 双子叶植物的叶子通常长有静脉网络，而不是在单子叶植物里看见的那种平行静脉。

花的部分

所有花都是按一定顺序构造的，共有四圈。外圈由萼片组成，里面是一圈花瓣。在花瓣内，环绕着一圈雄性花，内圈由雌性花组成。在不规则的花里，不同部分并没有这样等量隔开，而且在数量和大小方面也各不相同，有些部分甚至根本没有。

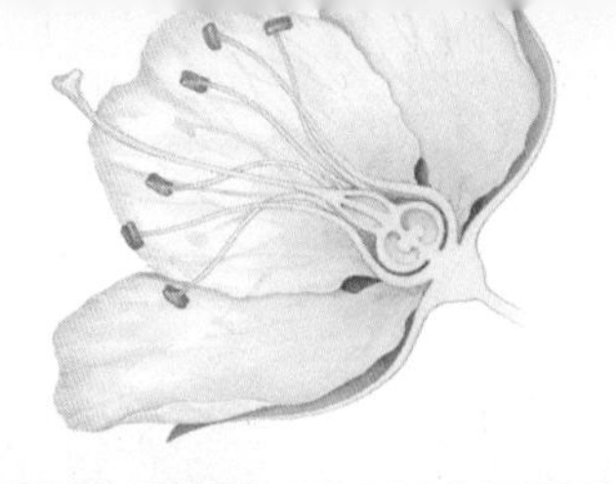

授粉

在一朵花孕育出种子之前，雄性花粉必须被转移到花的雌性植物柱头上，这叫作授粉。花粉可能被昆虫和其他动物在花间携带，也可通过风和水携带。

❍一些花是自花授粉，也就是说在同一株植物的花粉，对同一个体的雌蕊进行授粉。

❍异花受粉时，花粉囊的花粉必须输送到同类的异株植物的雌蕊上。

❍蜜蜂和蝴蝶等易被蓝色、黄色和粉红色的花所吸引，而白色的花则吸引夜晚的飞蛾。

❍为了引导蜜蜂采花，许多花都有标记。这些标记人用肉眼看不见，只能借助紫外线，而蜜蜂和一些其他昆虫都能看见。

在一朵花内，有年轮的环状物是雄蕊。每一个雄蕊长有一根细长的梗，上面有像刷子盖或者袋一样的花粉囊，在谷类花粉里面，包含雄性再生细胞。在花的中心是被称为心皮的雌性部分，其上长有一种发黏的衬垫，叫柱头。在一根长梗之上长有花柱，到下面逐渐变宽，形成子房，子房里面是雌性生殖细胞。

花粉囊

花柱

花柱梗

细丝

子房

胚珠

梗

花瓣

萼片

为了吸引雄蜂，对叶兰科植物有一片叶看似雌蜂，味道也像。不过如果没有蜜蜂飞来，对叶兰科植物能自行卷叶受粉。

花的广告

为了吸引昆虫，有些花开放明亮颜色花瓣，并散发出很香的气味。花瓣的底部储存花蜜，为昆虫提供甜美的汁液。昆虫寻找花蜜时，身体会粘上发黏的花粉。当它们采另一朵花时，会把花粉输送到它带棘的柱头上。

许多树开有葇荑花序，这些花悬挂在枝头，释放花粉，靠风力传播。白桦树上细长的绿色雌性葇荑花看起来与长而下垂的雄性葇荑花有很大不同。

❍ 蜜蜂用后腿采集花粉喂养幼蜂。

❍ 花只接受来自同类植物的花粉。

❍ 通过动物受过粉的花，长出少量尖头花粉。尖头帮助花粉粘在经过昆虫或者其他动物身体上的绒毛上。当动物在花间飞行时，尖头把花粉保存在合适的位置。

❍ 靠风受粉的花（例如草花等），无须鲜艳的色彩或者强烈的气味，这些花基本上是淡色无味的。雄蕊在花外悬挂，以便让风吹走花粉。

❍ 很多花同时具有雄蕊和雌蕊，但是有些花只有其一。

你知道吗？

花粉会引起一些人的过敏反应，这种情况叫作花粉热。

斑叶阿若母散发出牛粪一样的臭味，以吸引携带花粉的苍蝇。

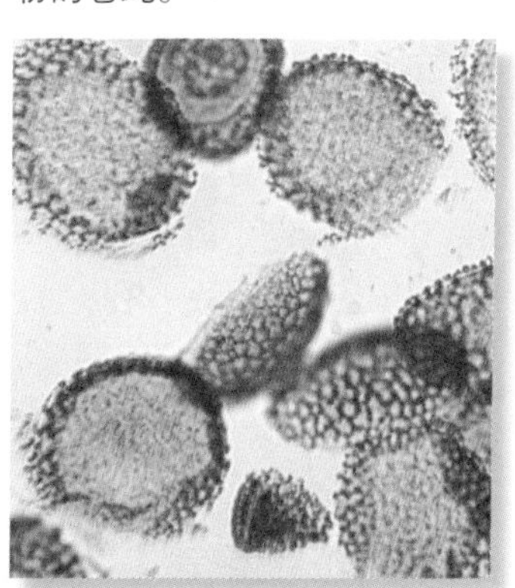

花粉粒长有一堵精密的子房壁，以防花粉变干。不同种类的花子房各不相同。

动物传粉者

大多数花粉由昆虫通过身体传授。很多热带花通过蝙蝠传输花粉，有些花则依赖鸟受粉，例如图中这只蜂鸟。蜂鸟需要从花中吸取高能量花蜜为其提供快速飞行的动力。

种子

种子长在极小但坚硬的壳内，大多数新植物从中生长出来。在雌蕊受粉后，种子便从植物的雌性配子发育起来。每颗种子都包含一棵幼芽及所需养分，直到幼芽长叶后，开始自行制造养分。

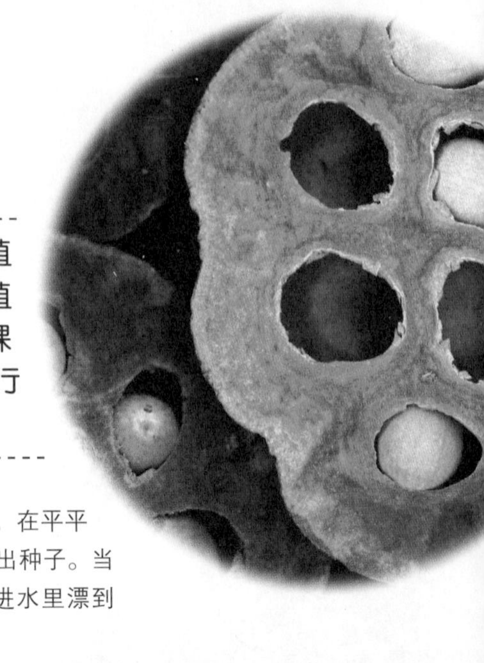

➡ 藕属水生植物，在平平的莲子头里长出种子。当种子成熟时，便掉进水里漂到各处。

❍ 总共有25万种开花植物长有壳内种子。种子在子房的囊里生长，子房在种子周围结出果实。

❍ 约有800种不同的针叶、苏铁和银杏等生产裸籽，这表明在种子周围没有结出果实。

❍ 种子成熟后即进入休眠期。在此期间，种子被散布到了各地。

❍ 有一些种子散落在贫瘠的土地上，无法长成植物。只有那些落在合适地方的种子才能长出新的植物。

❍ 很多种子很轻，很容易被风吹走。一些草长着羽状的种子，分量很轻，可轻易被风吹达数千米远。

❍ 有些种子则可被水漂送到远处。它们的果实壁留有空间或者长有油滴，这样它们就有了浮力。

❍ 一些果实味道鲜美，经常被动物食用，种子随果实吃进，然后通过粪便散落各地。还有一些种子长有毛刺，能粘到动物毛上，随动物的活动散播。有些果实，如天竺葵和羽扇豆成熟后裂开，散到了四面八方。

❍ 核果属于肉质果，果实长在坚硬的核里。核果包括李子、樱桃、杏和桃等。

果实是什么？

科学家们将果实界定为雌性配子受粉后子房形成的具有果皮和种子的器官。肉质果，例如橙子，有柔软多汁的肉质。干果，例如榛子和杏仁，成熟时果皮干燥。按果实的形成特点又分为单果、聚合果和复果。单果，由一朵花的一个成熟子房发育而来，如苹果；聚合果，例如黑莓，由一朵花内若干离生心皮发育而成；复果，例如菠萝，是由整个花序发育而成的果实。

杏仁

黑莓

菠萝

⬆ 悬铃木种子长有“羽翅”，因此可随风飞遍各地。

种子是如何形成的

当一粒花粉落在一朵花的柱头上时，它沿着柱壁长出小管，一直伸进子房。然后这根花粉管的顶端打开，释放雄性核子，与雌性核子结合。这一结合叫作授粉，新的子房随之形成，即种子开始发育。

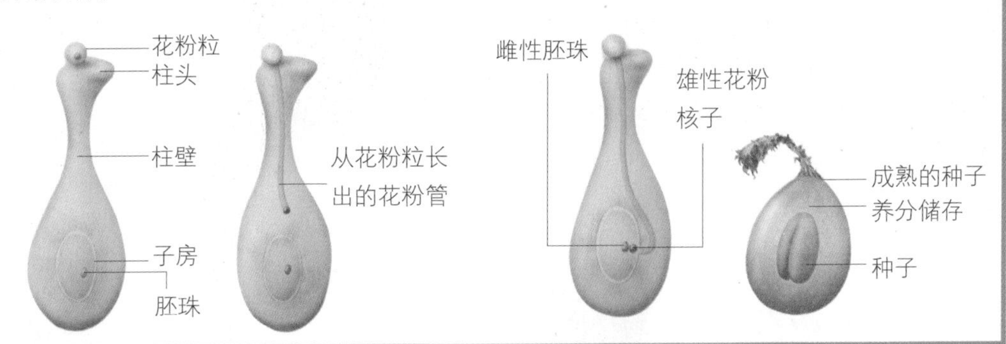

➡ 蒲公英成熟后，长成羽状种子。有风吹过时，它的种子就像小小的降落伞一样飘过天空，落到各地。

⬆ 乳草属植物长有很大的荚，成熟后荚便裂开，种子便散落出来。

❍ 坚果，如橡子，包含单籽的硬壳果实。

❍ 坚果和带壳花生不是真正意义上的坚果，而只不过是体形较大的种子。

❍ 坚果是一种浓缩而有营养的食品，由大约50%的植物油脂和10%~20%的蛋白质组成。与糖相比，花生含有更多的食物能量；与动物肝脏相比，花生含有更多的蛋白质、矿物质和维生素。

动物帮助播种

种子会远离母体，到达不同的地方，这样它们就不会同母体争夺光和水分等。一些果实吸引动物，以便动物将其食用。动物吃下甜而多汁的果实后，种子并未消化，而是通过排泄物排到体外，因此得到一部分养分助其新苗生长。松鼠除了吃，也贮藏果实，以便冬天食用。这些被埋的食物有时会被忘记，便得以长成新的植物。

⬆ 风滚草随风连根拔起，然后将种子吹散到各地。

没有种子的传宗接代

有些植物，一生只能萌发一次。还有一些植物，冬天会枯萎，次年从根部或者干部再次发芽生长。这种繁殖被称为植物的再生。

马铃薯块茎

马铃薯的地下茎通过储存的养分长成块茎。块茎上的"芽"借助储存于块茎内的养分可长出新的马铃薯。

❍像羽扇豆那样的植物可次年从老干上再次发芽。若活到了年限，干变宽，而中心坏死，在中心外围会长有一个单独的新生轮。

❍斑叶阿若母，从地下膨胀的球形根干上生发新芽。球形根呈环形，上面长有薄薄的鳞苞和新叶。

❍头年生长季节的块茎里储存的淀粉，为次年的新生植物提供了养分。

❍植物也能通过发出的长匍茎获得再生。

❍荆棘植物长有很多刺，干长可达3米，经常从地上拱起并在地上生根。

⬆水仙是球茎植物，长有标枪一样的叶子和黄色的花瓣。冬天水仙的球茎储存养分，以备春天长出新叶和开花。

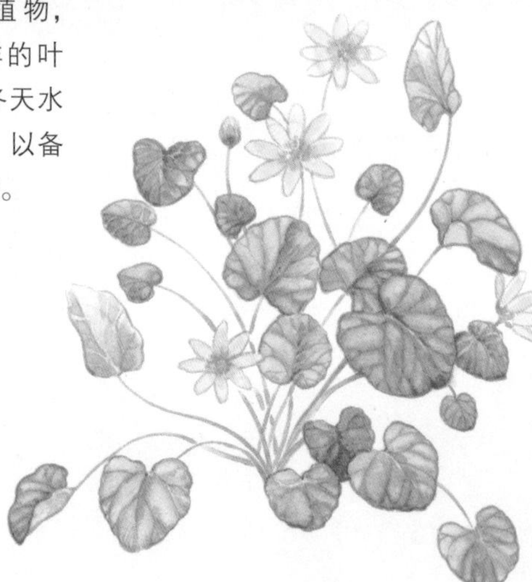

➡欧洲毛茛是林地首批开花的植物之一，它使用储存在地下块茎里的养分早开花。

老根发嫩芽

大蒜地下鳞茎可分成4～5瓣。这些蒜瓣可被分开，从而生长为新植物。

像鸢尾这样的植物可从繁茂的根茎处生长出新芽，这些根茎在地下则向旁边生长。

有些花，例如番红花和唐菖蒲，在干茎下长有一个球茎状的基部，人们将其称为球茎。

❍很多植物地下的根茎向四周扩展。这些根茎从土里向上生长，然后长出茎和芽。

❍郁金香从球状物繁衍出来，即通过地下的短茎，把养分储存在肉质的球形苞内。

❍郁金香每根茎的末端长有一枝铃状的大花。世界上野生郁金香约有100多种，主要分布在亚洲。

❍在16世纪后期，卡罗勒斯·卡鲁斯在荷兰的莱顿建造了一个花园。来自中国的第一批郁金香在那里被种植起来。

❍1800年以前在南美洲人们就开始种植马铃薯。在16世纪马铃薯被西班牙人带到了欧洲。

百合属植物，例如这些虎百合也从球茎中生长。百合是最大和最重要的花科之一，大约有4000个品种。

从根部长出的新枝

黑刺李是落叶、多刺灌木，它的根部长有浓密的根条。黑刺李属于玫瑰科，是花园栽种的李子的鼻祖。

植物发展

种子里胚轴的顶端有胚芽。种子植入土壤并吸收水分后，开始膨胀，皮裂开，新植物从中长出。植物生长的这个过程被称为发芽。

○有些种子，例如桉树种子，需要被火烧焦之后才能发芽。

○椰子树生长在热带海滩上，椰子落下后在海滩上发芽。椰子也可能掉进海里，随着水流旅行2000多千米，然后冲到另一片温暖的海滩上，在新的地方发芽，生长为一棵新椰子树。

○新植物耗尽种子里储存的养分后，必须找到新的养分来源。植物的根汲取土壤中的水分和矿物质，生长得很结实，足以把植株固定在一定的位置上。叶芽朝着有阳光的方向生长，以便首批叶子能吸收养分。

数百颗，甚至数千颗罂粟种子有时同时生长，像鲜艳的花毯铺在牧场和庄稼地上。

棕榈的树干不像一般树干，它不会越长越粗，只会越长越高。一些棕榈树只有一支铅笔粗细的干；而另一些粗达1米，高达60米。

你知道吗？

一些盆景树龄高达数百年，尽管它们非常矮小。

○只有被称为分裂组织的植物部分才能生长，它们通常是芽和根的尖端。因为一棵植物在端部生长，所以芽和根通常变得更长，而不是更粗。这被称为主要生长部分。在生命的后期，植物则可能长得更粗或者增长新枝。

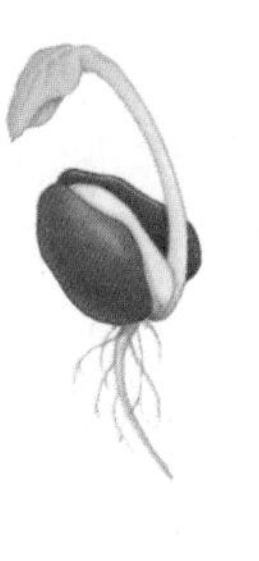

➡ 当一颗种子发芽时，幼根向下生长，绿色的幼芽向上生长。植物长出的第一批叶子是种子叶，或称子叶，可能是一个或者两个，可以提供种子生长所需要的养分。

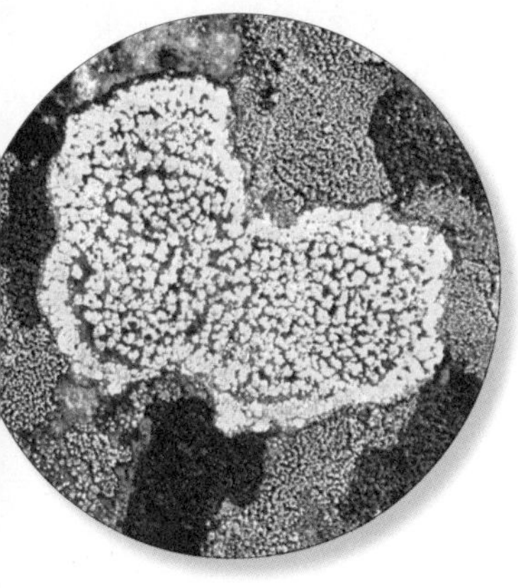

⬆ 这些青苔可能生长了数百年，虽然它们只有几毫米高。

❍ 罂粟种子可埋在地下数年，通过耕耘，种子浮到表层，便可发芽生长。

❍ 大多数青苔生长得极其缓慢。实际上，丰富多彩的岩耳科青苔每个世纪只生长几毫米。

❍ 有些植物，例如蚕豆，子叶在地层下生长。

❍ 苏铁类植物长有蕨类植物的叶子，在茎干端部长有一圈小叶。它们每年都生长一些新叶，并且可持续数年不衰。

❍ 海中植物生长最快的是大型海藻，一天可生长45厘米。巨大海藻可长达60多米。

❍ 橡树能活1000多年，高达40多米。在欧洲，橡树是所有树种当中树龄最大的。

❍ 南非洲沙漠生长的千岁兰，能生存2000多年。

北美桉树的生长

桉树最适合在热冷干湿交替的温带生长，例如澳大利亚和美国南部。在冬天，桉树完全停止生长，也不再发出新芽。桉树叶虽是考拉的主要食物，但却会对其他动物带来损害。

⬆ 顶部枝丫被截到树干处，利于它来年长出茂密的新枝。这一修枝法叫截头树法。截头的树在冬天随处可见，因为天冷时树叶全都落光了。

生命周期

每个植物种类都会有使其生存机会最大化的不同生命周期。一年生植物，从种子发芽、长叶、开花、结子到死亡，都在一年内发生。两年生植物，在两年内完成其生命周期。多年生植物则需多年完成其生命周期。

你知道吗？

大多数多年生植物从根部长出新芽，这些新芽慢慢长成新干。

一年生种子

一旦种子形成，里面就会有小小的生命。一年生植物的种子可能从母体中掉落在地下，冬天则在地下冬眠。次年春天，极小的植物冲出种子壳，生长几个月，然后开花、结子，种子则远播别处，最终植物死亡。大多数庄稼是一年生植物，包括豌豆、蚕豆、南瓜、玉米和小麦等。很多杂草也是一年生植物。

❍植物每年开花、结果或结子，慢慢耗尽了养料，因此绿色部分会枯死。

❍一年生植物扎根较浅，因此能在贫瘠的土地上存活。

❍一年生植物半边莲，曾被印第安人用作“烟叶”来吸食。

❍两年生植物在第二年开花。第一年，它在地下储存养料，例如长出鳞茎或者全根，以保证度过寒冬。两年生的甜菜根在第一年长出叶子和肉质的红根，在下一年生长季节之前就可收获。

❍多年生植物在第一年可能不开花，但是之后每年都会开花。

❍它们可开花多年，因此多年生植物不需要生产许多种子来维持生存和繁殖后代。

❍一些多年生植物是草本植物，这即是说，它们有柔软的干。干在夏末枯萎，而新干在来年春天会再生发出来。

❍木本多年生植物在地面上过冬，但是在冬季它们就会

一年生植物	两年生植物	多年生植物
罂粟	桂竹	香紫苑
半边莲	康乃馨	鸢尾属植物
牵牛花	美洲石竹	羽扇豆
毛茛	夜来香	水仙
向日葵	甜菜根	秋海棠
豌豆、蚕豆	胡萝卜	非洲人紫罗兰
南瓜	洋地黄	大岩桐
玉米	缎花属植物	耧斗菜
小麦	勿忘我	橡树

短生命周期植物

一年生植物，例如罂粟，在一年内完成其生命周期；两年生植物，例如野生胡萝卜，在两年内完成其生命周期。一年生、两年生植物深受花匠们的欢迎，因为它们既易于栽种，又能开出五颜六色的花朵。

一年生植物

一年生植物把养料全部用上，以利于尽快再生。在种子散落后不久，母本植物即枯死。整个循环周期：种子发芽—开花—结子，顶多花费一年。

种皮

种子发芽

花蕾

花和种子

两年生植物

两年生植物在第一年形成根，有时是一根短干和一个莲座形叶丛，其养分保证它们在次年生长。它们开花、结子然后死亡，这样就完成了一个生命周期。

野生胡萝卜生长一年

花蕾

花开始绽开

盛开的花朵

对花授粉及受过粉的花

被传播的种子

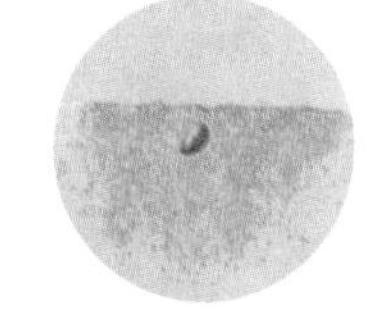
种子在土地里生长

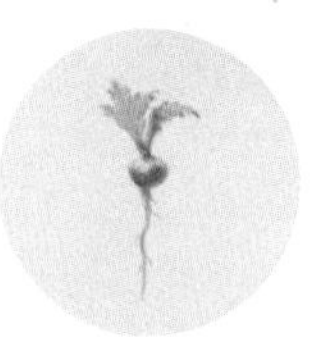
种子发芽

幼小的植物

停止生长。

❍草本多年生植物像冬眠于地下的鳞茎、球茎、块茎、根和根茎那样，靠冬眠度过冬天。

❍其他多年生植物长有木干，例如乔木、灌木和藤蔓。这些木干一直活着，每一个生长季节都增长一部分。

❍木本多年生植物只有成熟后才开花，而这可能要等很多年。

❍热带多年生植物，如秋海棠，如果在温带的冬天把它放置在室外，它就会死亡。

❍西洋樱草是在两种多年生植物——樱草花和连香报春花，杂交而成的。

❍短生植物，例如繁缕或野滥缕菊，能迅速在贫瘠的土壤里生长，若生长在不适合的地方，则很快变成杂草。

温带（或寒带）地区的多年生植物，例如紫苑、鸢尾、桂竹香、羽扇豆、牡丹和樱草花等，都需要一个寒冬催发在春天生长的新芽。

雨林

热带雨林是温暖而潮湿的，因为每年平均降雨量达 2000 毫米，温度达 20℃以上，这些条件使热带雨林成为世界上最富有的植物栖息地。开花的植物大都起源于热带雨林。

❍大多数雨林中的树都是阔叶植物和常绿植物。

❍亚马孙雨林中的树包括红木、巴西坚果、橡胶、番樱桃、月桂以及棕榈树。非洲雨林中的树包括红木、黑檀、西非橄仁、白花崖豆木、红檀香木、绿柄桑和沙比利木。

❍很多雨林植物开有大而明亮的花朵，以在昏暗光线中吸引鸟和昆虫。鸟授粉的花经常是红色的，夜晚飞蛾授粉的花是白色或粉红色的，白天飞虫授粉的花则是黄色或橙色的。

你知道吗？

按现在的砍伐速度，世界上现存的雨林用不了几年就将会有一半不复存在了。

亚马孙雨林

亚马孙雨林占了南美洲北部大部分的面积，此地区所拥有的动植物种类比任何其他地区的种类都要多。为此，自然资源保护主义者非常关心这一雨林区的情况，因为有人为了种庄稼和建造房屋而不断砍伐树木。

大多数雨林每年降雨量在 1500～4000 毫米之间，植物在这样温暖潮湿的条件下可迅速生长。为了把叶子暴露在阳光（通过光合作用制造养分）中，雨林中的一些树高达 50 米。

❍很多树在树干上开花，以便动物能够接触到，这叫作老茎开花现象。

❍很多植物是寄生的。它们以其他植物为食。寄生的植物包括槲寄生和阿诺尔特大花。

❍有些附生植物好像靠风生长，因为它们既不附在地上，也不附在其他明显的物体上。

❍热带森林里的附生植物包括各种各样的兰科植物、羊齿科植物和凤梨科植物。

无花果的根扎到雨林中树木根部的周围，通过缠在树上来吸收水分。树渐渐枯死，留下无花果和一根空的“树干”。

❍一些热带森林覆盖大山的山边，在矮树附近会生长更多的植物。最高的高山雨林叫“云间森林”，因为森林大部分被低云层覆盖着，为各种苔藓、羊齿科植物和药草提供充足的水分。

❍很多雨林中的树与在它们根上生活的真菌类保持着共生关系。菌从树上得到营养，反过来又给树提供磷和其他营养成分。

❍居住在雨林中的一些蚂蚁，例如南美切叶蚁和收获蚁，把叶子咬碎为真菌提供养分，反过来真菌又为蚂蚁提供了食品。

透过雨林中最高的树叶，阳光又可照射到矮些的树上，高树、稍矮的树就都得到了阳光，第二层叫树盖层，这一层是雨林中最稠密的部分。树盖层与葡萄树和附生植物纠缠着。这个层面把大多数剩下的阳光都遮住了，因此森林的低层，即在地面附近的一层，很少有植物。地层上有一些生长的幼苗以及不需要多少光的菌和其他有机生物。

巴西坚果

巴西坚果生长在雨林的树上，成熟后落到地面。巴西坚果有一个圆形蒴果壳，看起来像一个大椰子。在每一个蒴果壳里面结有8~24颗坚果，这些坚果就像橘瓣那样整齐排列着。从蒴果壳取出后，坚果需在阳光下晒干。

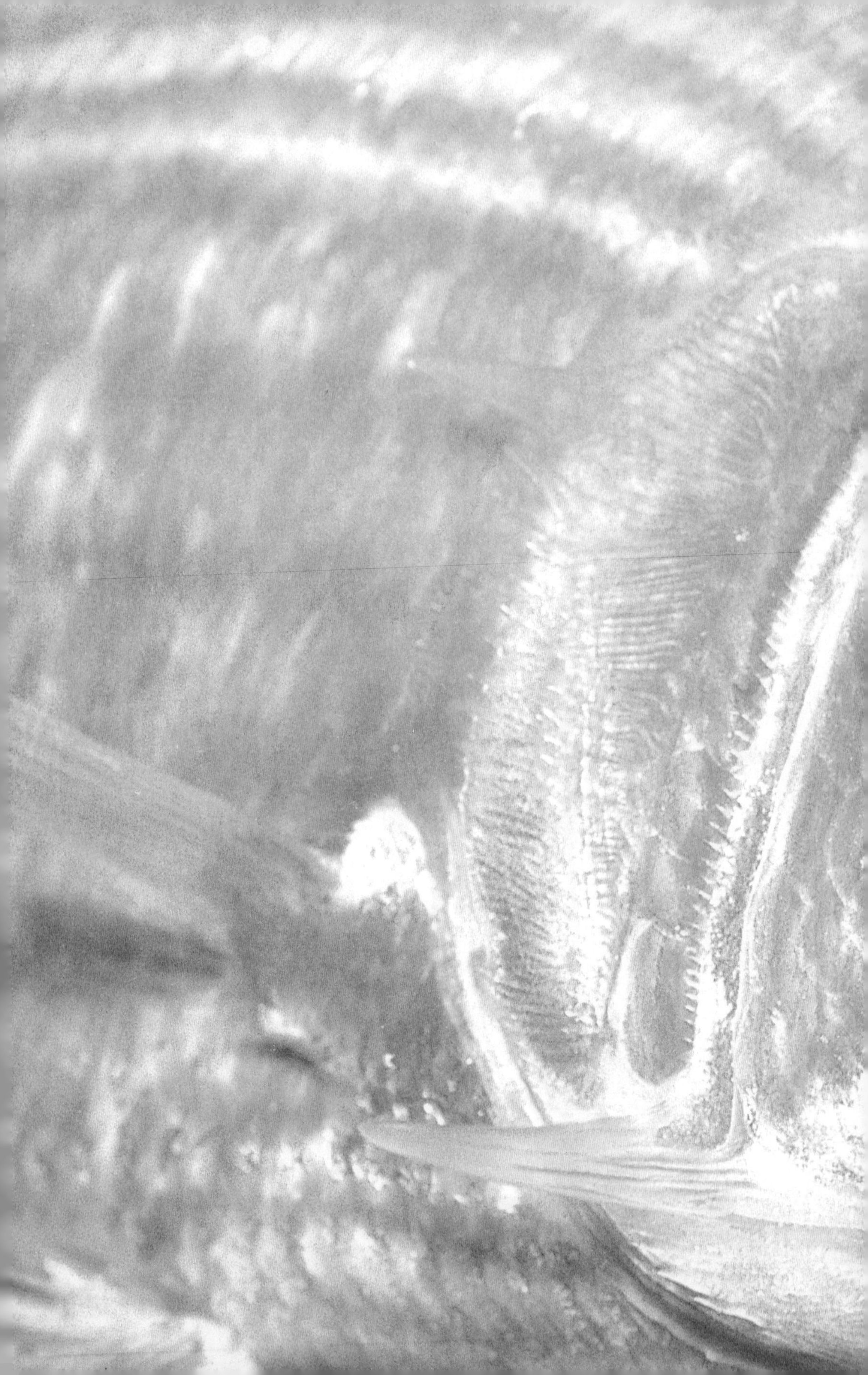

水生生物 3

生活在水中

生命从海洋开始，多数生物仍生活在那里。从水母到贝类到旗鱼，海洋里充满了一系列动物。不仅有鱼类，还有爬行动物如海蛇和海龟，哺乳动物如海豚和海豹。

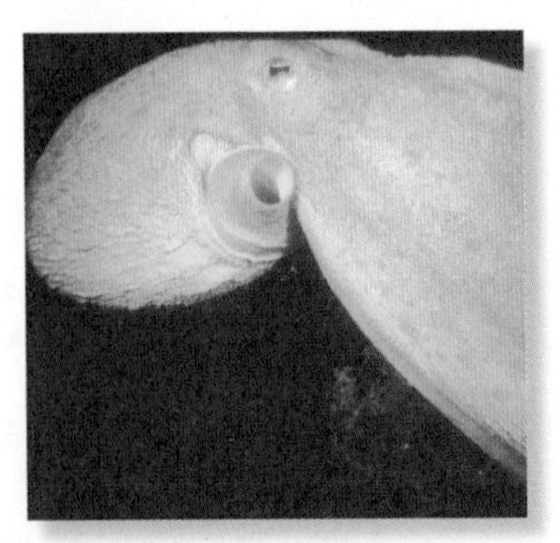

水生动物，例如章鱼，通过周围水的浮力浮上水面。这表明它们不需要陆上动物那样强壮的骨骼。章鱼离开水就会变得松软，移动也会较为困难。

❍海洋覆盖2/3以上的地球表面，总面积大约3.62亿平方千米，这表明海洋面积比陆地大两倍多，海洋是野生动物的最大栖息地。

❍海洋里有溪流。海洋里的水在不停地流动，而且在一些地方，它有特别的流动路线，如大西洋北部流动的墨西哥暖流。

❍形象地说，海水是一碗浮游植物和浮游动物作底料熬制成的汤。浮游生物为更小的鱼提供食物，例如鲱鱼和沙丁鱼。同时，这些鱼为更大一些的，例如可怕的梭鱼和凶猛的鲨鱼提供了美食，这就是海洋食物链。

❍大多数鱼是冷血动物，体温与周围的水相同，金枪鱼是个例外，其肌肉块头大并且非常活跃，可生产许多热量，在很冷的海里可保持温暖。温暖的肌肉活动更加自如，这也是金枪鱼游动如此迅速的原因。

海龟的硬壳可以覆盖并保护自己的身体。与淡水龟相比，海龟长有更加扁平而不那么圆的壳，这使它更迅速地游动。

水生动物经常用陆上动物那种方式保护自己。豪猪鱼是“海中的刺猬”，它的脊骨在平时呈扁平状，当吞咽水鼓胀起来后，它的脊骨就像刺一样伸出来，从而保护自身。

鼠海豚是鲸和海豚的近房兄弟，长有钝圆形吻部，体型较小。江豚是最小的一种，只有 1.5 米长。

水里的生物也有很多地方不同于陆生生物。这个枝丫向外的橙“树”不是植物，而是柔软的小型动物珊瑚虫形成的群体。

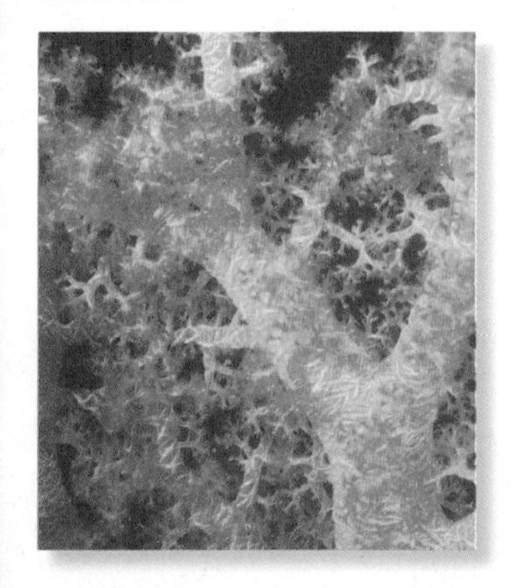

○有一些水生动物呼吸空气，包括地球上最大的动物鲸。其他大型水生动物包括海牛、河海豚、长牙海象和独角鲸。

○棱皮海龟是真正的海洋漫游者，它们可向下潜水到 1200 米的深度寻找晚餐。它们也是海里最大的海龟（长达 2 米），主要以水母为食。

有多少种鱼?

鱼的种类多达 2.5 万种，相当于其他脊椎动物（包括两栖动物、爬行动物、鸟类和哺乳动物）的总和。

○一些鱼用施毒方法保护自己，它们使用坚硬锋利的鳍脊骨猛戳敌人。锯鲉鱼（又叫蓑鲉），长有大而呈花边状的鳍，加上鲜艳的色彩，以此警告来犯的肉食性动物。相比之下，石头鱼则伪装成石头状，以此保护自己。

○美人鱼具有神秘色彩。民间传说，美人鱼上身是美女，下身是鱼，专以其美妙的歌唱迷惑海员，使船只触礁毁坏。

被重新发现的腔刺鱼

人们曾认为，生活在恐龙时代，即大约 2.5 亿年以前的腔刺鱼，现已绝种。不过，在 20 世纪 30 年代，人们已分别在印度洋和东南亚水域发现了腔刺鱼。

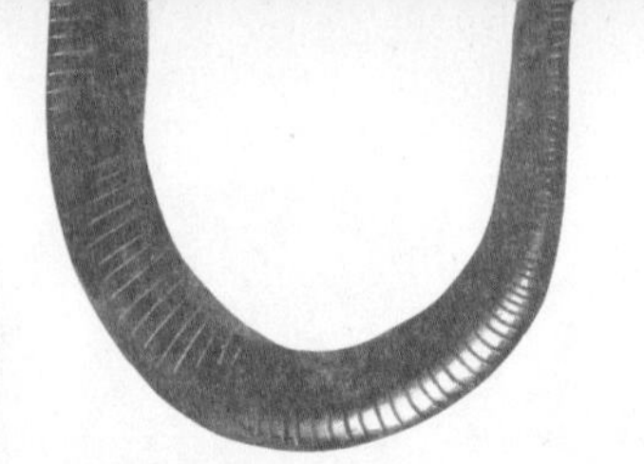

水生物的范围

水域可供各种各样的生物栖息繁衍，如从微小的单细胞海藻到如在陆地上的橡树一样高大的巨大昆布等植物；以及种类繁多的动物，从样子怪异、比人的胳膊还粗的虫，到地球上最大的动物鲸，应有尽有。

❍海草是海洋生物的基础，一些农场主也种海草。海草吃起来味道鲜美，也是其他产品如冰激凌的有用成分，还可用作肥料。

❍海绵是所有动物当中最简单的生物。它们没有眼睛、耳朵，没有神经或者大脑，没有骨头或者肌肉，但是它们仍然是动物。

❍海绵的身体由很多微小的细胞组成。海绵把水吸进体内，再通过体壁吸收极小的食品，然后从顶部更大的洞把水喷出来。

石笔海胆是一种巨大的棘皮动物，它既不在陆地上，也不在淡水里生活，只在大海的咸水里生活。

❍海水里约有4500类不同的海绵，淡水里也有一些。你在澡堂里使用的天然海绵是早已死亡、晒干的海绵。

❍很多环节动物生活在水中，包括生活在海岸的少蚕、扇形虫、管状虫等；生活在海里的叶形虫、吸血水蛭等；生活在沼泽和沟里的红蚯蚓等。

❍生活在水中的鱼，身体细长、苗条、大眼睛，摆动着一条尾巴从一侧游到另一侧。鳍控制着鱼的

❍众所周知，环节动物长有一个由很多节状部分组成的长长身体。

在大群鱼群中活动的黄笛鲷，一般不会被其他肉食性动物吃掉。

有时，普通陆地动物在海里生活可能非常危险。这种鸡心螺是在热带海岸内发现的，像一个无害的蜗牛，但是它隐藏着一根毒针，刺到其他动物身上，可引起长达数小时的剧痛。

珊瑚礁上的生物基于海草生存。海草大小各异，从在水流中摇摆的巨型绿色植物，到长在暗礁上的极小藻类。

运动，鱼头的两边长着鳃，供其呼吸。

❍并非所有的鱼都具备全部这些特征。鳗鱼像蛇，通常无鳞；肺鱼能在水之外呼吸；鲶鱼有似皮革的皮，多骨、少鳞。

❍鲸、海豚、海豹、海狮和海象是已经适应海洋生活的恒温哺乳动物。

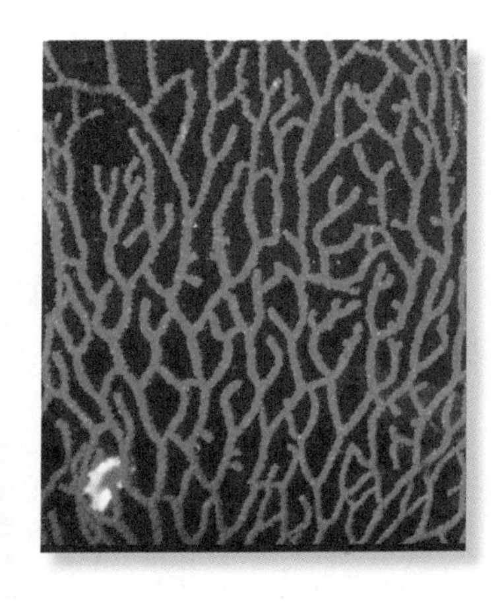

❍海豹和海狮被称为鳍足动物，即有“鳍状脚”。它们有鳍肢，而不是腿，更方便游泳。它们的身体已经流线化，呈子弹头型，在皮下长有一层含脂肪的鲸油，这样在寒冷的水里也能保持温暖。

蓝鲸

地球上最大的动物生活在海洋里，它就是蓝鲸。蓝鲸体长可达30米，体重达2万千克。

柳珊瑚是树枝状群体，像一个有花边的扇子，是由一堆堆极小的像海葵样的珊瑚虫组成的。

鳕鱼是最有名的鱼种之一，能长到1.2米长，也是一种凶猛的肉食性动物。在大多数水生物中，鱼是占主导地位的动物。

海獭

海獭是最小的海洋哺乳动物。这些顽皮的动物生活在太平洋沿岸的大片海藻丛中。当它们睡着时，也会紧紧抓住海藻。白天打盹时，它们便把身体包裹在海藻里，以免被水冲走。

在水中呼吸

鳃看起来像从里向外翻的肺。它们与肺相同，有褶边的结构，只是长在身体外边，与水接触而已。溶解的氧气从水流进鳃内。大多数水生动物，包括鱼、蟹和软体动物（例如章鱼和海蛤蝓），都长有鳃。

❍ 水通过鱼嘴和羽状鳃流进来。氧气从水流经鳃，使鱼能够呼吸。然后，被吸过氧的水再从鱼嘴边的鳃流出去。

❍ 肺鱼已适应在水流缓慢、泥泞的河，或多杂草的湖、浅的沼泽里生活。像其他鱼一样，它们有鳃，不过，如果水里缺乏氧气，例如水非常浅、水温很高时，肺鱼也能通过管状的肺从空气中吸收氧气。

❍ 当河水干涸时，肺鱼可钻进河床下面潮湿的泥浆里，因此南美洲和非洲肺鱼在干旱季节也能幸存下来。干旱季节到达、河水减少时，肺鱼能感觉到，它们用鼻子把泥浆推成管状，卷做一团待在里边，然后用皮做一层黏液（矿泥）。

在泥浆里的床

在泥浆做的茧里，肺鱼能生存好几年。它们通过分解自己的肌肉得到所需要的营养物和能量。

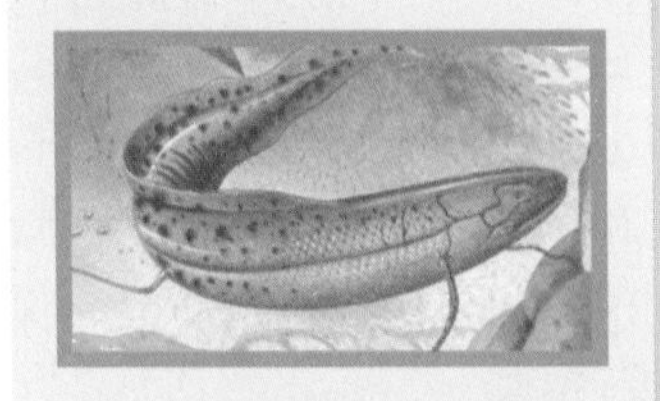

⬆ 甲壳类动物，像蛤、贻贝和牡蛎一样，在壳里面也长有褶边的鳃。壳必须张开，才能让水涌进来，以吸收溶解的氧气。

⬇ 大多数海豹和海狮在水下追捕动物时，能屏息几分钟。在捕食吃饱之后，它们会从海水里钻出来，到岸边或者岩石上休息。

鱼张开它宽大的下巴吃食或者“打呵欠”时候，长在口腔后面血红的鳃依稀可见。

❍大多数鲨鱼必须不断地游动，这样水才能从鳃部流过，以利于其呼吸。有些鲨鱼可安静不动，让水通过其嘴和颈部张弛的肌肉穿过鳃部。

❍鲸、海豚和鼠海豚必须浮出水面呼吸，这是因为它们像人类一样是哺乳动物。抹香鲸屏息的时间最长，众所周知，它们可在水下停留近两个小时。

❍两栖动物既能通过肺呼吸空气，也能通过皮肤吸收氧气。不过，它们的皮必须保持潮湿，否则氧气便不能通过。

❍即使长大后，蝾螈依然保持着外部的蝌蚪鳃。

❍一些动物，例如蠕虫和扁平虫，没有特别的呼吸结构。氧气能直接通过皮肤吸收。它们扁平的形状表明，在其身体里面，没有哪部分离皮会超过几毫米，氧气容易渗透这段距离。

这条梭鱼的鳃中淤泥依稀可见。鳃外的鳃盖向外倾斜，因此水容易从缝隙处流出。

❍海里生活着有毒的蛇。正如其他爬行动物一样，它们必须浮出水面呼吸空气。金环蛇在珊瑚礁周围游来游去，以寻找可口的鳗鱼。

鳃的工作程序

像其他鱼一样，鲨鱼在水下用鳃呼吸。大多数鲨鱼身体的每一边长有5个鳃开口。不过与多骨鱼不同，那些开口没有硬盖或鳃盖保护。

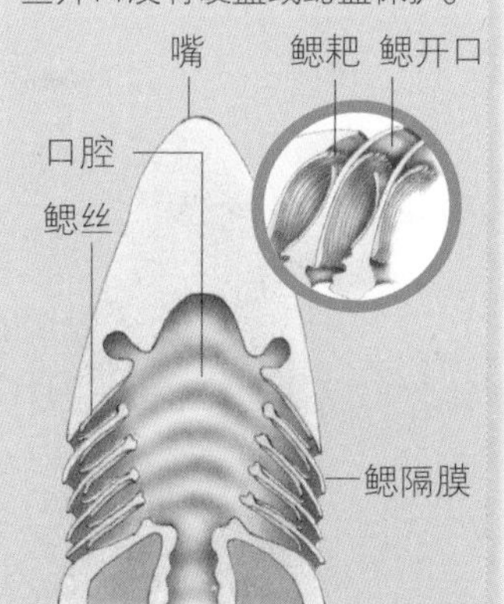

海鳗，例如斑点海鳝，通常潜伏在裂缝和洞里。为了呼吸，它们张开嘴巴并且面对水流，这样水就可通过其鳃部。

海蛞蝓背上长有一丛多孔鳃，鳃上有毒，可阻止其他动物前来叮咬。

在水中活动

水的阻力很小，因此流线型的鱼、海豚、海豹和其他海生动物能够轻易游动。迅速行动的鱼，例如马林鱼、金枪鱼和刺鲅鱼，体长而纤细，来自尾巴的强大推力可推动庞大的身躯迅速向前。

灰鲭鲨肌肉强健，捕食凶猛，速度极快。它们身体修长、呈流线型，鼻子很尖，体长可达 4 米。

❍鱼的脊柱两侧有对称的肌肉，一侧收缩，另一侧伸展，鱼才能顺利摆动，产生前进动力。肌肉构成鱼重量的 70%。鱼鳍的主要作用是游动及平衡，如尾鳍是最主要的推进器官。

❍并非全部的鱼都有相同的形状，而形状往往决定它们怎样行动。比目鱼长有扁平的身体，适宜待在海底而不是游泳。鳗鱼细长，正如蛇一样，主要通过扭曲身体游动，而不是使用鳍状物。通过反转蠕动，它们还能向后游动。

❍大多数鱼都长有几片鳍，帮助它们游动。它们背上长有背鳍，胸鳍则长在肚子前面，在尾巴附近较低的两侧长有腹鳍，臀鳍长在尾巴的前面，尾巴本身叫作尾鳍。鲨鱼的背鳍可掌握整个身体，在游泳时控制身体摇摆。

扇贝的两个壳不仅用于保护自己。扇贝还可拍打双壳，喷出水流，从而借助水流的反作用力推动自己向前。

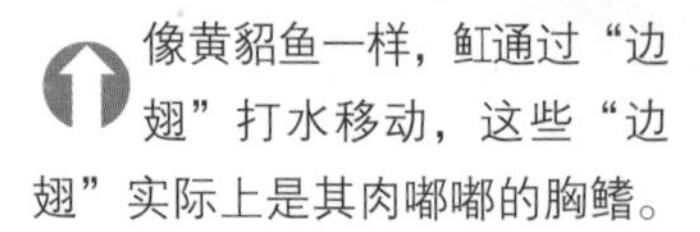

像黄貂鱼一样，魟通过“边翅”打水移动，这些“边翅”实际上是其肉嘟嘟的胸鳍。

❍海豚的尾巴叫作尾片，看起来类似于鱼的尾巴。因为尾片，海豚通过上下拱起身体游动，不像鱼那样弯曲身体从一侧到另一侧游动。但是它的尾片并不是它的腿，因为尾片内没有骨头。不过，像海豹的鳍肢一样，它的鳍肢是臂，里面有手和指骨。

行动最快的鱼

测量海洋鱼中的最快速度非常难。但是，旗鱼最高时速可达 100 千米。

海龟通过移动鳍肢活动。它的鳍肢以“8”字形方向上下轻拍，就像有翼的鸟那样运动，而不是像桨一样向后推水。

海鳗可长到3米长。虽然没有分开的尾鳍，但它们却长有一条沿着脊背一直到腹部、后尾的包裹鳍。

从鱼的身形可以判断出它游泳的速度。黄尾巴的斑头刺尾鱼有庞大的身躯和一条小小的三角形尾巴，这表明它是一种相对缓慢的游动者。

❍企鹅虽有强健的翅膀，但却不能飞，至少不能在空中飞行。不过，当它们在水下游泳时，便轻拍翅膀，非常类似于空中飞行的动作。

❍海豹的四肢进化成强有力的鳍肢，这样可帮助其游动。它强健、鱼雷似的身体使之成为一名游泳健将。

❍耳翼突出的海豹长有较长的后鳍肢，比海豹的鳍要灵活。它们的前鳍肢粗大有力。这种海豹主要使用其前面鳍肢涉水。

企鹅把喙、头和颈向前伸，向后交叠双脚，使自己呈流线型，以加快自己的游泳速度。

踢水和游泳

很多动物既在陆地上生活，又在水里生活，因此它们使用腿和脚跑动，也用其游泳。水獭、鳄鱼和蛙长有趾蹼。有蹼的后脚踢水游泳，前腿则用来掌舵。青蛙也通过跳跃移动，这使它们得以迅速逃离肉食性动物。

淡水中的食物链

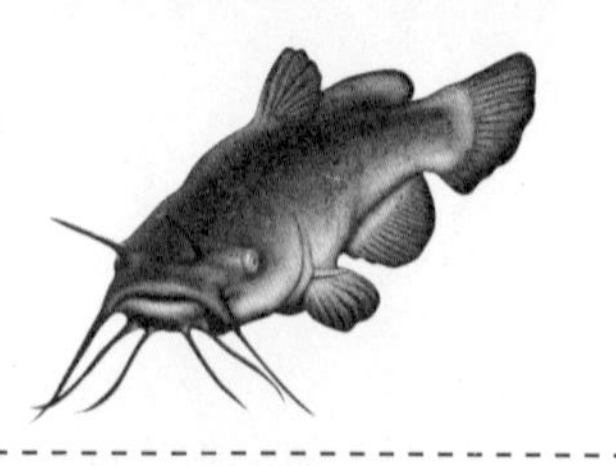

当一棵植物被某种植食性动物吃了以后，这种植食性动物又被一种肉食性动物吃掉，一条食物链便产生了。进食链节然后发展到进食网络。在淡水中，很多食物链是从水生植物开始的，像荷花或者水池草，以及岸边植物，例如灯芯草、芦苇和莎草等。

❍水里的食物链较陆地上的食物链要长。在一条河里，食物链可以有六七条链节：例如，从植物到河里的蜗牛、小鱼、小龙虾，大一些的鱼、水獭，一直到鳄鱼。

❍水蚤是因与昆虫相像而被命名的甲壳动物。它有两条触角，这有像小树一样的众多枝丫。

❍水蚤是生活在池塘和小溪的普通水生物。它们吃微小植物和极小动物，反过来成为鱼、幼虫、蠕虫等的重要食物。

吸血的七鳃鳗只是滋生于更大的水生动物身上的众多寄生动物之一。

❍很多幼鱼都是鲤鱼科小鱼，不过鲤鱼科小鱼也是一个特征显著的种类。它身长10厘米，是更大鱼的口中美味。鲤鱼科小鱼在极小的植物、动物以及更大的肉食性动物之间的食物链中扮演着普通角色。

你知道吗？

在海草和箭鱼之间的食物链可能达10余种。

尼罗河鳄鱼不能咀嚼。它经常使劲甩打捕到的猎物，把大块头的猎物撕成小块，小到无须咀嚼，可直接吞吃。

以死腐动物为食

鳄龟以腐臭动物为食，例如淹死的鹿和猪，鳄龟通过腐味找到它们。鳄龟也能找到遭受谋杀并被扔进深湖的人的尸体。

这只色彩亮丽的鳖主要以水生植物为食，但是也吃虫和蛆。像它这样，既吃植物又吃动物的动物被称作杂食动物。

梭子鱼用长而宽的嘴巴里小而非常锋利的牙齿捕食。它主要生活在北方杂草丛生的湖、河里。

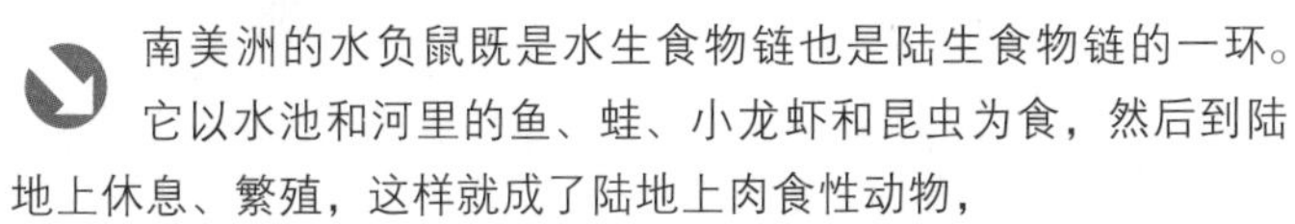

南美洲的水负鼠既是水生食物链也是陆生食物链的一环。它以水池和河里的鱼、蛙、小龙虾和昆虫为食，然后到陆地上休息、繁殖，这样就成了陆地上肉食性动物，如美洲虎的食物。

❍鲷鱼生活在欧洲和西亚地区，游速快，喜欢潜入海、河底部的砾石。它以水草为食，并用其坚硬起茧的唇擦掉石头上的小植物。

❍梭子鱼长达100厘米，长有一口锋利的牙齿，非常凶猛。它潜伏在水生植物中，迅猛伏击猎物。在很多河流和湖泊里，梭子鱼是在各种食物链的末端最高级的肉食性生物。

❍泥鳅，像鲤科小鱼一样，是淡水食物链里普通的一环。它在石头缝和泥浆里以小虫和其他小动物为食，然后被更大的鱼吃掉。

❍七鳃鳗通常寄生在其他动物身上。它粘在大鱼寄主身上，通过皮肤吸吮寄主的血和体液。七鳃鳗是非常奇怪的鱼，有一个几乎史前的形体。它们没有上下颌，嘴是一个边缘长着极小牙齿的环形吸盘。

❍尼罗河鳄鱼是非洲众多水域中最大的肉食性动物。它抓住来喝水的大型动物或者鸟类，把它们拖到水里淹死，然后撕破并大块吞吃猎物的肉。吃一顿饭能让一条尼罗河鳄鱼生活6个月。

大型蝾螈，一种两栖动物，可能只有手掌般大小，但是它却可能是池塘里的最高级肉食性生物。对虫、水里昆虫和幼小的鱼来说，蝾螈就是一个凶猛的猎手。

海里的食物链

植物是所有食物链的基础，但是它们好像在广阔的海洋里不见了。其实，它们是以极小的流动的海藻，即人们所说浮游植物的形式存在于海洋中的。浮游动物以其为食，这样，海洋食物链便建立起来了。

像有斑点的黄貂鱼一样，通过探测甲壳类动物肌肉的电脉冲找到隐藏在沙里的猎物后，魟咬碎其外壳，吸吮里面的肌肉。

海里的快餐

青鱼是一种银色小鱼，成群结队活动。它们经常被发现活动于北大西洋和北太平洋温带较浅的水域。青鱼以小鱼和浮游生物为食，反过来成为更大动物重要的食物之一，例如鲨鱼、海豹、鲸和海鸟。青鱼科多达360个种类，包括沙丁鱼、鲥鱼、鲱鱼、青鱼和西鲱。

❍桡脚类动物是甲壳动物。每一种甲壳动物都有一个像盾一样的体盒，摇摆着游动，并用体盒采集食物。在大海里，桡脚类动物在接近于水面的水里捕食和繁殖。巨大群桡脚类动物以微小植物或动物为食。桡脚类动物和磷虾是鱼和其他海洋动物的主要食物。

❍磷虾看起来像小虾，通常2~3厘米长。数百万的磷虾与其他小动物一起，构成了浮游生物界。很多动物包括海鸟、企鹅、鲨鱼和鲸都吃磷虾。

鲨鱼，像这条鼬鲨鱼一样，是肉食性鱼类，它们全部生活在海里。一些鲨鱼追捕猎物，而一些鲨鱼则静候猎物出现，还有一些鲨鱼则以腐死动物为食，如快要死的鲸鱼和海豹。

❍海上鬣蜥是植食性动物。大多数蜥蜴更喜欢在陆上生活，因为在陆上它们的冷血身体容易增加温度，但是海上鬣蜥却依赖海洋得到所需的食品。它们潜到水下，啃吃岩石和珊瑚上的海草和藻类。

❍虎鲸属于海豚科，生活在所有海洋中，甚至生活在寒冷的北极和南极洲地区。它们以鱼类为食，也时不时捕猎鲸或者海豚。

❍很多海鸟都吃鱼或者鱿鱼。塘鹅捕鱼时头朝下扎

大鱼，如石斑鱼一口气吃足一顿饭，然后休息或者缓慢游泳，几天不吃东西，直到饥饿再次袭来时再去捕食。石斑鱼通常藏在岩石的窟里。

进水里，击中一条鱼后用喙叼起。塘鹅的头有气囊保护，可防震防撞，因此它可高速潜水并重重击水。

有些鱼，例如鲱鱼，游动的速度快且没有其他明显的保护手段，因此它们通常成群活动。这群鱼一起游动，转弯突然而迅速，犹如一只巨型动物，足可迷惑和吓走那些单独行动的大型肉食性动物。

你知道吗?

姥鲨是所有鱼类中第二大鱼种，长达10米，重达6吨。像鲸鲨那样，姥鲨以过滤诸如来自海洋中的磷虾和其他小动物为食。

食磷虾的海豹

食蟹动物如海豹，生活在南方的海洋里，因为蟹少，只得以磷虾为食。

鲨鱼饮食

鼠鲨使用其敏锐的视力追捕成群的小鱼，如鲭鱼。伴随着其尾巴突然的瑟瑟作声，它冲入大群鱼中，直捕猎物。

长尾鲨的尾巴像身体一样长，它用尾巴快速击水，打昏较小的鱼，再返回猛咬猎物，或者将猎物整个吞下。

鼬鲨因能吃几乎所有东西而著名，对它而言，所食东西都很可口。不过，有一些东西并不是食物，如罐头盒和流到海滩里的鞋子。

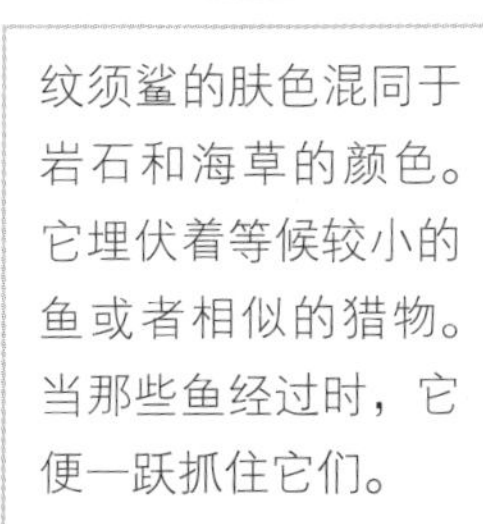

纹须鲨的肤色混同于岩石和海草的颜色。它埋伏着等候较小的鱼或者相似的猎物。当那些鱼经过时，它便一跃抓住它们。

银尾鲨速度快，主要以水中小型动物为食。它通过突然袭击猎物捕食。

在水里的繁殖

与陆上动物相比较，水生动植物繁殖时有一个好处：它们可以充分利用河里或海里的水流，把卵或精液运到更远的地方。这表明，一些水生动物在全世界的几乎每个海洋里都能发现。

❍乌贼通常独自生活，但是繁殖时则结成小群。每只乌贼使用黄、棕色等不同颜色和图案来通知对方是否已做好交配准备。

❍在陆地上，雌性和雄性动物通常要进行体内交配，这叫作体内受精。不过，在水里，很多物种，如青蛙、鱼、贝、虫和其他动物，把卵子和精液都排进水里，让彼此去碰机会，这种方式被称为体外授精。

小海龟从卵里孵化出来后，必须沿着海滩迅速爬到海里。很多肉食性动物，例如蜥蜴、狐狸、水獭、豺、海鸥及其他鸟类，都会在沿岸捕食小海龟。

❍同陆生动物一样，繁殖期间水生动物也竭力吸引异性关注。与空气相比，声音和气味在水里传播的速度更快、更远，因此很多水生动物利用这一条件，吸引异性的注意。

❍在发情期间，鲸、海豚和鼠海豚发出各种尖叫声、点击声和哼哼声以吸引异性。在它们接近彼此之后，便使用摩擦、爱抚等方式讨好对方。

用香味求爱

鲨鱼有一种复杂的求爱方式。它们向水里喷出气味或者“香水”味，以吸引异性。然后两只鲨鱼彼此摩擦、缠绕在一起，一只甚至咬另一只。

幼鲨

一些鲨鱼一次能生产数百只幼鲨。鲸鲨可一下子生产300多条幼崽，每一条大约60厘米长。

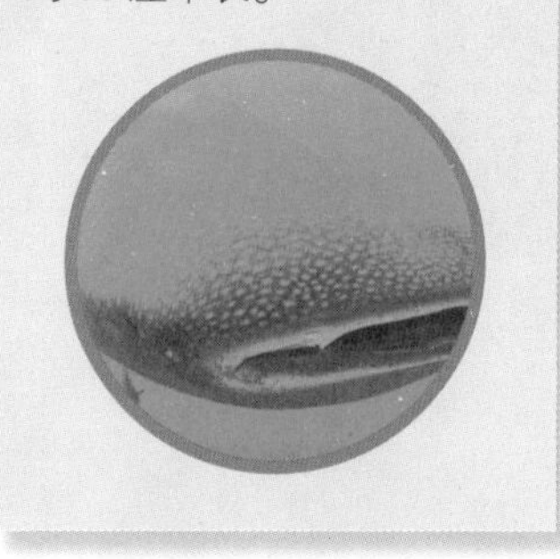

有些鱼在生长过程中会改变性别。鲶科鱼起初为雄性，当它们长大时，变成了雌性。这取决于该地区有多少其他雄性和雌性鲶科鱼。

在保护壳里幼猫鲨发育缓慢。发育到更大些时，储存食物的卵黄变小。它在大约8个月之后孵出。

❍雄性弓鳍鱼会在海洋底部用植物和泥浆、石头做一个较浅的像碗一样的巢。雌性弓鳍鱼下卵之后，雄性便在那里保护着。它是最具奉献精神的鱼的父亲之一，它保护幼鱼直到它们长到大约10厘米长。

北美洲的雄性弓鳍鱼比雌性体形大一些，尾端处有一个斑点。这种鱼比海洋里其他鱼表现出更多的父爱。

虾虎鱼要警告闯入其领土上的另一只同类时，往往竖立它像帆一样的背鳍。在发情期要吸引异性时，它也会竖起自己的背鳍。

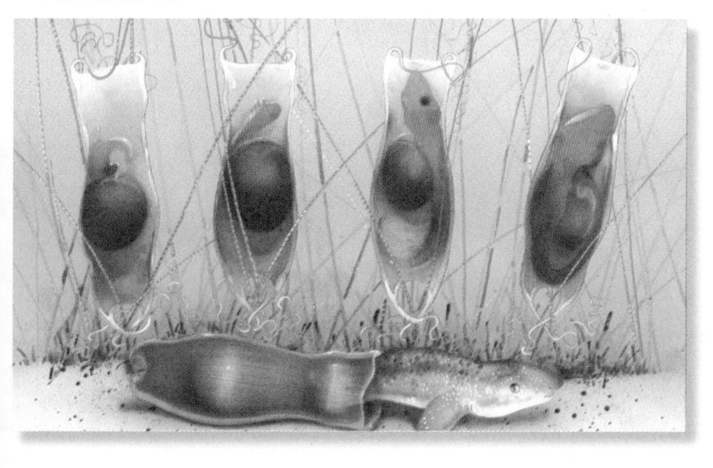

❍有一些鲨鱼聚集成群繁殖。槌头双髻鲨数百甚至数千只聚集一起，这样异性选择对方余地更大。窄头双髻鲨、弓鳍鱼繁殖期也聚集成群。

❍有些雌鲨鱼，如雌猫鲨是下卵的。每个卵壳里都有一只发育的幼小鲨鱼，即胚胎。鲨鱼卵长有细丝，可以黏到海草或者岩石上。

❍在一些地区，所有珊瑚虫在同一时间繁殖，这样做通常是为了赶上海洋里的水流。珊瑚虫向水里释放出大量的精虫和卵子，使水里雾蒙蒙的，如果人在水下，能见度只有几米。然后，水流才会逐渐把它们冲开。

多岩石的海岸

由于巨波、滚石、炙热的阳光、大风大雨、寒风和潮汐的升降，岩石海岸的生活环境非常恶劣。几乎任何一个石潭都有动物，例如海葵、蟹、虾、海星、贝、小鱼以及虾虎鱼。虾虎鱼长有坚韧、光滑的皮层，头大、鳍壮而多刺，尾巴尖细。

岩石岸边的每个裂缝、洞穴几乎都被生物占领着。这里是一只深红色岸蟹，为了争夺洞穴，蟹经常与同类决斗。

❍巨大的海草把根盘在水下的岩石上。它们可形成一个漂浮的水下森林，供很多种动物食用、隐藏和生活。

❍石潭里生活着各种动物。帽贝是一种甲壳类动物，它们在岩石上，也在海岸线附近的水域里生活。它们以黏性的绿色海藻为食，还必须禁得住大潮的冲击，因此它们用肉脚抓住岩石，退潮之后才开始移动。

❍海星缓慢地滑行过岩石。它们会长出新肢，有时可能长出多达40个新肢或者鳍刺。被肉食性动物抓住了其中一肢时，海星可放弃此肢逃跑。

❍有些海胆可进行伪装。绿色海胆有时用贝壳、卵石和海草等把自身包藏起来。这样，在石潭里肉食性动物很难识别出来它们。

❍岩石虾虎鱼呈银棕斑驳色，在到处都是石头的海床里它能很轻松地伪装自己。再加上它硬而锋利的背鳍，海鸥、水獭、鲈鱼、章鱼等肉食性动物经常对它望而却步。

雄海生鱼长达30厘米，色彩艳丽，背上有两片高鳍，就像游艇上两张明亮的帆。这种海生鱼主要生活在大西洋东部和地中海的岩石岸边。

海马常常躲藏在岩石岸边的水草、岩缝和珊瑚中。它们用卷曲的尾巴缠在这些物体上，以防被水带走。

嘈杂的海鸥

三趾鸥属于海鸥科，它们在沟壑纵横的悬崖壁上扎堆筑巢。三趾鸥以鱼、软体动物、浮游生物和船上的垃圾为主要食物。

借壳生存动物

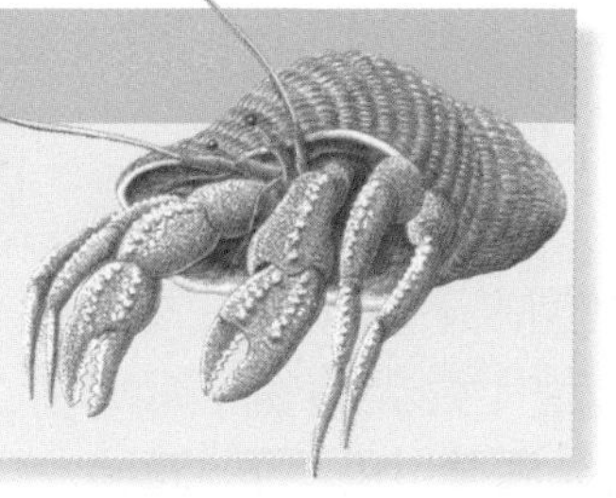

寄生蟹借用死蛾螺或者其他软体动物蜕掉的壳生存，也就是说，只要能把自己的软体保护起来，什么壳都可借来用。

○同其他虾虎鱼一样，蟹眼虾虎以多种小型石潭动物为食，例如鹰爪虾、对虾、蟹和海蜗牛。蟹眼虾虎身上的条纹使它易于在海草中隐藏。它粗厚的皮、坚韧的鳞和黏滑的身体使它易于在卵石间穿行。

○新肩章鲨也称金钱鲨，可游出水面，在干燥的陆地上移动。它们能使用像胳膊一样的强壮胸鳍从一个石潭移动到另一个石潭。

○北美蛎鹬不仅以牡蛎为食，也以蚌、蛤、帽贝和很多其他甲壳类动物为食物，同时还捕食蟹、虾等。它有一个像凿刀一样的喙和强壮的颈肌肉，先刺穿、敲击猎物，再仔细寻找断裂点，把肉从壳里挑出来。

当潮水进来时，海葵展开它们的触须抓住小型动物。退潮后，岩石变得干燥，海葵收回触须。

斯泰勒海狮是海狮中最大的一种，雄斯泰勒海狮长达 3 米。它们生活在北太平洋岩石海岸，为寻找鱿鱼、章鱼之类的猎物，可潜到 200 米深的水底。

一些岩石海岸是动物最喜爱的休闲地，有时成千上万只海豹和海狮来此休息和睡觉。

巨石潭

一个石潭看起来像幅微型水下丛林画。大多数海葵都固定在岩石上，但是甲壳类动物，如帽贝、蛾螺和滨螺，能缓慢地从海草叶子下面滑动。涨潮之后，为腐食性动物，如寄生蟹和食草蟹送来更凉爽的水和死鱼等各种食物。

你知道吗？

在炎热的艳阳天，石潭的水温可高达50℃。然而在冬天，水可能会结冰。石潭里的动物要经得住冷热温差的极端变化，才能生存下去。

沙滩海岸

潮退时，沙滩上好像没有一个动物。实际上，就在沙土的表层下，有蟹、海胆等岸生动物正在等待着涨潮。

玉筋鱼在潮区里生活。它们是大鱼的猎物，也是海雀和海鸥的美餐。

❍玉筋鱼不是鳗鱼，而是细长鳗形的河鲈家族成员，与虾虎鱼亲缘关系密切。它们有 20 厘米长，能迅速钻进沙土，几乎看不见身影。

❍条纹斑竹鲨是居住在海底的鲨鱼，它们皮肤上美丽的图案可以帮助自己很好地融入周围环境里。这些鲨鱼大多都是在沿沙岸或珊瑚礁附近被发现的。北方鲨、护士鲨、斑马鲨、斑竹鲨、须鲨都属于条纹斑竹鲨。

有些鱼，如黄头大鳄鱼，常在沙里做洞。如果危险出现，它们就缩回洞内隐藏起来。

海里的鳄鱼

最大的现存爬行动物当属海洋鳄鱼，又称港湾鳄鱼。这种鳄鱼成年时可达 7 米长。

❍孔雀缨鳃蚕身上的多色"羽毛"，实际上是其头周围镶褶边里像无线电天线一样的触须。触须上有黏液，极小的浮游生物经过时便被粘住。如果有危险，触须便迅速收回。孔雀虫还用沙、泥浆与黏液做成管状洞穴。

❍幼小的斑马鲨鱼停在由水流形成的沙脊上时，身上的条纹用于隐蔽自己。当鲨鱼长大后，身上的条纹就成了斑点。

你知道吗？

一只海雀一次能捉十多条玉筋鱼，它把猎物含在喙里，飞回鸟巢喂小鸟。

❍海鸥长有一个敏锐、钩形的喙，可帮助它们杀死小鸟等猎物。它们也长有蹼，可以在水面划行。海鸥不能潜到水下，它们在浅水里捕食虫、蟹等动物。

❍有一些海岸是沼泽地，这使得土地和海之间的边界很难区别。泥泞的海岸线包括那些海水淹没的热带红树沼泽地。

❍鲻鱼可从咸海水游到微咸的海域。它们可长到 90 厘米长，喜欢生活在较温暖的海岸和公海里，主要靠腮从泥沙中过滤食物。

海鸥是在海滩和泥泞的海岸觅食的常客。它们以蟹、虫子等生物为食，也会吃死鱼和因退潮而陷入困境的鱼儿。

比目鱼在海床上方缓慢地移动，嗅捕藏在沙土里的虫和贝。

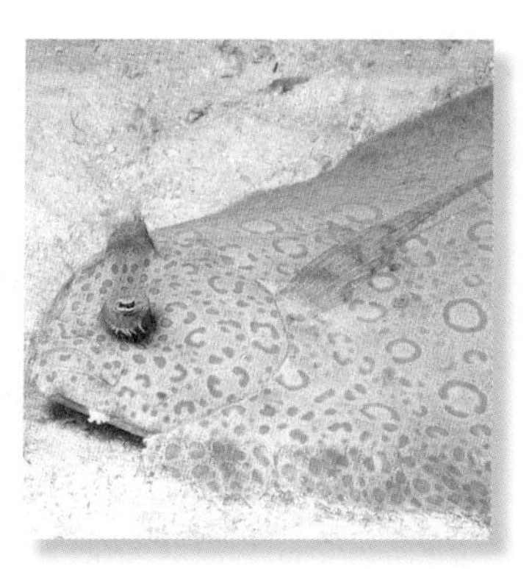

❍人们在佛罗里达到南美洲北部的温水区域发现了美国水牛。这种鱼生活在沙土海岸地区，也游到河和湖里生活。海牛可长到4.5米长，重达1500千克，它们吃大量水生植物。

❍水鸟，例如海鸥类和涉禽类，沿着沙和泥浆的岸边觅食，寻找虫和贝。当涨潮时，它们经常聚集在沙滩上，抓住从沙中出来的小生物。

天使鲨鱼

天使鲨鱼体形宽而扁平，肤色与沙土相同。当埋伏着等候猎物时，它们的肤色与海床沙土完全混在了一起。人们之所以称其为天使鲨鱼，是因为它们的鳍向两边展开，犹如天使的翅膀。

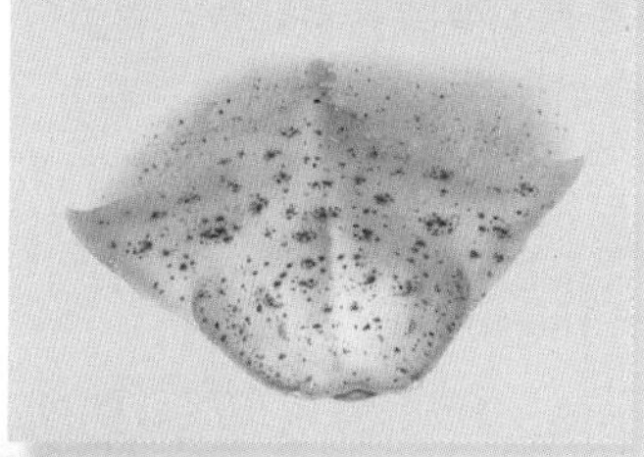

石斑鱼每天都要到沙石海床上觅食，捕捉小鱼、虾、虫子之类。到了夜晚，石斑鱼就游到石缝里休息。

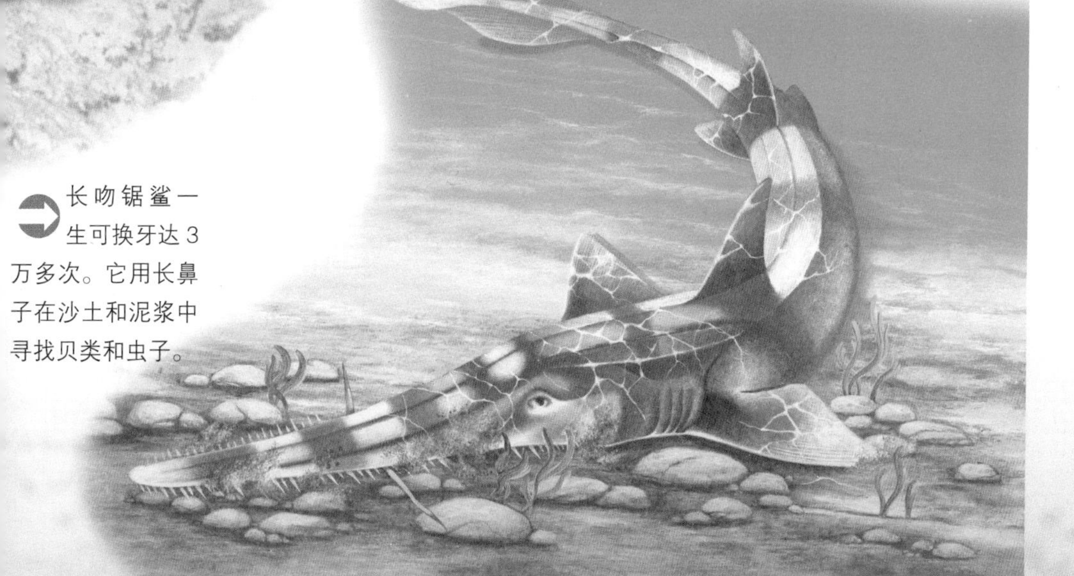

长吻锯鲨一生可换牙达3万多次。它用长鼻子在沙土和泥浆中寻找贝类和虫子。

海和大洋

海洋里有 250 多种哺乳动物、爬行动物，许多小型动物以及 2 万多种鱼。海洋可分成两个区域：深海区域和远洋区域。远洋区域称为远洋带，即宽阔的水域。

在所有海鸟当中，信天翁在海洋上度过的时间最长，它们甚至能在羽翼上睡眠。在繁殖后代之前，成年信天翁可能要在海洋上漂游三四年。

鹦鹉螺躲在蜗牛壳里，看起来像一条鱿鱼。它能用触须捕获猎物，然后送进嘴里。

❍远洋区域还可分为 3 个部分：最上层，称作海洋光合作用带，养育着大约 9/10 的海洋生物。除了植物外，很多种鱼、爬行动物和哺乳动物都生活在这里。

❍半阴影区域就在光合作用带下面。没有阳光照到这个区域，因此植物无法在此处生存。不过，有些动物，例如章鱼、鱿鱼、短柄斧鱼、蝰鱼等深海鱼，在这个区域都有发现。

❍午夜区域是三层中最低的一层，长年处在黑暗和寒冷中。只有少数动物居住在这个区域，而且其中大多数没有眼睛。

❍枪鱼是大型海鱼，它们与箭鱼、旗鱼和尖吻四鳍旗鱼密切相关。枪鱼和旗鱼也叫长喙鱼。枪鱼的上颌延伸，形成长而圆的梭状鼻子。枪鱼使用这种鼻

沐日光浴

太阳鱼因喜欢在广阔的海面沐浴日光而得名。这种鱼骨重，能产大量鱼子，约 3 亿粒。不过，大多数鱼子都被其他海洋动物吃掉了。

可怕的鼻子

箭鱼重达 650 千克，长近 5 米。箭鱼可用长鼻刺进木船 55 厘米，鼻尖也会因此而折断。

蝠鲼鱼是最大的鳐鱼，翼宽达 7 米。当水流经过蝠鲼鱼铲状的大嘴时，其鳃上像梳子一样的结构可滤出磷虾之类的小动物。

子捕获猎物，以鱿鱼、鲱鱼、鲭鱼和蟹等动物为食。

❍信天翁是最大的海鸟，重约12千克。它通常出现在南半球，不过也有一些种类居住在北太平洋。信天翁上颌长有钩状锋利的喙，还长有管状鼻孔和蹼脚。

❍信天翁身体很重，它们必须从悬崖跳跃助飞。它们捕食鱿鱼、乌贼和小型海上生物。与海鸥不同，这些大型海鸟能喝海水。

❍突吻鲸长有长而狭窄的喙。世上约有20种突吻鲸，但是一些品种非常珍稀，很少被人看见。突吻鲸大约7米长，人们在水里发现它不到20次。

❍与大多数鳐鱼隐蔽在海底，一待就是数小时不同，蝠鲼鱼大部分时间贴着水表面游泳。太平洋蝠鲼鱼大约5米长，体形最大，相比之下，大西洋蝠鲼鱼体形略小。

海豚

海豚是没有狭窄喙状鼻子的几种海生动物之一。它们成群结队地生活，不仅与自己的同类，而且还同其他海豚、鲸以及某些鱼、海鸟一起相处。

宽吻瓶鼻海豚生活在温带的海洋里，身长可达3.5米。

几个世纪以来，艺术家绘制并雕刻各种海豚形象。海豚生活在全世界各大水域里。

花纹海豚长大后可达4米长，重达370千克。它皮上的伤疤或许是在交配期间与同类搏斗而留下的。

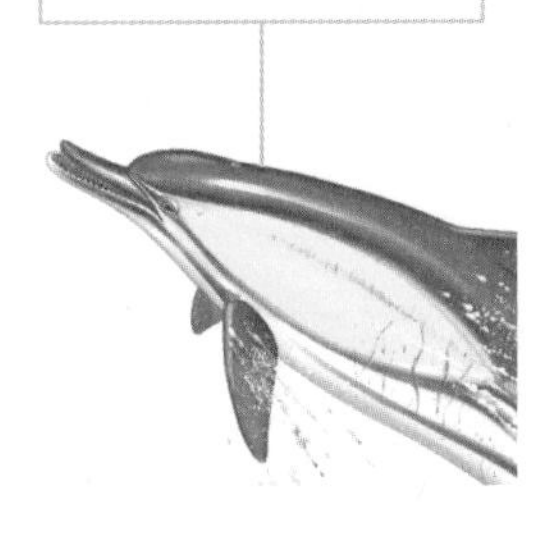

飞旋海豚是所有海豚当中杂技水平最高的一种。它能高高跳出水面，还能旋转身体。它生活在公海里，主要以鱼为食。

热带斑海豚长达2.2米，重达110千克。它游动的速度很快，可做一系列低度跳跃动作，甚至可直立于水面上。

珊瑚礁

珊瑚虫、海生动物的尸骨等长期堆积，形成暗礁。珊瑚礁里到处都是藏身处，成为各种生物的安乐窝，是海洋里最富有的栖息地。

清洁工濑鱼是有偿服务的小鱼。一些大鱼，例如鳍科鱼和海鳝鳗都到濑鱼这里来，让其咬掉身上的寄生物和腮部、眼部的其他脏物。

❍珊瑚礁是由大量珊瑚虫形成的。珊瑚虫是极小的生物，具有保护性外部骨骼。这些骨架形成坚硬的珊瑚礁结构。

❍在赤道南、北约30° 内，通常可在温暖的浅水里发现珊瑚礁。珊瑚礁是许多海洋动物的家，海星、礁鲨鱼、海绵、水母、蟹、龙虾、银莲花、鳗等为珊瑚增加了各种色彩。

❍珊瑚礁有三种，即边散礁、堤礁和环礁。散礁从大陆延伸到海里；堤礁离岸更远，由濒海湖与大陆隔开；环礁是环状的珊瑚岛，通常在潟湖周围。

❍位于澳大利亚北海岸珊瑚海里的堤礁是世界上最大的堤礁，尽管堤礁在印度洋和红海边也有发现。

海鞘，也称背襄动物，是长有皮革袋状的动物，吸附在珊瑚岩石上。它用过滤器吸食微生物，然后通过身体上的边孔把水排出来。

❍珊瑚，特别是大型堤礁，因其迷人的结构和颜色，以及丰富的海洋生物，成为游客的观光景点。一块珊瑚礁可以容纳多达3000个物种。

❍与生活在较冷海水里的同类相比，热带虾虎鱼有着鲜艳的色彩，在珊瑚中容易被其他生物注意到。霓虹虾虎鱼经常趴在胸前鳍状物上休息。像大多数虾虎鱼一样，它只短期游泳，否则，它待着不动，留意着食物或者危险。

❍有一些珊瑚礁鱼看起来像石头。石鱼在海床上休息时，看起来和围绕它身边的岩石一样。如果它们

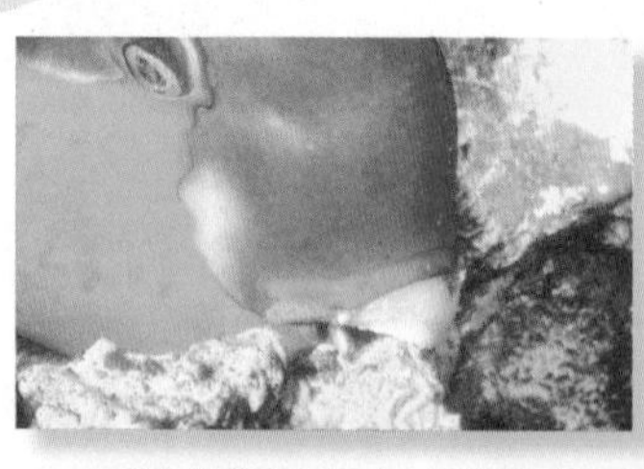

鹦嘴鱼用像喙一样的前牙从珊瑚上捕捉食物，然后用后牙咀嚼猎物。

橙球型海葵只在夜里展开触须，这同许多珊瑚虫的活动规律是一样的。也就是说，珊瑚礁在白天看起来黯淡而无生气，到了黄昏之后，就展现出一个五彩缤纷的世界。

被认出，背上有毒的脊骨能在几秒内打昏攻击者。

❍鹦嘴鱼通常出现在珊瑚礁附近。它们头大，身长约1米。其他同类鱼，如印度太平洋海浪鹦嘴鱼，要小得多，身长只有约45厘米。鹦嘴鱼的下牙连接成一张像喙一样的嘴，这个喙用来啃海藻和来自珊瑚礁和岩石上的其他生物。

❍礁石鲨鱼，生活在珊瑚礁附近，它们在印度洋和太平洋的浅温水域很常见。礁石鲨鱼主要有三类，即黑尾鲨、白尾鲨和灰礁石鲨，这些鲨鱼以鱿鱼、章鱼和礁鱼为食。

❍带状海蛇使用毒液击昏猎物，但是黑背海蛇更为狡猾，它用多彩的肚皮吸引鱼，然后迅速退走，这样鱼就可紧挨着它张开的嘴巴。海蛇的毒液比任何陆地蛇都厉害。

游泳蛇

大约30种蛇专门生活在海里，特别是在珊瑚礁及其周围水域，这包括环状蛇、黑背海蛇等。其中最大者可长达3米。

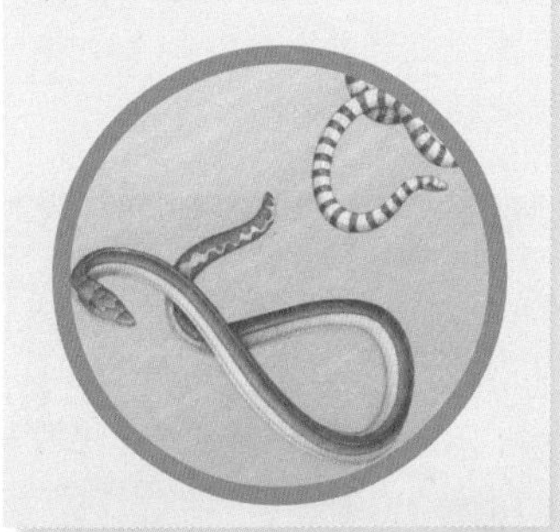

珊瑚礁是一些最为鲜艳生物的理想栖息地，这些生物包括充满活力的小丑鱼、彩虹鱼等。

热带鱼

世界上热带海里生活着很多五颜六色的鱼，真是数不胜数。有些鱼同珊瑚和杂草混为一色，另一些鱼的颜色则与生活的环境截然不同，这表明那是它们的地盘，或者以此吸引异性前来交配。

像大多数鹦嘴鱼那样，黄尾鹦嘴鱼有坚硬、像喙一样的嘴，这样就能从岩石上啃藻类植物和小生物。

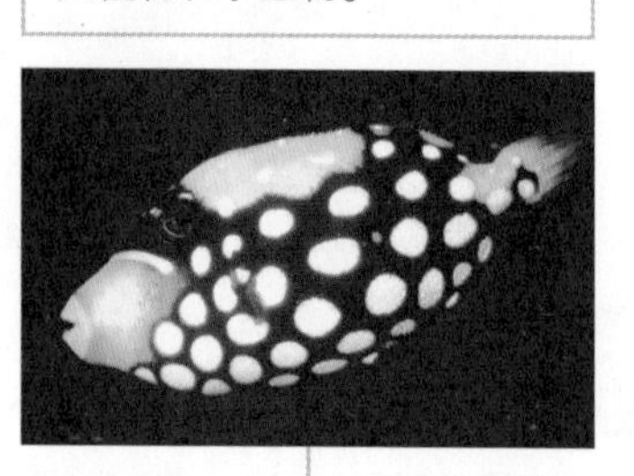

鳞鲀鱼在印度洋和西太平洋沿岸和礁石中都有发现。

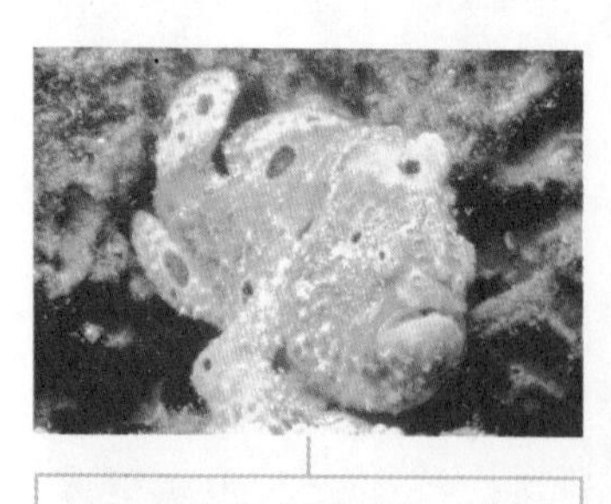

掩饰得很好的琵琶鱼，也叫安康鱼，用诱饵诱惑猎物。它栖息在海床上，专等猎物上钩。

玫瑰色鲶鱼生活在坚硬的珊瑚礁缝中，因为身上有玫瑰色花斑，可借助周围环境掩护自己。

成蜂窝状的角箱鲀头上长有突出的角箱，通常可长到50厘米。

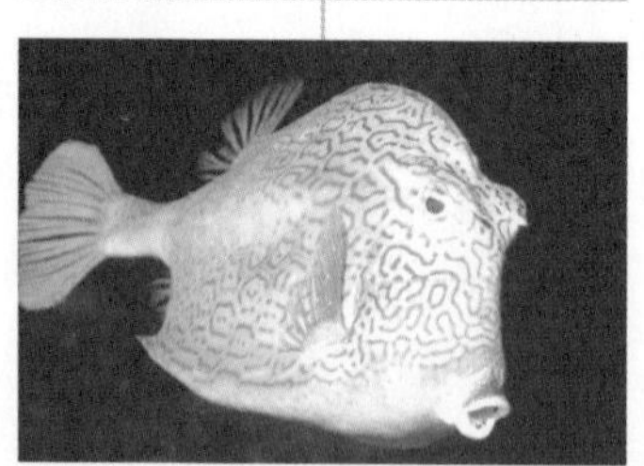

珊瑚鳍科鱼，也称作珊瑚鲑鱼，可长到70厘米。它在5~ 50米深的水域内游泳。

你知道吗？

养鱼池里通常养有500多种热带鱼。为了使水接近于它们的自然生存环境，通常要往水里加一种特制盐。

在交配季节，带状蝴蝶鱼结成一对对的，以便繁育后代。

哈姆雷特小鱼是一种好奇但是怕羞的鱼，它的眼圈周围长有铁蓝色的线环。

金鳞鱼在红海里被人们发现。它长有大眼睛，是一种夜间活动的鱼，在白天则躲在壁架下和石洞里。

硬鳞鱼也叫木瓜鱼，长有很长的鼻子和唇，以向前延伸或者突出去。

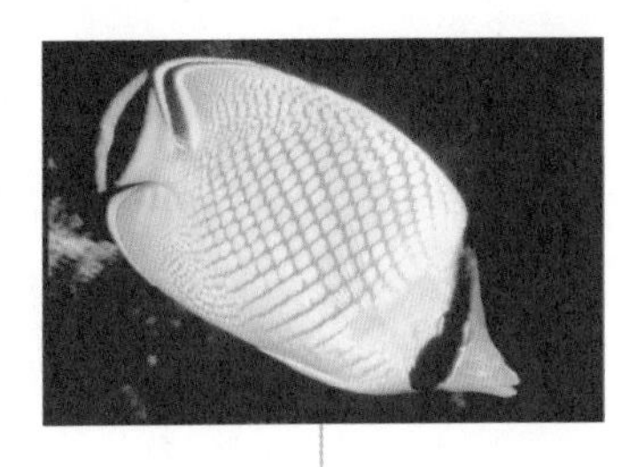

格状蝴蝶鱼之所以享有此美名，是因为它们身上长有十字图案。它们都属于白斑鹦哥鱼目，该目包括200多种蝴蝶鱼和刺鱼。

九大珊瑚旅游地点

世界前九名的水上旅游景点，是海洋生物聚集区。

1. **菲律宾**
2. **几内亚海湾**
3. **巽他群岛**
4. **南马斯克林群岛**
5. **东南非洲**
6. **北印度洋**
7. **佛得角群岛**
8. **加勒比海西**
9. **红海和亚丁湾**

这条金色的小热带鱼正在接待清洁员濑鱼的拜访，濑鱼会把热带鱼身上的老皮、害虫和脏物等清扫干净。

紫色王后是石斑鱼家族的成员，该家族包括许多五颜六色的热带海洋鱼种。

热带暗礁是很多刺蝶鱼的栖息处，如岩石黄头刺蝶鱼等。

独角兽鱼因其嘴上方长有很长的“角”而得名，它颇像神话中的独角兽。该鱼的角随着年龄生长，鱼小时“角”也短。

长嘴鱼因它们鳞上的小块脊骨而得名。这种脊骨像一把粗锉。

这种细长的管口鱼可长到1米。

黑条锯鳞鱼在严整的大群中游动，一起冲过暗礁。

浅海

沿海岸的浅海是海洋中物产最丰富的地方，即此处生物最多。水底都能得到阳光的照射，因此植物得以生长，为多种动物提供了所需的食物。

软体动物

海葵有时会同珊瑚虫混淆。与珊瑚不同，海葵没有保护身体的骨骼。它们吸附在固体表面上，例如海床、珊瑚礁或者岩石。

儒艮属于海牛类哺乳动物。它们生活在非洲、印度洋、东南亚和澳大利亚水域，待在温暖的水里，以海草为食。

❍沿海浅水区的绿色海鳝可生活在海草和鳗草中，长约2米。据潜水员说，海鳝一旦咬住物体，就永不松口，但是如果将其拖出水面，则会松开。

❍大梭鱼以其好奇心而著称。它靠近潜水员

比目鱼扁平的形状和黯淡的颜色，使它在海底能很安全地隐藏起来。

海中猛虎

梭鱼是可怕的肉食性动物，它们用尖牙捕获其他鱼种。尽管有一些人声称梭鱼体形很大，但是大梭鱼一般只有2米长。

游动并且跟随他们，观察潜水员的行动。这种安静的威胁使梭鱼具有令人惧怕的名声。

❍有一些梭鱼攻击人类，可能是因为它们被人激怒。但是，也有一些梭鱼无缘无故突然咬人的事件发生。

海星多角，并有一个宽大的中心体像圆盘。这只粉红色的海星主要生活在美国的西海岸水域。

玫瑰红唇蝙蝠鱼靠其肉鳍“行走”。它们生活在太平洋群岛周围，例如加拉帕戈斯岛的浅海水草里和石缝中。

这只铅笔形海胆是最原始的海胆品种，它能斜着脊骨在海床上行走。

❍海豚很常见，部分原因是它们生活的水域非常大，包括北太平洋、北大西洋、地中海和黑海的水域；还因为它们对过往船只并不感到害怕，经常游到近海。它们通常十只为一组进行活动，主要以鱼和乌贼为食。

❍海胆是长着球形壳的小动物。像海星一样，海胆身上也有脊骨。海胆的脊骨是可调节的，可用于防御和运动。脊骨有时极小，有时则较大，可达20厘米长。

❍海胆靠吃植物和小动物为生。一些鱼，像鳞鲀，能用其硬头敲破海胆的脊骨，吃壳里的软肉。

❍比目鱼长有扁而圆的独特外形，两只眼睛位于身体的一侧。

❍并非所有比目鱼眼睛都在同一边。一些鱼两眼长在左边，这样它们就能右躺。另一些鱼两眼长在右侧，这样它们就能左躺。

据说被绿鳗鱼咬后会中毒。这种说法并不准确，但是海鳝的嘴和牙齿都可能使被咬者伤口感染。

比目鱼喜欢贴近海床生活。

❍比目鱼家族成员还包括大比目鱼、欧鲽、孙鲽、大菱鲆和欧洲菱鲆等。与著名的鳕鱼肝油相比，大比目鱼的肝油含有更多的维生素。

❍儒艮可长到约4米长，体重达800多千克。它不喜欢公海，宁愿生活在温暖、有遮挡的海岸。它最喜爱的食物是海草，这种海草长在大约4米深的水中。

极小的瓷器蟹生活在蜇人海葵触须中。蟹有防止刺痛的办法，以吃海葵剩余的食物为生，同时保持海葵触须干净。

单细胞的海洋动物

一些水生动物外表好像是块肉冻或者几束脊骨，没大脑没肢体，也没有错综复杂的行为。然而这些动物却数以百万计地生活在海里，虽是单细胞，但并不等于不成功！

❍水母、海葵和珊瑚虫都是刺细胞动物家族的成员，有将近1万个不同的品种。大多数刺细胞动物生活在海水里，长有肉冻样的身体，身上有触须，并用刺猎杀猎物。

❍水母是最令人惧怕的海洋动物之一。在全世界的海洋里都有发现。它们的外形犹如铃铛，长有有毒的触须。水母身体柔软，没有固定形状。它的皮呈透明状，身体的98%由水组成。

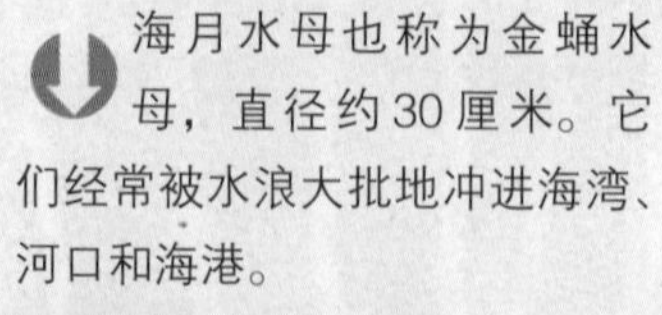

海月水母也称为金蛹水母，直径约30厘米。它们经常被水浪大批地冲进海湾、河口和海港。

❍水母铃形体内长有胃和肠。它们吃浮游生物、其他水母和小鱼。水母没有鳃和肺，它们通过膜一样的皮吸收氧气，排出二氧化碳。

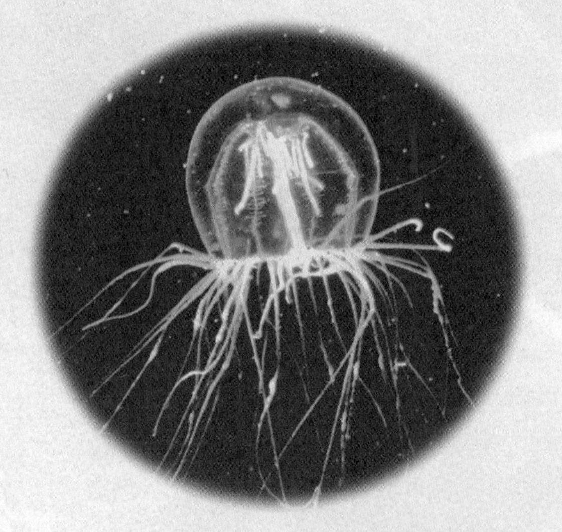

水母的身体一眼可以看透。像图中水母，可以清晰地看到其内部结构，包括生殖器官和上一次食用的东西。

你知道吗？

东南亚和澳大利亚水域盒状海星的毒刺，可在10分钟之内使一个人毙命。

像这样长着细肢的橙色海星，正通过管道似的脚缓慢滑过岩石，它们在移动中寻找植物或可捕食的小动物。

❍大多数海葵都非常小，但是有些种类可能直径达1米多。它们长有一个圆柱体的身体，并在顶部有一开口充当嘴巴。海葵的嘴四周长着触须，用来捕捉猎物和进行防御。触须可以蜇刺被捕食的动物，使其失去知觉。

❍触须可把被捕食的动物送进海葵嘴里。触须上的黏

海绵是最简单的动物，没有严格意义上的肌肉、眼睛、神经和大脑。这只巨大的海绵身上长着棘皮类动物海百合，上边长出茎，犹如倒置的海星。

并非全部珊瑚都建有多石的杯状或者容器状洞穴。柔软的珊瑚礁缺少坚硬的外壳，其内部严实地紧挨在一起。

盒型水母

盒型水母之所以有此美名，是因为其方形或铃形的外表。它也由于蜇人的刺痛而被称为海黄蜂。它的触须可达几米长，身体差不多是透明的，因此对游泳者构成了潜在威胁。为对付这一威胁，游泳者经常穿戴防刺泳衣。

羽状水生物

羽毛水生物属于紫斑蝶一目。它们伸出羽状捕食触须抓住猎物，不过只要有最轻微的危险暗示，它们就会缩进保护管，将部分身体埋在沙或者泥浆里。

液表明，它们能捉住小鱼。

❍ 生活在浅水的海葵分泌黏液或钻入湿沙中，以防身体风干。有一些海葵可活 70~100 岁。因为颜色鲜艳，在水族馆里海葵经常被用于向公众展示。

❍ 所有棘皮动物都生活在海里。棘皮动物包括海星、海胆，其中大多数都长有锋利的脊骨，有时甚至有毒；还包括海参，状如香肠，生活在海床的泥浆中；海百合也属于棘皮类。

❍ 大多数海星只有 5 只触须，但是一些种类有 7 只，其他类则可能有多达 40 只触须。海星臂下面长有数百只极小、管状的足，以帮助其爬行。

❍ 海星没有眼睛。不过，它们每只臂尖上都长有一个小眼窝，眼窝与神经网络有关。海星有灵敏的触觉和嗅觉。一些海星的臂可以再生，甚至海星的任何一个部位都可以重新生成一个新海星。

海星遍布全球的海洋。它们在海床上生活，通常在夜里较为活跃。有一些海星以珊瑚和贝类为食。

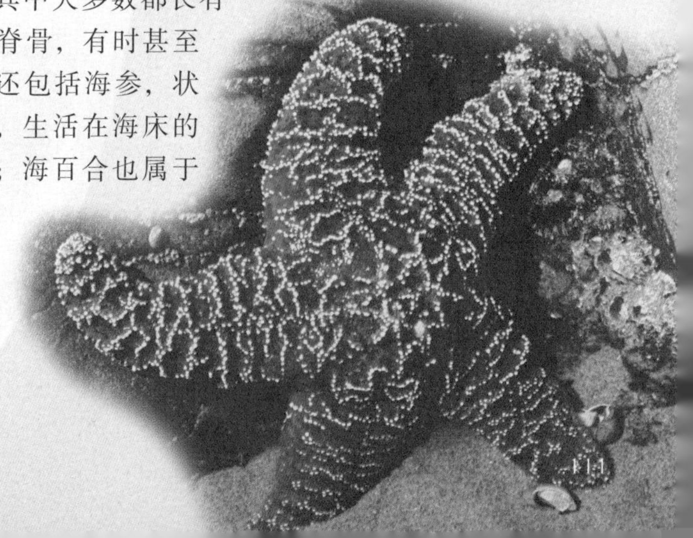

蟹和甲壳类动物

甲壳类动物，即它们都长有硬壳。蟹、龙虾、对虾、虾、磷虾、附着甲壳动物等，都有坚硬的外壳和几对接合的腿。甲壳动物多达4万多种，其种类和数量与陆地上的昆虫旗鼓相当。它们大多生活在海洋里，为更大的海洋动物，如海豹、海豚和鲸鱼等提供了食物。

幽灵蟹之所以如此命名，是因为其白色或者浅灰色的外表。退潮后，它躲在有泥浆的洞穴中。

❍大多数蟹生活在海里，但是也有一些种类生活在淡水里。普通岸蟹在咸水、淡水里皆能生存。它甚至能在水外生活数小时。

❍蟹有5对分肢。一对像爪子一样的大钳子用于捕捉猎物，其余肢体用来运动。蟹的腹部非常小，可隐藏在壳下。蟹也使用钳子保护自己，还用钳子挖洞，把身体埋在沙下躲避肉食性动物的袭击。

❍即使待在泥泞的水里，

茗荷儿甲壳动物附在漂浮的木材上生活。

藤壶

在世界各地的湖海里都有附着甲壳动物。它们均长有硬壳。有的长须鲸头部爬满了附着的藤壶，黏得非常牢，无法轻易除掉。

清洁工和诱饵

这只有斑点的清洁工小虾，不仅清洁海葵的触须，也吸引其他动物靠近海葵，以利于海葵捕捉它们。

珊瑚虾从银色珊瑚沙中觅食，虾和对虾清洁暗礁，从腐烂的植物和动物中寻找食物。

强盗蟹是一种寄居蟹，生活在海边附近的热带树林中，善于爬树。强盗蟹又被称为椰子蟹，因为它们能用钳子弄破椰子的外壳，吃椰子果肉。

蟹也不会无法呼吸，因其长有特殊的腮。与其他甲壳动物不同，蟹能斜着移动。由于独特的身体形状，对于蟹来说，逃入洞穴非常容易。日本大蜘蛛蟹是在所有蟹当中最大的，展开肢能超过 3.5 米。它在北太平洋海洋里被人们发现。

❍强盗蟹之所以得其美名，是因为它们对油亮的物品极感兴趣。它们会从民居和帐篷中偷窃罐和银器之类的东西，甚至还会偷移动电话。

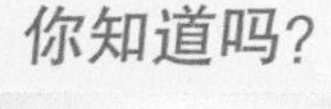

世界最大的附着甲壳动物非王冠附着甲壳动物莫属，它有拳头那么大，牢固地粘在鲸鱼的皮肤上。

龙虾大多有大小不同的钳子。右钳通常较大且钝，为的是压坏和夹碎硬物。左钳通常小而狭长，用于挑选和切物。

❍龙虾与蟹属于同一目，即十足动物。与蟹不同，龙虾身体细长。人们经常将龙虾同小龙虾混淆，后者体形较小，生活在淡水中。龙虾头很大，身体覆有壳，有 5 双腿，一个或多个可变成钳子。

❍大多数龙虾在海床上生活，在那里它们可能躲进岩石缝中。它们主要以动物残尸为食，也捕食蛤、蜗牛、虫和海葵。

❍虾和对虾外表很像。它们看起来都像小龙虾，身上覆有硬壳，不过没有龙虾壳那么厚，也没有那么硬。

❍虾的身体从上到下都是平的，对虾的身体则两边是平的。虾在海床上到处爬，而对虾则使用腹部的 5 对短桨似的腿游泳。

海螺和贝类

海螺和贝类都属于软体动物。大多数较小的软体动物都有一个硬壳，以保护柔软的肉体。

❍腹足指靠肚子走路，包括水生的螺和陆生的蜗牛。有一些海螺在海岸生活，如在石潭和浅水里，还有一些生活在深海海床。与陆生蜗牛不同，螺的颜色鲜艳。

❍一些海螺会游泳或者与海流一起漂浮，另一些海螺则使用肉脚或者身体的下半部分，在海床上爬行。

❍大多数海螺头部长有两对触须。一对帮助它们探测路线，而另一对的端头长有眼睛（有些种类没有眼睛）。这些动物有一个像舌头一样，长着许多极

牡蛎、蛤或者贻贝的壳里面有异物寄宿时，珍珠便形成了。这些动物给异物涂上一种叫珍母贝的黏性物质。形成的珍珠基本上呈白色或者淡黄色，不过，也有一些可能呈黑色、灰色、红色、绿色或者蓝色。

杰克逊鲨鱼专吃甲壳类动物。它的嘴巴后面长有宽而平的牙齿，易于咬碎壳类动物。

警告色

像海螺一样，海铁芯是软体动物，长有柔软和黏性的身体。不过，它们的身体没有长在坚硬的壳里。一些海铁芯以有毒海绵为食，把其毒素转送到自己的触须内。海铁芯鲜艳的色彩在警告敌人吃它会中毒。

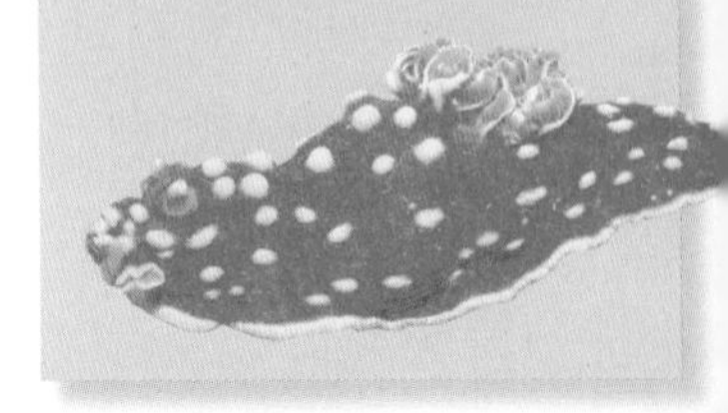

你知道吗？

人们发现，巨型蛤体内培育的最大珍珠直径长达12厘米，一只牡蛎体内竟长出8颗小珍珠。

最大的甲壳类动物

在热带太平洋里的珊瑚礁中间，巨型蛤很常见，它们的直径能达 1.2 米。

小牙齿的齿舌。一些海螺使用齿舌刺透小型动物的外壳。

❍ 贻贝通常呈楔形或者梨形，可长到 5 到 15 厘米。贻贝被归为双壳类软体动物，因为它们有两扇壳，保护其柔软的肌体。

❍ 贻贝靠鳃呼吸，鳃上长有像头发丝一样的纤毛，水通过纤毛排出。纤毛也被用来捕食。贻贝以浮游生物为食。

❍ 大多数贻贝都有一个强壮的肉质舌状脚，可延伸到体外，有时则留在壳外活动，它们使用这只脚挖坑。脚的末端长有结实的足丝腺，贻贝使用这根线粘在各种各样物体的表面，例如岩石。

❍ 蛤和贻贝同属双壳类动物，这类动物生活在世界各地。蛤有两个扇壳保护自己，处境危险时，能紧紧关闭两扇壳。蛤也长有一只脚，可以挖沙坑。

贻贝的壳上长有不同心环，这些环是在不同季节形成的，表示其生长的速度和年龄。贻贝长有强壮的肌肉，帮助它们启闭自己的保护壳。

一些海铁芯雌雄同体，这说明它们身体里具有雌雄两种生殖结构。两只雌雄同体的海铁芯结合之后，都会排卵。

贝壳是热带海螺，壳像一张卷起的卡片。它通过长在触须上的两只眼睛向外窥视。

章鱼和鱿鱼

鱿鱼、章鱼和乌贼是软体动物，它们属于头足类软体动物，是凶猛的肉食性动物。

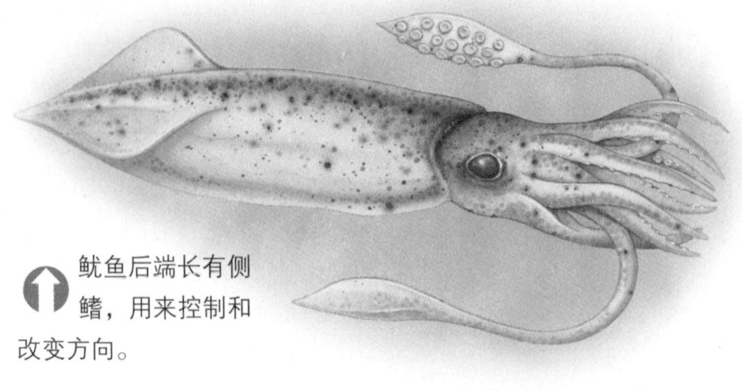

鱿鱼后端长有侧鳍，用来控制和改变方向。

你知道吗？

巨型鱿鱼的眼睛在所有动物中最大，直径达 40 厘米，相当于一个足球。

章鱼能从虹吸管的开口喷水，像鱿鱼和乌贼一样，喷水的推力可使章鱼快速后退。

❍ 所有鱿鱼都有 10 根触须或者分肢，其中两只细而长。所有触须末端都长有吸盘，吸盘用来抓住猎物。章鱼通过一根肉质虹吸管喷水快速移动，这根管长在头部附近。

❍ 处境危险时，鱿鱼会抛出一团浓黑的液体。这种液体可影响攻击者的视力，掩护鱿鱼逃走。鱿鱼靠捕杀鱼、蟹、虾和更小的鱿鱼为食。捕捉鱿鱼的肉食性动物包括鲸、鲨鱼和大鱼。鱿鱼也是人们喜爱的海类食品之一。

❍ 乌贼看起来像一条小而扁平的鱿鱼，从头到尾长有一条鳍。像鱿鱼一样，乌贼也有 10 根触须，其中 8 根较小。乌贼移动的方式与鱿鱼相似，为增加速度会喷水。

❍ 乌贼的皮上长有各色的极小斑点，它们使用特别的肌肉控制这些斑点的大小。由于能根据生活环境改变颜色，所以乌贼也被称为海中“变色龙”。

最大的章鱼

巨型章鱼可长达 7 米多。雌章鱼每只臂上有多达 280 个吸盘，而雄章鱼每只臂上只有 100 个吸盘。

乌贼扇动鳍从海底向上游动时，便把两根长触须隐藏起来，为的是寻找猎物（例如蟹、虾和小鱼）。

❍章鱼长有柔软的身体，大眼睛能分清不同的颜色。章鱼最突出的特征是它的8根触须，每根触须有两排吸盘，这些吸盘不仅可以帮助章鱼抓住猎物，还可以攀爬岩石。

❍章鱼使用长臂抓住猎物，把它拉到嘴里。它们分泌有毒的唾液，将捕食的猎物麻醉，然后使用喙一样的嘴咀嚼。

❍章鱼主要以蟹和龙虾为食，还有一些以小型甲壳动物和浮游生物为食。章鱼同时又是鲨鱼、海鳝鳗和其他海生物的美食。

❍章鱼基本上生活在海底，而且生活在小海湾里。它们在其隐藏处所或洞窝前面堆积一大堆瓦砾，以此保护自己。

⬆巨型章鱼能像一把大伞一样展开它的身体，以便随着洋流漂动。同时，需下潜时它能卷成一个球迅速下沉到海底。

⬇雌鱿鱼把卵生在保护完好的暗礁区内，产后不久便死去。然后，由雄鱿鱼进行授精。幼小的鱿鱼聚集在群岛附近水面下几厘米处，以避开鸟类捕食。

鲨鱼

鲨鱼属于鱼类软骨动物，分布在世界各地的海洋里，有350多种。一些鲨鱼，像白真鲨，也能在淡水里生存。

可怕的猎手

世界上最大的肉食性猎手是大白鲨。它体型大，长达6米，重量超过1吨。大白鲨生活在世界各地的水域，尤其是温暖的海洋里。众所周知，它们擅长攻击人类，让人闻风丧胆。

❍ 大多数鲨鱼都长有鱼雷形的身体，这能增快它们的游动速度。它们也长有很大的尾鳍，为游泳提供强大的动力。

❍ 鲨鱼皮不像多骨鱼那样有光滑的鱼鳞。相反，由像砂纸一样的皮覆盖。

➡ 白尾礁鲨鱼之所以有此称谓，是因为它的脊鳍上长有白尖。该种鲨鱼可长到大约1.5米长。

⬆ 大型丝皮鲨鱼之所以有此美名，是因为它长有很小、很光滑的皮鳞。这些使它周身光滑，触摸起来像丝一样，与其他鲨鱼粗糙的皮大不相同。

❍ 鲨鱼是海洋中的主要猎手，它们有找到猎物的特异功能。在所有肉食性动物当中，大白鲨最令人惧怕。在0.1立方米的水里，它能闻出一滴血的腥味。

❍ 鲨鱼最强有力的武器是它的牙齿。一只鲨鱼3排牙床上能有多达3000颗牙齿。鲨鱼靠第1排牙齿攻击猎物，第一次攻击往往就能把猎物咬伤或咬死。

❍ 大多数鲨鱼都有非常好的嗅觉。据说，鲨鱼大脑几乎1/3用于嗅味。

❍ 鲨鱼没有外部耳廓，它们的耳朵长在头里面，大脑的两侧，每只耳朵伸出一个小的感觉毛孔。据说，鲨鱼能听清250米以内的声音。

❍ 从头到尾巴，鲨鱼身体两边长有一双流体管槽。这是横向线，帮助鲨鱼感觉水中微小的振动。横向线与布满极细的像头发一样的发射线连在一起，这些发射线能感受到轻微运动，这些轻微运动反过来刺激鲨鱼的灵敏大脑。

你知道吗?

最小的鲨鱼是侏儒额斑乌鲨，仅有20厘米长。它如此小，可以置于手掌之中。

像其他鱼一样，鲨鱼有一副骨骼，包括头颅、肋骨和脊柱（脊梁）。这副骨骼不是由骨头而是由软骨组成的，它结实、轻盈且微弯。

❍铁锤形的头可以改进锤头鲨鱼的感觉系统。“铁锤”的末端各有一个鼻孔，通过摇摆头，锤头鲨能更迅速、准确地找出气味的来源。锤头鲨经常在海底游泳，寻找埋在沙土中的鱼和甲壳类动物。

❍柠檬鲨通常生活在大西洋和太平洋水域，但更喜欢生活在亚热带水域。它们因肤色得名，身体的上半部分呈深黄或者淡黄棕色，肚子呈黄白色或者奶油色。

最大的鱼

鲸鲨是世界上最大的鱼，其平均长度约有14米。也有人指出，一些鲸鲨长达18米。

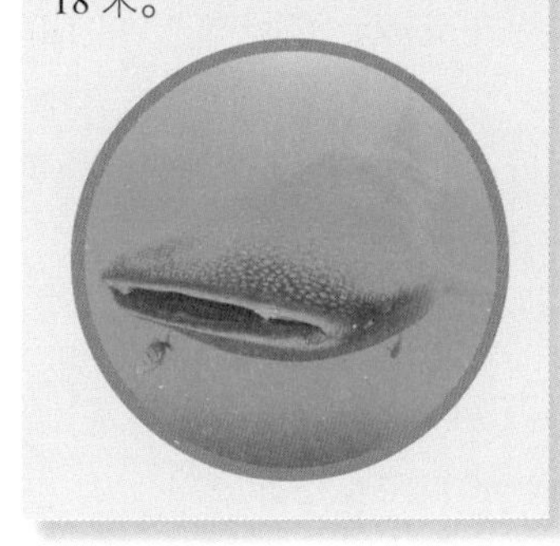

皱褶鲨鱼看起来很奇怪，头两边长有很大的镶褶边，第一排皱褶像项圈一样长在头下。它只长有一片背鳍，而不是像大多数鲨鱼那样长有两片。这片鳍长在它的尾巴上。

鲨鱼的类型

灰鲭玛鲨时速可达55千米，比短跑运动员快得多。它以捕食动物（例如鲭鱼、金枪鱼、鱿鱼）为食。

护士鲨游泳速度缓慢并且经常待在海床区域。这种鲨鱼年幼时身上长有黑斑，长大后则慢慢褪去。

槌头双髻鲨强大有力，长达6米。众所周知，它攻击人。

虎头鲨可长达约3米。它有细而锋利的牙齿，因其牙缝较大而获“断齿鲨”的绰号。

穗纹鲨其嘴周围长有肉边，这些褶边看起来像海草，以此起到隐藏自己的作用。

巨鲸

鲸目动物包括大约 83 种鲸、海豚和鼠海豚。其中有 12 种为须鲸，嘴上长有鲸须，以过滤海水中诸如磷虾等小动物为食。其余为齿鲸亚目鲸，以捕捉诸如鱼和鱿鱼为食。

居维叶突吻鲸是突吻鲸中最大量和最普遍的鲸之一。它能长到 7 米多，身上爬满附着甲壳类动物。

座头鲸可长达 15 米，重达 30 吨。在所有鲸中，它长有最长的鳍肢，可达 4 米。

蓝鲸身体最长、体重最重，生活在世界各地的海洋中。

白鲸在出生时呈黑灰色或者灰紫色。出生约 5 年后，逐渐变成乳白色。

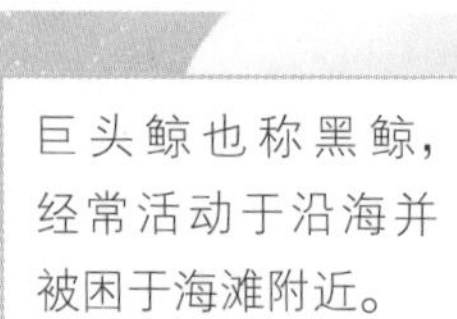

巨头鲸也称黑鲸，经常活动于沿海并被困于海滩附近。

幼鲸，像这只灰鲸，出生时尾巴先出。鲸母把它带到水面以方便其呼吸。这种鲸可长达 15 米，重达 35 吨。

小抹香鲸在休息时习惯躺在水面上。当小船接近时，它们突然销声匿迹。它们体长大约3米。

逆戟鲸不是真实意义上的鲸，而是最大的海豚。它可长达9米，重达10吨。它会捕食海里任何动物，还能借助冲浪游到海滩上，捕杀幼小的海豹或者海狮。

你知道吗？

最小的鲸是小须鲸。虽然最小，但它依然远比任何陆生动物都要大，可长达10米，重达10吨。

索尔比突吻鲸鱼生活在北大西洋，活动范围很广，可漫游到冰岛和格陵兰南端。

鲸须

鲸鱼嘴里的鲸须数量

鲸种	鲸须数量
鳁鲸	700
蓝鲸	660
须鲸	600
北极露脊鲸	580
脊美鲸	480
灰鲸	320

北方巨齿槌鲸可达9米长，重7吨，能长时间潜在水下，屏息两个多小时。它广泛地活动于北大西洋水域。

脊美鲸长有一个大头和弓形的下颌。因为长有浅色、像痣一样的硬皮，所以容易识别。这些硬皮通常位于头部，如在鼻孔附近和眼睛、下巴周围。

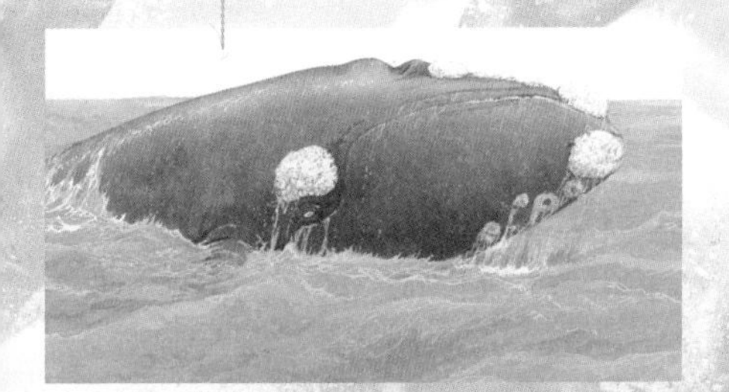

抹香鲸是最大齿目鲸。它敢进入甚至在夏季都很冷的北极和南极水域。

昆虫和其他无脊椎动物
4

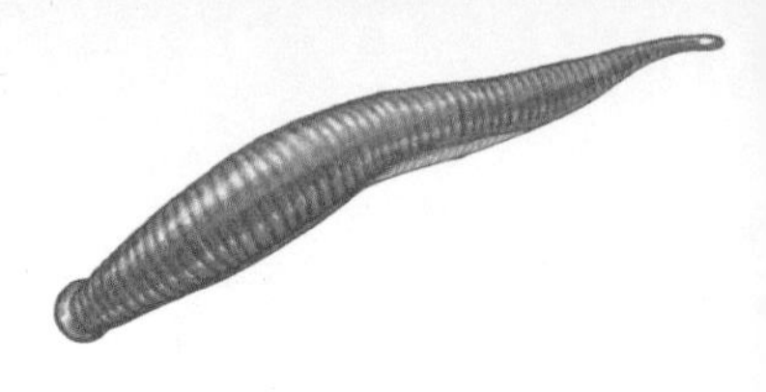

陆地无脊椎动物

无脊椎动物就是没有脊骨的动物。无脊椎动物呈多样性，很少有共同点。人们发现，每种栖息地都有其特别的生物，只是在海洋里数量更多。不过，某些类型的无脊椎动物，例如昆虫和蜘蛛，已很好地适应了陆地生活。

你知道吗？

人们发现，在亚洲有一种蚯蚓能爬树。大雨之后，为避免淹死它会爬到树上去。

○无脊椎动物或许是早在10亿年前就第一批进化的动物。不过，化石记录仅可追溯到约6亿年前，因此尚无法确认。

○无脊椎动物占全部已知动物种类的97%。它们包括节肢动物、软体动物、腔肠动物和棘皮动物等。

○无脊椎动物属冷血动物。这就意味着，它们依赖其生活环境保持自己的体温。

○节肢动物由多数结构与功能各不相同的体节构成，体外覆盖着由几丁质组成的表

↑昆虫，例如这只七叶树属蝴蝶，构成最大的无脊椎动物群。当鲜花盛开的时候，蝴蝶开始发育形成，它们是第一批授粉的昆虫。

↓潮虫是已经适应陆上生活的甲壳动物。它们生活在潮湿的环境，经常居住在腐烂木头、石头下或人们的家里。

无脊椎动物之最

最长的蚯蚓	南非巨型蚯蚓	1.36米
最短的蚯蚓	加拉帕戈斯群岛蚯蚓	0.5毫米
最大的陆生蜗牛	非洲巨型蜗牛	平均壳长20厘米
最大的蜘蛛类节肢动物	红爪雨林蝎	18厘米
最小的蜘蛛类节肢动物	瘿蜱	0.25毫米
最长的多足类动物	毒蜈蚣百足虫	33厘米
最多腿动物	拉克密千足虫	750条腿

迄今为止，人们已发现大约3000种蜈蚣。大多数蜈蚣较小，从0.5~5厘米，但是巨型蜈蚣可达30厘米长。

这个色彩鲜艳的玉带蜻正使用它的肉脚沿着一根草茎蜿蜒前行。在非洲南部，玉带蜻是香蕉种植园里的害虫。

皮，能定期脱落。节肢动物包括甲壳纲、三叶虫纲、肢口纲、蛛形纲、原气管纲、多足纲和昆虫纲等。

❍多足动物指生活在陆地上，长有管状身体和多对足的节肢动物，包括蜈蚣和千足虫。它们生活在土壤和叶子堆里。

❍生活在陆地上的节肢动物外骨骼上有一层蜡状的防水层，以保持身体的水分。不过，甲壳动物缺乏这层薄层，因此它们多数生活在水里。潮虫是在陆地上生活的少数甲壳动物之一。

❍环节动物是高等无脊椎动物的开始，包括多毛纲，如沙蚕、沙蠋；寡毛纲，如蚯蚓；蛭纲，如蚂蟥、水蛭。

❍一些无脊椎动物是寄生虫，即寄生在寄主的身体上生存。扁虱和水蛭是体外寄生动物。一些扁平虫和蛔虫，包括绦虫和血吸虫，是体内寄生动物。

❍鼻涕虫和蜗牛是长有一只肌肉脚的软体动物，肉脚用于运动。覆盖着极小牙齿的舌头则用于觅食。

蛔虫

蛔虫，也称线虫，是最常见的动物，生活在各种环境里。寄生蛔虫是人类和动物致病的主要原因。

❍大多数无脊椎动物在成长过程中会改变形态，这种变化叫变形。这样可使幼虫和成虫拥有不同的生活方式。

❍一些无脊椎动物以死亡的动植物为食，因此被称为“分解者”。这些动物在自然界废物分解和再生的过程中扮演着有价值的角色。

大多数蜗牛白天在硬壳里度过，夜里出来觅食。同鼻涕虫一样，它们通过肉脚在分泌的黏液上移动。

昆虫

昆虫是最普通的动物类型，9％以上的生物是昆虫。除了海下和最寒冷的地方外，它们几乎在世界的每个角落都能兴旺繁育。因为强有力的外骨骼、高超的飞行能力和娇小的体型，昆虫生活得非常成功。

⬆ 这只昆虫数百万年前陷进发黏的树脂里，柔软的树脂变成了坚固的琥珀时，昆虫也得以保存了下来。昆虫化石很难发现，因为在它们有机会变成化石之前，柔软的机体早已腐烂了。

群居昆虫

白蚁、蚂蚁、蜜蜂和黄蜂等与同类大量群居在一起，这一般称作生物群体。在一个群体中，昆虫作为一个团队一同工作、觅食和居住。

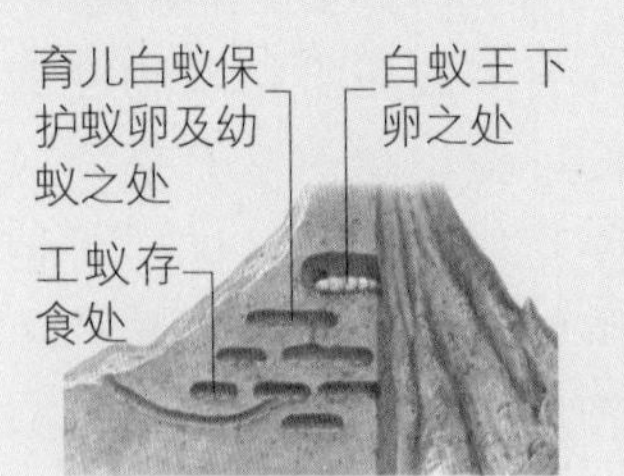

❍昆虫的环节身体分为3部分：头、胸和腹。

❍所有昆虫都有6条腿，一对或两对翼翅。

❍昆虫长有外骨骼，这是保护自己身体的一副铠甲。

❍昆虫的肌肉和柔软的器官都被这副外骨骼严密地保护起来。

❍昆虫的头包括触角、眼睛、大脑和嘴巴。

❍昆虫的消化和生殖系统都长在腹部。

❍昆虫没有许多血管，只有一个开放的循环系统。昆虫的心脏通过一根血管把黄绿色血液输到全身各部位。

❍昆虫通过身侧的特别通气孔进行呼吸。

❍昆虫长有极小的大脑，这仅是神经细胞的组合体。大脑通过传输信号，控制身体的各个器官。

❍像其他无脊椎动物一样，昆虫属冷血动物。它们的体温随生活环境而变化，因此它们的发展依赖天气的热冷变化。

❍昆虫在人类文明中始终发挥着重要作用，人们喂养昆虫，以便从中获得有用物资。例如，人们为了得到丝绸而养蚕，为了得到蜜和蜡而养蜜蜂。

❍昆虫在花的授粉中起着

昆虫之最

最长昆虫	巨型竹节虫	33厘米
最短昆虫	微型蜂	0.21毫米
飞得最快的昆虫	澳大利亚蜻蜓	58千米／时
跑得最快的昆虫	美洲蟑螂	5.4千米／时
最大的昆虫卵	马来西亚竹节虫	1.3厘米
最多后代	洋白菜蚜虫	数十亿
最强壮昆虫	犀牛甲虫	能承载850倍于自己的重量

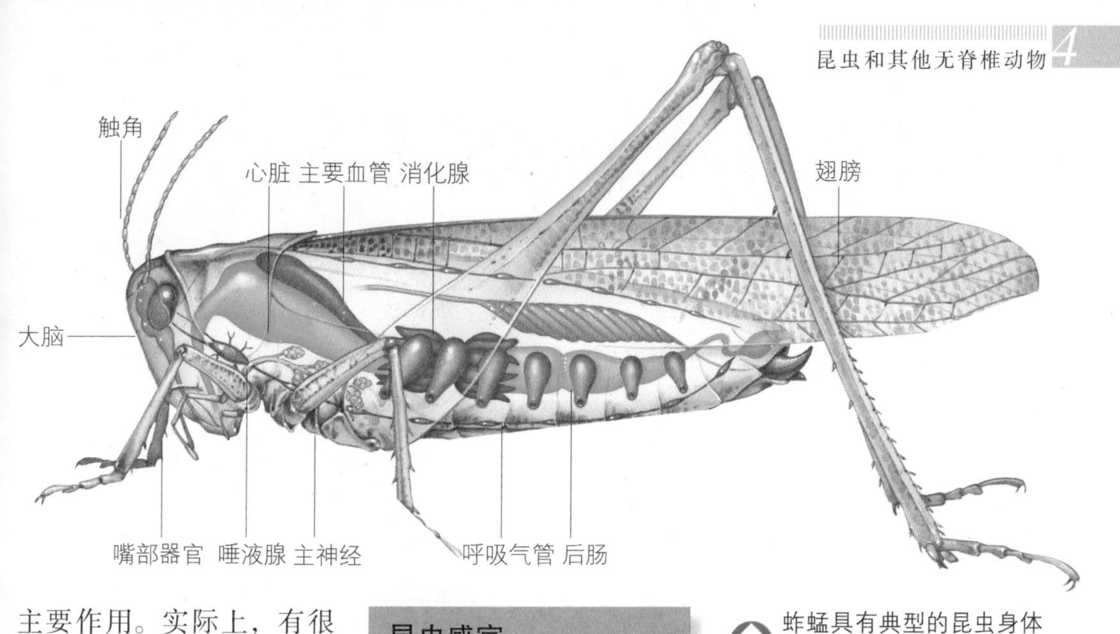

蚱蜢具有典型的昆虫身体特征，昆虫通过身体通气孔的气管网络呼吸。

主要作用。实际上，有很多植物几乎完全依赖昆虫进行授粉。

你知道吗？

过去，医生在伤口里放入蛆，以吃掉里面的坏肉，进行消毒。

昆虫感官

昆虫有两种不同类型的眼睛。复眼，由很多极小的晶状体组成，擅长检测运动。单眼，只记录光和深色。昆虫的触角起触觉、嗅觉和味觉作用。

单眼 触角

复眼

感觉毛发探测空气运动

黄蜂头部图

一些昆虫损坏庄稼，因此被认为是害虫。介壳虫是柑橘属果树和温室植物的害虫。

开花植物和为其授粉的动物，例如这只蜜蜂，一同发展，相互依存。这个过程称为共同进化。

蜘蛛类节肢动物

蜘蛛纲中约有75500种蜘蛛。蜘蛛纲包括多种动物，如蜘蛛、蝎子、扁虱、螨类、盲蜘蛛和拟蝎。蜘蛛纲化石表明，它们是第一批居住在陆地上的动物，几乎可在地球上任何地方生活。不过，它们在干燥和热带地区更为普遍。

❍ 蜘蛛纲动物有8条腿。它们身体前部长有两对附属肢体（前肢螯和须肢），用此来抓捕猎物。

蜘蛛是肉食性动物，用长牙向猎物体内注入毒液而将其捕获。有些蜘蛛也用织网方式捕获猎物。

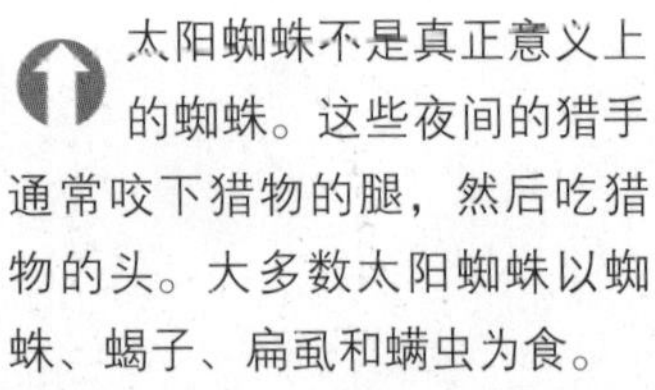

太阳蜘蛛不是真正意义上的蜘蛛。这些夜间的猎手通常咬下猎物的腿，然后吃猎物的头。大多数太阳蜘蛛以蜘蛛、蝎子、扁虱和螨虫为食。

这只蜘蛛腿上的感觉毛明显可见。因为没有耳朵、嘴和舌头，这些毛可使蜘蛛能有触觉、味觉、听觉。

❍ 蜘蛛体型大小不一，小至几毫米，大到超过20厘米长。它们坚实、有环节的身体外骨骼，保护自己受到敌人攻击。外骨骼由碳水化合物和钙质组成。

❍ 蜘蛛的身体分成两个部分：头胸部（头和胸连在一起）和腹部。头胸部有感觉器官、口器、胃和肢，而腹部包含心、肺、内脏、生殖器官和肛门。

拟蝎

拟蝎不是蝎子。虽然看起来像蝎子，但是它们没有尾端部的长尾巴尖。它们螯一样的须肢可生产毒液。拟蝎有丝腺，在下巴或者前肢螯处长有螯肢（俗称钳）小孔。它们使用丝织茧，并在其中脱毛以供过冬。

人们惧怕蝎子，因为蝎子有强有力的刺。它们那对像螯一样的附肢也是一个吓人的东西。

❍ 蜘蛛没有牙齿和下巴供其咀嚼食品，大部分蜘蛛不能消化固体食物。这是它们吸取猎物体液的原因。

❍ 有时蜘蛛用腿抓捕敌人。

❍ 蜘蛛可使用感觉毛发、单眼和切口探测周边环境。

❍ 蜘蛛在帮助人类维护生态方面发挥着重要作用，因为它们可帮助控制害虫的数量。

很多螨虫体型小，肉眼看不见（图中是放大 75 倍的螨虫），但它们是蜘蛛纲重要的一目。一些螨类靠自身生存，其他则是寄生动物。

❍ 蜘蛛的生命周期相当短。通常在温带地区，它们可生存约一年，不过在更温暖的地方它们的寿命可能长一些。

❍ 被肉食性动物抓住时，为了逃走，一些蜘蛛可能会丢弃被抓住的一肢。

❍ 蜘蛛被归类为无脊椎动物一类，即它没有脊骨。

❍ 蜘蛛属于冷血动物，从生活的环境里获得温暖。

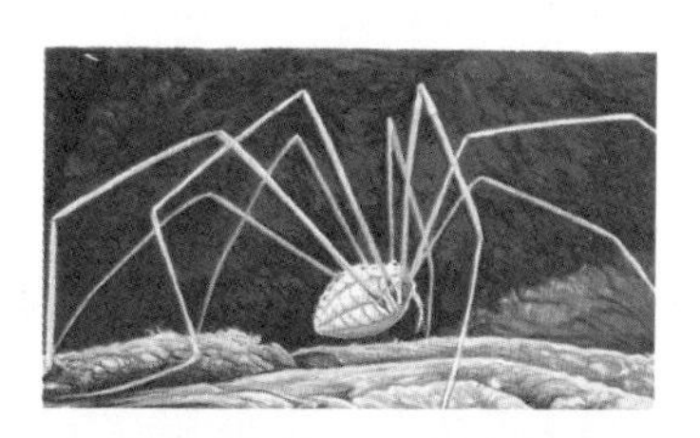

扁虱

扁虱是以哺乳动物，例如人、鹿、绵羊、狗和母牛的血为食的寄生动物。扁虱和大米粒差不多大（这里是放大 75 倍的扁虱）。它攀登到寄主身上，紧紧夹住腿，然后用口器插入寄主皮内。当它贪婪地吸足血，身体鼓得像气球时，便离开寄主。

乍一看，蜘蛛和盲蜘蛛相似。但是，蜘蛛身体有两个截然不同的部分，被腰分开，而盲蜘蛛只有椭圆形身体。而且，盲蜘蛛也没有可分泌丝线结网的器官。

所有蜘蛛都能吐丝。它们从称为喷丝头器官中拖出丝，通常用腿做网捕食。

示爱和繁衍后代

雄性和雌性必须相聚并交配才能繁衍下一代。很多昆虫通过气味找到异性，也有一些通过声音、跳舞、光亮，甚至馈赠礼物来寻觅配偶。雌性下卵之后，大多数昆虫对其子女不感兴趣，但也有一些种类会为后代准备必要的食品来源。

很多蜘蛛把丝卵囊附到植物或者其他物体表面，一些蜘蛛把它们放到巢里隐藏起来，还有一些蜘蛛甚至随身带着自己的卵。

❍雄性蝉、蟋蟀、蚱蜢唱歌来吸引异性，它们鼓起腹部吱吱叫，向雌性发出求爱信号。

❍蝴蝶和蛾精心设计求爱飞行或舞蹈，甚至排出化学气味，即信息素来吸引异性。

❍链球珠能分泌与雌蛾相似的信息素，以此吸引和捕获雄蛾。

❍一些雄性昆虫送给雌性求爱礼物。雄舞蝇把食品包网里，献给异性。

❍雌蠼螋保护着它下的卵直到孵出幼虫，并经常给予保洁。不仅如此，它还照看并喂养幼虫，直到它们可照料自己为止。

❍蝎子生产幼崽。雌蝎子弯腿做成一个接生篮，当幼蝎出生时，正好可以用接生篮接着。

鹿角锹甲的战斗

鹿角锹甲长有巨大的、像鹿角一样的下巴。竞争的雄性进行角斗，以胜负决定与异性交配的权力。鹿角锹甲撤退或者被斗翻在地，胜负决出，比赛结束。

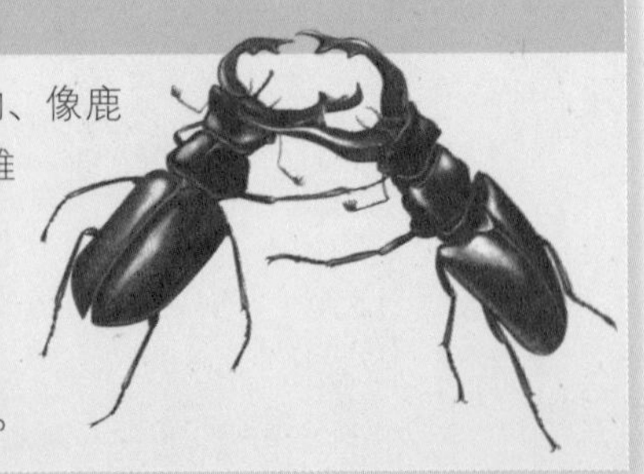

萤火虫

萤火虫不是家蝇科昆虫，而是甲虫的一种。雄萤火虫黄昏时在空中跳舞，飞行时腹部发出亮光。雌萤火虫停留在枝叶上，看到异性的亮光后也会作出示爱的发光回应。亮光是通过萤火虫身体里的化学成分发出来的。

交配之后，雌科罗拉多甲虫产下 20～45 个卵。

在交配之后，雌性黑寡妇蜘蛛有时吃掉其配偶，然后把雄性精液储存在身体里，这也是她被叫作“寡妇”的原因。

在卵生下一周之后，极小的科罗拉多甲虫幼虫（或许最长只有 3 毫米）就出生了。

❍ 蜘蛛用丝包裹下的卵，从而形成保护性卵囊。幼蜘蛛长有咬卵齿，出生后可以咬开卵囊，自己爬出来。

❍ 幼蛛使用从身体释放的丝线从一处移到另一外。风将丝线吹起，蜘蛛可免费乘坐一段路，这种方法叫随风飘荡。

❍ 毛虫是蝴蝶和蛾的幼虫，以植物为食。大多数毛虫只吃某种特别的植物。成年雌性要把卵下在合适植物种类的叶子上，以便幼虫出生时有足够的东西吃。

❍ 寄生的黄蜂，如姬蜂，在其他昆虫身体上或者身体里下卵。幼虫孵出后吃掉寄主，甚至在寄主体内化蛹。

❍ 群居昆虫的幼虫，例如蚂蚁、蜜蜂、黄蜂和白蚁，或许得到所有幼小昆虫中最好的关照。成年工虫照管和保护虫卵，并在幼虫孵出后悉心养育。

蜜蜂蜂箱，显示一些蜂房用于储存花粉、蜂蜜、孵及幼虫。工蜂最初用蜂王浆喂幼蜂，然后再用蜂蜜和花粉。

生长与变化

因为不能伸展，为了生长，所有节肢动物必须周期性蜕掉外壳，这被称为蜕皮。不过，从卵到成虫，不同物种经历的阶段也大不相同。

❍为了蜕皮，昆虫通过咽下空气、喝水或提升血压，扩张自己的身体。外骨骼裂开，昆虫蜕去了老皮。

❍当昆虫蜕去旧壳时，柔软的新皮呈现出来。新皮比老皮大，可使昆虫生长。

❍新皮逐渐变硬，颜色随之变深。

❍幼虫的两次蜕皮阶段被称为蜕皮期。

❍蜕皮需要很长时间，此期间昆虫易受攻击，所以蜕皮时昆虫都会找一个隐蔽之处。蜕皮是由昆虫体内被称为激素的化学物质控制的。

❍有一些昆虫，例如蚱蜢和蜻蜓，幼虫与成虫外形相似，只是幼虫无翅膀。

蜕皮后不久，成年蜻蜓会把血液输送到变皱的翅膀里，使其伸展。

不同的生命

在昆虫世界，幼虫和成虫不仅体型不一样，就是生存方式也不同，而且生存环境和饮食也大不相同。

蜻蛉蛹（左图）生活在水下，以鱼、蝌蚪和水甲虫为食。成虫（右图）是空中猎手，以苍蝇、蚊子等昆虫为食。

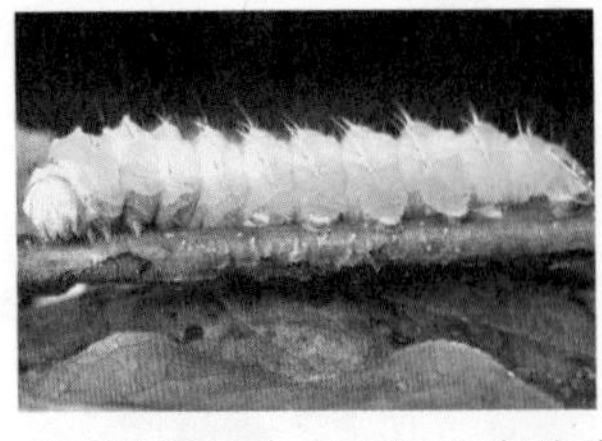

大眼水蚕幼虫（左图）在啃吃灌木叶子。大眼水蚕蛾（右图）没有口器，不吃不动。

你知道吗？

一只毛毛虫比其出生时要大 2000 倍。如果一个 3 千克婴儿以相同的比率生长，一个月内增长的重量和一辆公共汽车差不多。

蝉蛹

蝉的幼虫可以在地下生活 10 年以上，不同类型的蝉待在土壤里的时间各不相同。美国周期蝉或许是纪录保持者，从幼虫—蛹—成蝉，要经过 17 年。

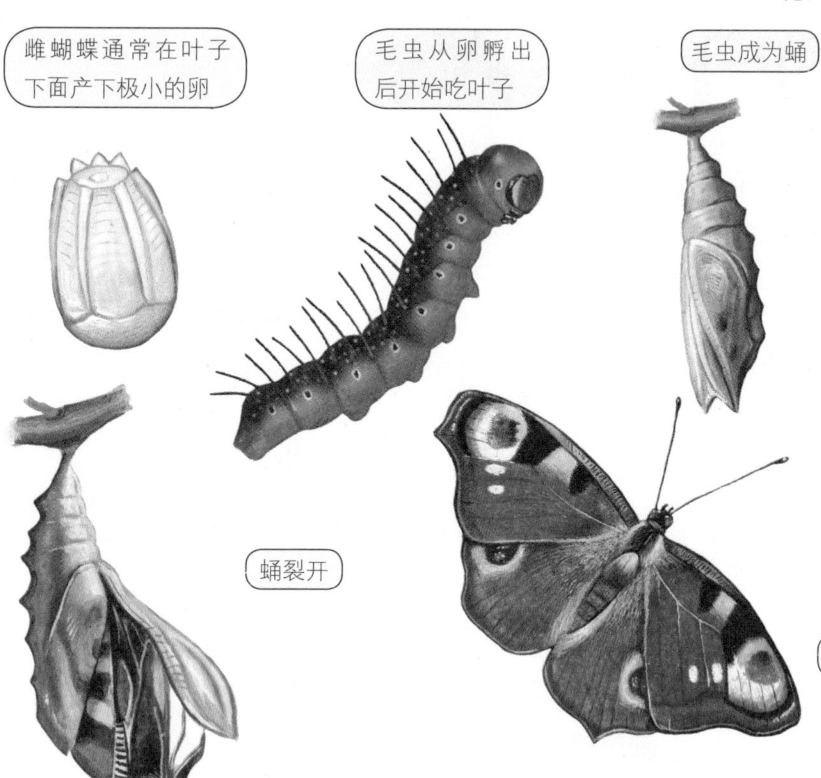

此图展示了蝴蝶蜕变的全过程。蝴蝶和蛾的幼虫被称为毛毛虫，甲虫的幼虫被称为蛆，很多苍蝇的幼虫也被称为蛆。

❍幼虫通过一系列不完全蜕变成为成虫，它们虽然蜕皮，但外形变化不大。

❍其他昆虫，例如蝴蝶、蛾、甲虫、蜜蜂、黄蜂和蚂蚁，从幼虫变为成虫要经历非常大的变化。它们要经历成长期的全过程变化。

❍一般昆虫蜕皮到成虫期就停止了，但蜘蛛在整个生命期间都蜕皮。虽然蜘蛛体型不断变大，外表却无变化，因为幼虫与成虫仅有体型大小的区别而已。

蟋蟀和蚱蜢经历不完全蜕变。翅膀在蛹的身外侧“小翅膀芽体”内逐渐发育成熟。在最后蜕皮阶段，蛹变为成虫，并可繁衍后代。

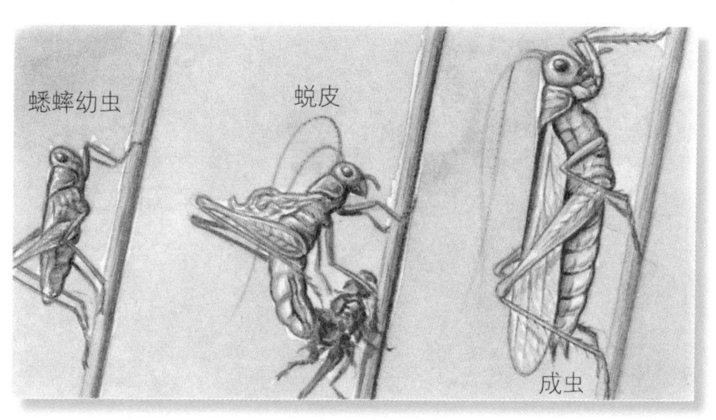

不停蜕皮

有两种原始昆虫组，银白色的蠹虫和蛀虫，成虫后还不停蜕皮，外形也没有变化。很多昆虫只经历5~10次蜕皮，但是这两种昆虫一生要蜕60次皮。蠹虫以银灰色的鳞覆盖其胡萝卜状身体而得名，像蛀虫一样，它们有三根刚毛状尾发，腹部有突出软骨质，以使其在粗糙表面上行动。

翅膀和飞行

昆虫可借助翅膀飞离危险，在飞行中找到合适的异性伙伴，飞去觅食，或者飞寻可产卵的新地方。为了寻找食物，有些昆虫要飞很远，当它们迁居时，甚至可飞行穿过整个大陆。此外，翅膀还可帮助人们辨别不同的昆虫种类。

❍ 昆虫是逐步具有飞行能力的第一批动物。

❍ 大多数昆虫已经进化出两双翅膀，以助其飞行。最早的昆虫长有助其滑行于天空的翅膀。后来这些翅膀逐步进化为可上下轻拍，且更加坚硬。

❍ 并非全部昆虫都能飞行。一些昆虫在进化过程中失去了翅膀，不过大多数都会成为技术精湛的“飞行家”。

❍ 很多飞行昆虫在幼虫阶段是没有翅膀的。

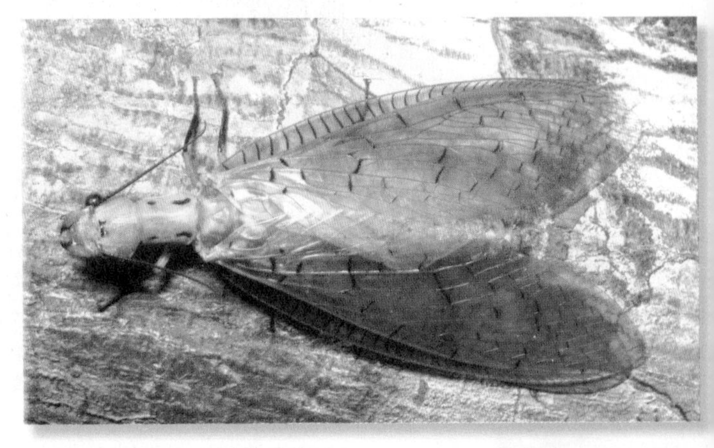

泥蛉看起来像蜻蜓，成年泥蛉翅膀上长有灰色的静脉。

有些苍蝇是凶猛的肉食性动物，可利用自己高超的飞行能力捕获飞行中的昆虫。

❍ 昆虫翅膀呈类膜结构，翅膀上布满静脉与神经组织，血和氧通过这些组织得以循环。翅膀边缘通常比翅膀的主要部分更厚、更硬，这能帮助昆虫在飞行期间更轻松地穿过空中的气流。

❍ 静脉为翅膀提供了支持，并使其在飞行过程中转向。

❍ 翅膀通过结实的肌肉与昆虫的胸（中间部分）连接起来，因此昆虫能轻拍翅膀。

❍ 如果空气凉爽，在起飞前，昆虫需要晒太阳，加热其飞行肌肉。

蝴蝶翅膀的单薄组织是由管状静脉供血支持的，翅膀上覆盖有数千个鳞状物和细毛发。

迁移的黑脉金斑蝶

每年秋天，大量的黑脉金斑蝶便从北美洲寒冷的北方地区飞到美国佛罗里达、加利福尼亚和墨西哥州等温暖的地方。到了春天，黑脉金斑蝶新一代再次进行长途飞行，返回北方。

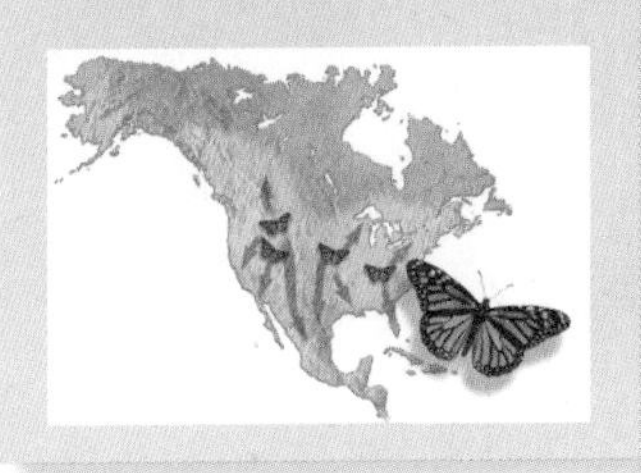

❍昆虫例如甲虫等的中、前翼较硬，可保护较脆弱的后翼。而对苍蝇来说，后翼则进化成了平衡棒的组织，这可帮助它们在空中平衡自己。

❍诸如黄蜂和蝴蝶等昆虫的前翼与后翼相连，以产生两个（而非四个）飞行层面。

❍一些昆虫，例如蜻蜓、蝴蝶和蝗虫，可以通过翼间扑闪进行滑翔以节省能量。

⬆最强壮的飞行昆虫之一是欧洲和亚洲的阿波罗蝴蝶。它在山间飞行，然后落在阳光照射下的岩石或花朵上休息。

⬅甲虫前翅已经逐步进化成了硬翼壳。这只科罗拉多甲虫为起飞做准备，正打开硬翼壳，你能看见后翼正在展开。

天蛾

天蛾，也称斯芬克斯蛾，在飞行昆虫中速度最快，可达 50 千米 / 时。很多天蛾可盘旋于半空中，用其长舌头吸食花朵深处的花蜜。

⬇蜻蜓和蜻蛉以溜冰 8 字花式轻拍羽翼飞行，这种运动方式利于在飞行中保持平衡的气流。

腿与运动

节肢动物的一个特征是有关节的肢。它们通过这些肢走、跑、跳、游泳，还能找到食物，并和异性伙伴建立新的栖息地。

❍ 不同动物腿的数量各不相同。从昆虫的6条到蜘蛛纲的8条，再到千足虫的几百条。

❍ 每条腿端部通常都有爪，可紧紧地抓住地面。

❍ 有一些节肢动物，包括苍蝇和蜘蛛，脚上长有极小的硬毛或者有黏性的肉垫，使它们能够在光滑、垂直的表面上走，头朝下悬挂，甚至在水上行走。

像其他昆虫一样，毛毛虫有6条腿，长在身体的前侧。在其后侧还有5对假腿，其中前4对叫作腹足，后一对像吸盘一样叫作尾足。

看到猎物时，蜘蛛迅速增加血压，使后腿伸长，把自己猛推到空中，扑向猎物。

❍ 大多数昆虫一次移动它们6条腿中的3条。一侧的前后腿和另一侧的中间腿原地不动，形成一个稳定的三脚架，其他3条腿向前行走。

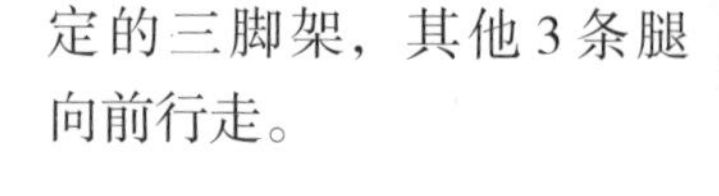

跳蚤

一只跳蚤能跳30厘米高，超过其身高的100倍。它的后腿上长有橡胶状肉垫，这些肉垫保持在压缩状态，像螺旋弹簧一样，直到被一种扳机机制松开，把跳蚤弹送到空中。

❍ 胸部（昆虫身体的中间部分，腿长于其上）肌肉来回操纵移动腿，而腿本身的肌肉则控制关节的灵活弯曲。

❍ 蜘蛛行走时，一次移动8条腿中的4条。身体一侧的第1和第3条腿与另一侧的第2和第4条腿同时移动。

一些水生昆虫，如这只半翅类水虫，长有扁平、有毛的腿。昆虫通过桨一样的毛腿在水里运动。

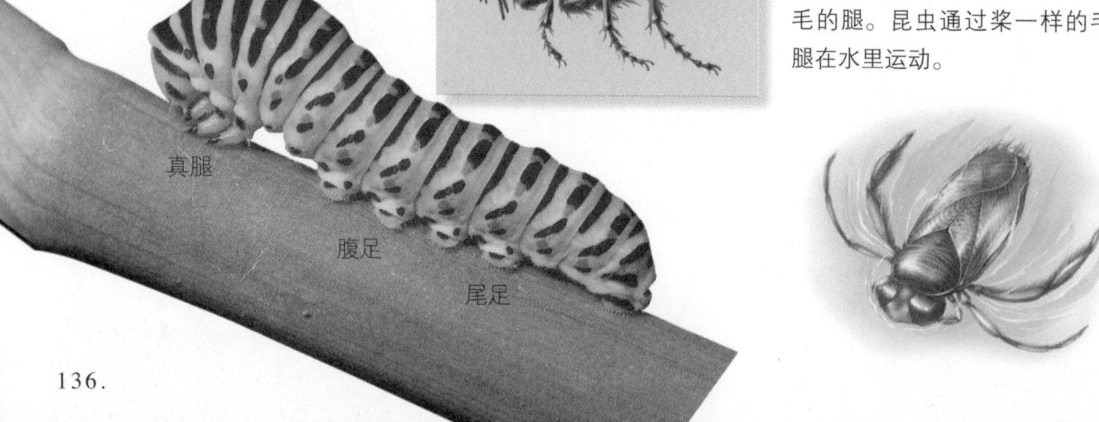

❍蜘蛛使用腿里的肌肉弯曲关节。不过，蜘蛛没有肌肉来延长自己的腿，因此只能通过增加腿的血压来伸长腿。

❍除运动外，腿还有其他作用：在交配时抓牢异性、抓住猎物、控制食物，以及感触周围的环境。

班蝥是著名的快速猎手，每秒钟能跑60厘米，以追捕蚂蚁、土鳖、蚱蜢等昆虫。

就负荷的重量而言，一条蚱蜢后腿上肌肉的力量，据说比人要强大1000倍。

蜈蚣和千足虫

这些原始节肢动物每节身体都有一两双腿。蜈蚣长有30~200条腿，而千足虫可能长有多达750条腿。

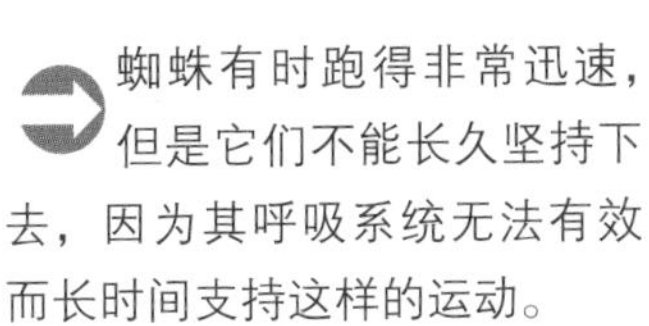

蜘蛛有时跑得非常迅速，但是它们不能长久坚持下去，因为其呼吸系统无法有效而长时间支持这样的运动。

❍蜜蜂腿上长有篮子，以供它们在花间飞行时收集花粉。

❍苍蝇、蝴蝶和其他昆虫脚上长有味蕾，只要它们踏上某朵花，即可知道是否可以食用。

觅食和喂养

昆虫和蜘蛛的饮食种类几乎像它们千差万别的外表一样丰富。一些种类只吃一种特别的植物或者捕食少数几种动物，其他则广泛猎食各种动植物。还有一些腐食性动物，找到可吃的东西，包括腐坏的动植物组织，一概食用。

蚁狮

蚁狮是像草蜻蜓一样的昆虫。一些蚁狮幼虫通过螺旋轨迹运动在沙里做坑。幼虫住在坑里面，以落在其上的昆虫为食。猎物想逃走时，幼虫用沙子把其击回沙坑内，然后吸食猎物身上的汁液。

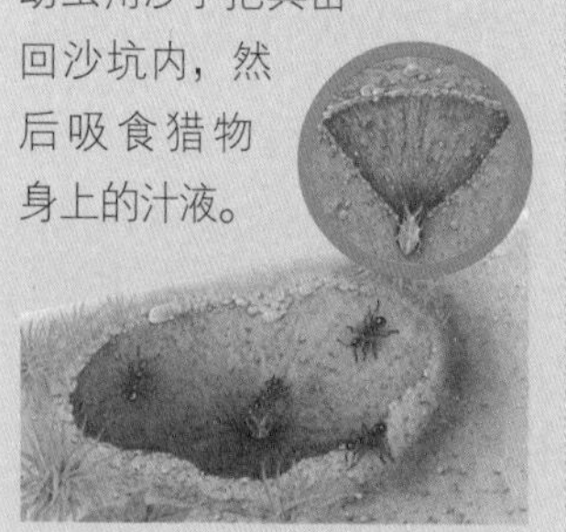

蜘蛛，例如这只狼蛛，使用下巴、须肢和消化液，液化猎物。

排臭隐翅甲虫长有强有力的口器，可撕破小毛虫、蛆和虫。

❍有的昆虫，有两套“下巴”咀嚼食物，例如蚱蜢和甲虫。前面是呈锯齿波的下颌，可将食物切成碎片或磨碎；后面是不那么强有力的上颌骨，使进胃的食物向下移动。

❍许多以液体为食的昆虫长有像管子一样的口器。蝴蝶和蛾长有长舌，被称为长鼻，以此探查花朵和吸取花蜜。不使用时，鼻子卷起收在头下。

❍很多小虫，包括蚜虫和蝉，都以植物为食。它们长有像注射器一样的口器，以此刺破植物干茎，吸取富有营养的汁液。

❍蚜虫吸食植物汁液时会排泄出名为甘露的液体，

当蚂蚁找到食物时，便建成信息素的化学小道，以便其他同伴前来搬运食物。

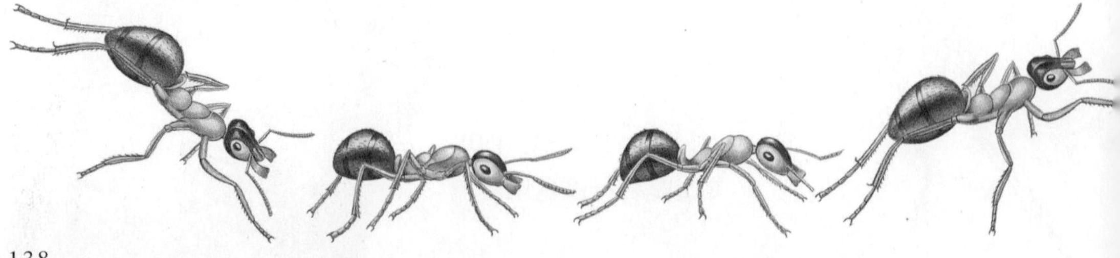

班蝥长有巨大的眼睛，用以确定猎物。这些凶猛的肉食性动物使用其巨大的下颚捕捉并切碎猎物，例如昆虫和其他无脊椎动物。

蟹蛛，或称花蛛，捕食以花蜜为食的昆虫，例如蜜蜂、食蚜虻和蝴蝶。它们用前腿抓住猎物，并向猎物体内注入麻醉剂。

蚂蚁随之吸食这些甘露。蚂蚁会保护蚜虫免受肉食性动物的侵害，以此保护其食物源。

❍ 肉食性昆虫也使用尖锐的吸口器，例如食虫椿象和食虫虻（也称盗虻），把唾液注入猎物体中，消化受害者的内部组织和器官，然后喝溶解的内脏汁液。

❍ 黄蜂和蜜蜂都有颌和鼻子。它们用鼻子吸食花蜜，用下颚筑巢。

❍ 白蚁和钻木甲虫以木头为食。它们的胃中有分解木头主要成分之一纤维素的微生物（细菌和原生动物）。

❍ 成虫后，动物可能改变食物结构和外表。成年的寄生黄蜂通常吃素，而它们的幼虫却是肉食主义者。某些昆虫，其成虫根本不吃不喝，例如蜉蝣。

❍ 蜘蛛纲（蜘蛛和蝎子）的颚被称为前肢之螯，它们有像腿一样的被称为须肢的口器，来拾取食物。

❍ 蜘蛛纲动物嘴巴太小无法吃固体食物，因此它们释放消化液把猎物变成可被吸食的汁液。

毛毛虫强壮的口颌上长有重叠牙齿，可咀嚼或磨碎植物叶子。当毛毛虫化成蛹时，它就会失去这些口器，长出成年蝴蝶或者蛾那样的吸鼻。

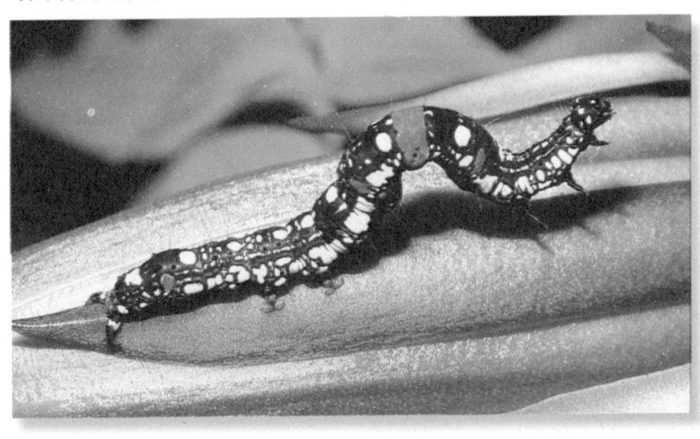

颜色和伪装

昆虫发展出了动物界最好的伪装形式。伪装是指生物将肤色与形状混同于其生活环境之中，使他者难以发现。伪装可以使捕食者在不知不觉中接近猎物，许多即将被猎的昆虫也可使用伪装避开捕食者。

❍ 生活在草里或者叶子上的昆虫——例如纺织娘、螳螂和臭绿蝽身体呈绿色，以此，在茂盛的植物中隐藏起来。

❍ 潜叶虫体扁，腿上长有须边，看起来像叶子的轮廓。它们的斑纹看起来像叶子的主脉和静脉，身体甚至可能还有棕色的边缘，使它们像一片枯死的叶子。

凤蝶毛虫身体上长有两只大眼斑，以此吓跑捕食者。这些圆的标记看起来像一种更大、更危险的动物，例如一条蛇的眼睛。

在毛毛虫阶段，黑脉金斑蝶吃乳草属植物，但这些植物对肉食性的鸟来说是有毒的。黑脉金斑蝶成虫后体内保留着这些毒素，它身体醒目的橙黑色警告鸟不要吃它。

❍ 很多蛾为杂色，白天待在树干上休息时，可与树色混为一体。

❍ 竹节虫和螳螂看起来像树枝和树叶。肉食性动物经常失去一顿美餐的机会，因为这些昆虫非常完美地融入周围的环境里。

❍ 有时，昆虫身体的颜色不是用于隐藏自己，而是用来警告肉食性动物离它远点儿。

❍ 有毒或者带刺的昆虫通常身体颜色比较夺目，黑、黄、橙和红色经常被作为警戒色。

❍ 一些无害昆虫从外表到行为都设法模仿有害的昆虫，这经常能吓退那些肉食性动物。

❍ 食蚜虻身上无刺，但是它们却以黄蜂或者大黄蜂

模拟大黄蜂

大黄蜂蛾有透明的翅膀，黄黑相间，加上条纹的身体，使它看起来像一只大黄蜂。当它飞行时，甚至也像一只大黄蜂一样。一些肉食性动物（例如鸟等），都会避开大黄蜂蛾，因为它们看起来好像要刺过来。

由于长而瘦的身体，竹节虫看起来非常像无叶的树枝，特别是当它们安稳地趴在树枝上或者随风摇晃时更是如此。

黄黑相间的条纹来装扮自己的身体，致使那些肉食性动物误以为它们身上有刺，因此不敢靠近。

❍黑脉金斑蝶的味道不仅苦而且有毒，因此许多鸟都不吃它们。副王峡蝶虽然无害，但是它们有橙黑相间的翅膀，酷似黑脉金斑蝶，因此鸟认为它们也有毒，避开它们。

这只蟹蛛伪装成寄主花的白色，一下子捉住了食蚜虻。

臭虫身体呈绿色，再加上波浪状的边缘，它看起来极像一片叶子。

❍有一些成年蛾和蝴蝶虫，因长有很大的眼斑，经常吓跑肉食性的鸟。

❍蚁蜂实际上是一只黄蜂。它像一只蚂蚁，并且经常以此伪装，轻松占据蚁巢。

❍一些蜘蛛也使用颜色警告和伪装自己。例如蟹蛛将身体变成生活环境的颜色，并随时向啜饮花蜜的昆虫猛扑过去。

你知道吗？

蟹蛛可在数天内改变体色，以与其栖居的花颜色相配合。

刺椿象

刺椿象胸部长有尖刺的分肢，状如棘刺。在白天，它安静地坐在树枝上假装一根真正的棘刺。它在晚上移动和觅食。它非同寻常的身体形状不仅能伪装自己，还能防止肉食性动物的进攻。

自卫

对昆虫和蜘蛛来说，成为敌手美餐的危险时刻存在。当危险来临时，躲开肉食性动物或者逃离危险是求生的首选战术。但是如果躲藏无效，逃离又不可能，这些动物将会进行自卫或者反击。

化学喷雾

放屁虫能旋转腹部末端对任何方向喷雾。那些液体喷后立即蒸发，形成气体，短时间内使对手看不清楚，掩护放屁虫逃走。

这只毛虫用扎人的长毛保护自己，免遭鸟和其他动物的攻击。

❍当受到攻击时，一些毛虫用特别的腺分泌毒液。肉食性的鸟类不久就学会了躲开这些毛虫。

❍竹节虫和象鼻虫一受攻击就装死。它们一动不动，攻击者见此便离去了，因为大多数肉食性动物不吃死的动物。

❍蚂蚁、蜜蜂、黄蜂和蝎子能蜇攻击者，并且把毒液注入伤口里；蜘蛛则用毒牙咬对手。

❍蜜蜂蜇人一次后不久便会死去，那些参差不齐的刺插在人的皮里拔不出来，这就扯断了蜜蜂的内脏。

❍黄蜂可蜇多次，因为它们蜇刺光滑，可从受害者身体里顺利拔出，然后照此多次使用。

❍一些甲虫的膝关节能释放难吃的黄色黏血，并以此破坏攻击者的嘴巴和触角。

❍蛀虫、蚱蜢和螳螂突然

当蠼螋受到威胁时，便会举起尾巴试图使自己显得更强大。

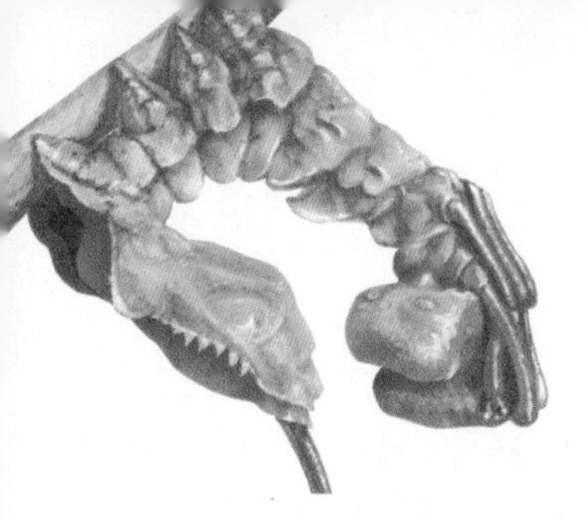

⬆龙虾蛾毛虫通过突然改变形状来迷惑肉食性动物。它将头和尾巴举到身体上方，使它看起来像一只极小的龙虾，并且挥动腹部末端一对细丝。龙虾蛾毛虫也能朝敌人喷撒甲酸液。

在其后翼上显示出鲜艳的色彩，以此吓退肉食性动物。这种现象叫作闪现颜色。

❍一些昆虫幼虫和成虫身上长有突出的刺状组织，使敌人捕获后难以下咽。

❍盲蛛向进攻者喷射臭液，也会在自己身上涂抹这些臭液，以取得威慑效果。

❍受到威胁时，一些动物采用一种好斗的姿势。澳大利亚有一种毒性很强的漏斗网蜘蛛，受到威胁时会举起前腿，暴露其致命的利牙。这一举动令很多肉食性动物自动放弃进攻。

叩头虫

叩头虫体长约12毫米。处境危险时，它背朝天装死。然后它缓慢拱起身，猛地一伸，可伸到25厘米长，而且伴随啪的响声。这一举动可能会吓住敌人，为自己赢得逃走的机会。

⬉蜜蜂参差不齐的刺是一根经过改进的产卵器，因此只有雌蜂能蜇人，雄蜂腹部尾端没有蜇人的器官。

⬇昆虫，例如编织娘，当被攻击者抓住腿时，可以脱掉一只。这种现象叫自割现象。

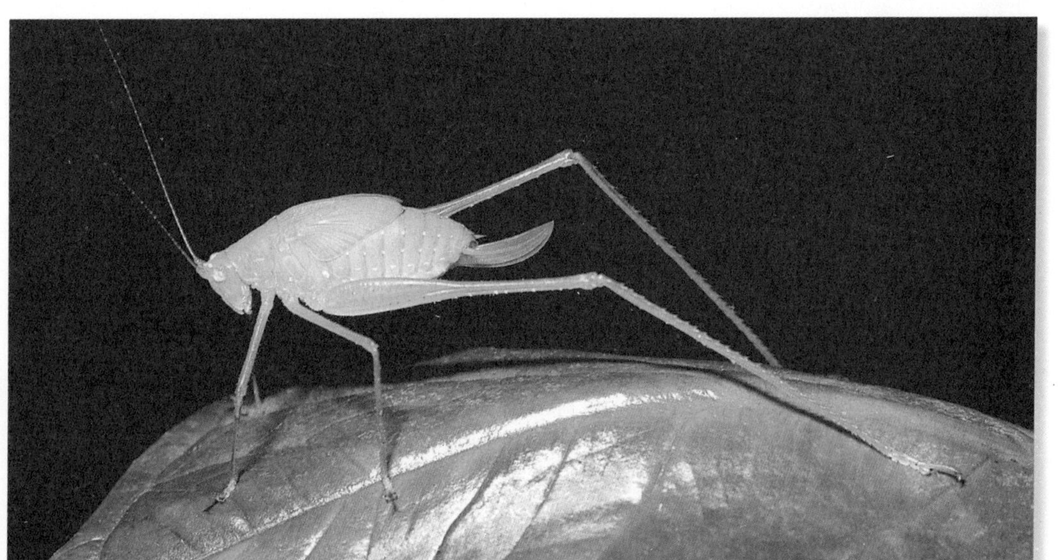

半翅目昆虫

半翅目也叫异翅目，此类昆虫俗称蝽或椿象，由于很多种能分泌挥发性臭液，因而又叫放屁虫、臭虫、臭板虫。少数半翅目昆虫为肉食性，刺吸茎叶或果实的汁液。

❍半翅目昆虫一般长有复眼和两对翅膀。第一对部分翅膀稍硬，用来保护脆弱单薄、像膜一样的第二对翅膀。

❍一些半翅目昆虫没有翅膀，而所有半翅目昆虫的蛹都是无翼的。

❍所有半翅目昆虫都经历不完全蜕变过程，没有蛹化阶段，因此半翅目昆虫通过不断蜕皮发展为成虫。蛹同成虫相似。

臭绿蝽腹底有腺，可分泌一种有恶臭的液体。很多动物都难以忍受这种液体。有一些臭虫胸部延伸到背部，形成保护大部分腹部的防护盾，这些臭虫也叫盾蝽。

食虫椿象

食虫椿象属肉食性动物。它们用强有力的前腿抓住猎物，通过注入毒液杀死猎物。毒液可麻痹并部分溶解猎物。食虫椿象以吸取猎物液汁为食，若捕获较大猎物，要好几天才能将其吃完。

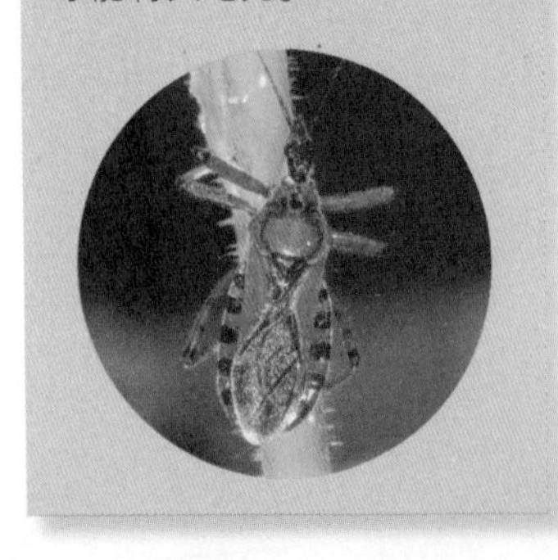

❍半翅目昆虫能在陆地上、空气中、水面上，甚至在水下生存，几乎可以说是无处不在。

❍半翅目昆虫能放出臭味，这是其防御策略。

❍半翅目昆虫以植物和动物汁为食。有一些半翅目昆虫，是寄生动物，以吸食其他动物的血为食，例如床虱。

❍肉食性昆虫以肉食性为生，可帮助人类控制害虫；而植食性昆虫则可能影响庄稼的收成。肉食性昆虫有时同类相残，吃其同类中的弱者。

❍有一些人养育半翅目昆虫以从中提取色素，还有一些人喜欢食用它们。半翅目昆虫经常被用于各种各样的商业目的。

不同的生命

巨型水蝽在其腹部和翅膀之间的上部长有储存空气的斜面。为了更新空气，它们游到水面，通过进气管一样的管接受更多的新鲜空气。

雄蝉高声唱歌，以吸引雌性。它鸣唱时借助于鼓一样的膜，即鼓膜。雌蝉不发出任何声音，因为它们的鼓膜不发达。

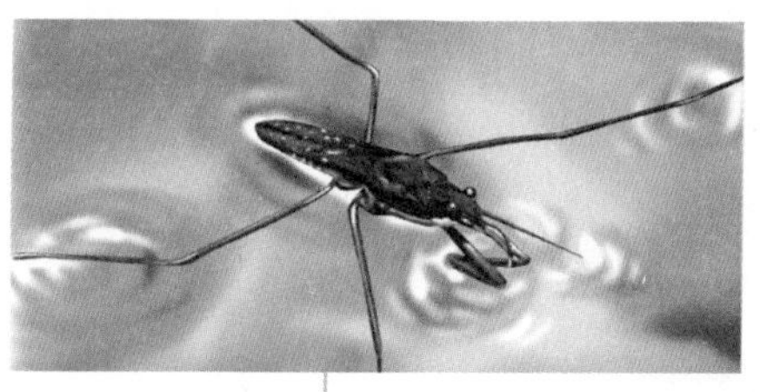

水黾长而细的腿分担其体重。贴在水面的每条腿的末端弯成小的斜面，但是不会断开。

水蝎子是肉食性动物。它的腿适合抓住猎物，例如蝌蚪，而且它的口器也非常适合从猎物体内吸食。

仰泳蝽每条腿的末端长有爪，可帮助它们头朝下悬挂在水生植物上。

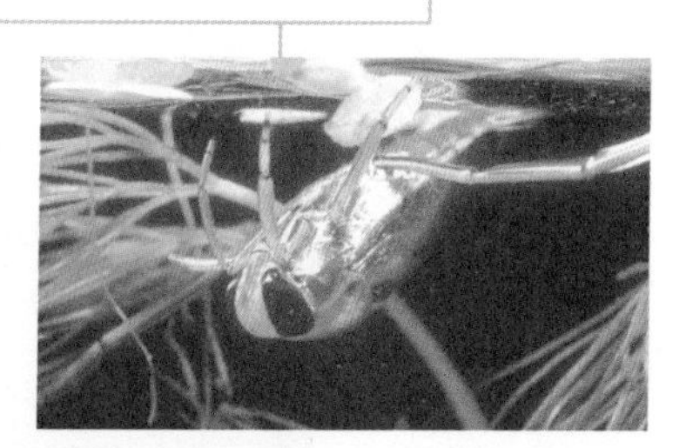

北美洲南瓜缘蝽，以黄瓜、果汁、瓜等汁液为食。在吸食汁液时，南瓜缘蝽把一种有毒物质注入植物中，植物会因此而枯萎死亡。

世界上的蝴蝶与蛾

蝴蝶和蛾都是古老的昆虫。化石记录显示，蛾可追溯到1.4亿年前，蝴蝶可追溯到4000万年前。蝴蝶和蛾都有一个共同特征，不能在极端寒冷的天气下生存。在南极洲尚未发现一只蛾或者蝴蝶。

阿波罗绢蝶主要出没在欧洲和亚洲的大、小山区。它们长有毛皮，以抵御寒冷。

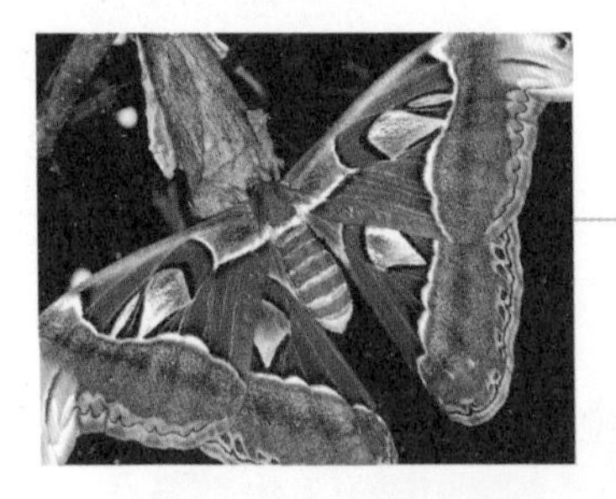

阿特拉斯蛾翼翅长达25厘米，当它们飞行时，经常被人们误认为是鸟。

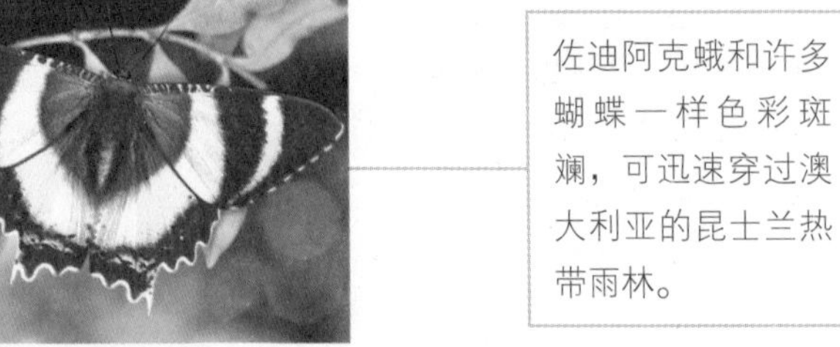

佐迪阿克蛾和许多蝴蝶一样色彩斑斓，可迅速穿过澳大利亚的昆士兰热带雨林。

死人头蛾胸上长有头颅一样的图案。很久以前，这种蛾被认为是死亡的标志。

亚洲东北部的不丹蝶过去常被人们大量收集。现在，它们的数量日见减少，已变得非常稀有。

这只幼小的黑脉金斑蝶刚从蛹里钻出来。

中南美洲邮差蝶是在热带森林和湿地边缘发现的。

在蝴蝶中，蛱蝶作为成虫寿命较长，从上一个夏天到第二个夏天，共可生存10个月左右。它们在冬天则冬眠。

蜂雀鹰蛾翱翔在花的前面，翅膀扑打极快，以至于肉眼几乎看不出来。迅速拍打的翅膀产生嗡嗡声，听起来像蜂鸟。

苎胥蝶遍布亚洲、欧洲和北美洲温带地区，特别是在有花的牧场和田野里。该类毛虫主要以蓟类植物为食。

美丽的布鲁克蝶是在马来西亚、苏门答腊和婆国洲等地的雨林中发现的，此蝶是以沙捞越的英国邦主布鲁克的姓命名的。

雌性赤蛱蝶将卵生在荨麻叶子上，毛虫则以被丝线粘在一起的折叠叶子为食。

孔雀铗蝶用翅膀上的假眼吓跑肉食性动物。当肉食性动物靠近时，它们迅速启闭翅膀制造噪音，以此吓唬敌人。

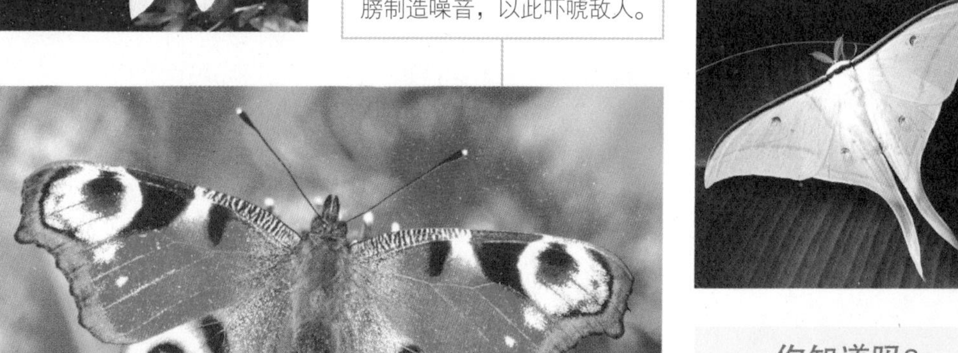

月亮蛾生活在世界各地，不过在热带国家则更为常见。月亮蛾因其翅膀上长有像新月一样的标记而得名。

你知道吗？

很多成虫蛾不吃不喝，因此没有口器，可是成年蝶却并非如此。

甲虫

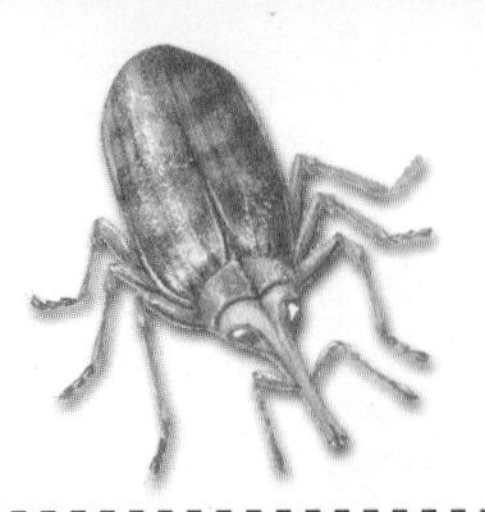

毫无疑问，甲虫是地球上生存得较好的动物种类之一。世界上至少有 36 万种甲虫，数量约占全部动物 1/3。甲虫栖息地遍布世界各处，从山顶到沙漠；体型大小不等，从 0.25 毫米到 20 厘米。

园丁的朋友

瓢虫几乎呈圆形。它们通常是亮红色、橙色或者红色，带黑色、红色或者橙色斑点，斑点数量因种类不同而不一。这些甲虫是最有益的昆虫之一，因为它们以蚜虫和其他损坏庄稼的昆虫为食。人们有时大量人工繁殖瓢虫，然后引入农场或者温室，以除去害虫。

➡ 尖叫甲虫属于水甲科，以捕获水生动物为食。它们游泳时像狗刨，6 条腿全部用上。

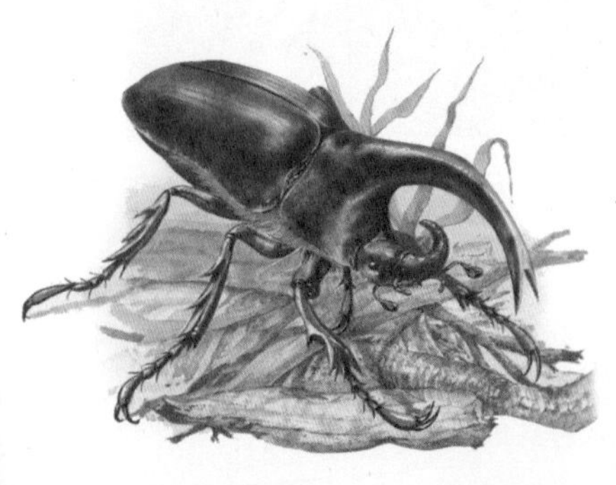

❍ 甲虫以多种动植物为食，反过来又是其他较大动物包括爬行动物、鸟和哺乳动物等的美味佳肴。

❍ 甲虫口器的形状表明它们食物的种类，例如，肉食性的班蝥长有锯齿状、镰刀形的下颚，适合把猎物切成小片，而象鼻虫和大豆象则长有长嘴，适合于钻木取食。

❍ 甲虫的前翅已经变得坚硬结实。这些翅鞘可用来盖住并保护甲虫柔弱的后翅，后翅主要用于飞行。

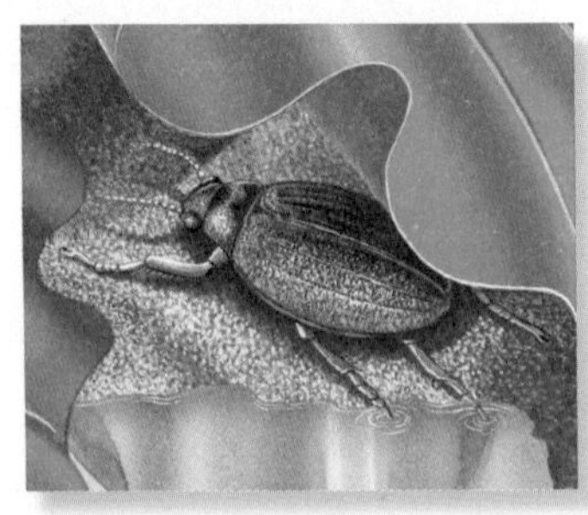

⬅ 犀牛甲虫因其头上长角而得名。这只甲虫只有两只角，但有一些犀牛甲虫有 3 只甚至 5 只角。犀牛甲虫不用角来对付肉食性动物，而是用角来争食及与同类雄性搏斗，以博取异性。它们身上坚韧的外骨骼就像盔甲一样，保护甲虫的身体。

❍ 在飞行中，翅鞘在后翼外撑起来。它们虽不能承载力量，但能帮助甲虫在空中保持稳定。

❍ 虽然有一些甲虫颜色黯淡，但也有很多种类，包括圣甲虫和钻木甲虫，有明亮、金属般的光亮颜色。

❍ 有一些甲虫产生一种特别的信息素以吸引伙伴。

圣甲虫

圣甲虫也称蜣螂，对古埃及人来说，它与造物神有关，是神圣不可侵犯的圣虫。这种甲虫据说独自形成，即从一团兽粪中生成。圣甲虫的形象经常出现在古埃及宝石和珠宝上，当时的人们认为拥有这些雕像能带来好运，驱除邪恶。

鹿角锹居住在潮湿、多树木，特别是靠近栎树的地方。它们的下颚像一头牡鹿的鹿角，并因此得名。

❍ 其他甲虫有很多极不平常的求爱技术。例如，蛀虫在它们木制通道的墙上轻叩头以吸引异性。

❍ 为寻找异性伙伴，萤火虫在夜间飞行时不断闪光。每种萤火虫使用不同的闪烁顺序。

花金龟科大甲虫是世界上最大、最重的昆虫之一。雄虫长达12厘米，重约115克。尽管它看起来笨重，却是飞行好手。它们在飞行时发出直升机一样的“嗡嗡”声。

❍ 甲虫经历完全的蜕变。它们的卵在成蛹之前孵出像虫一样的幼虫，有一些种类幼虫阶段可长达几年。

❍ 一些甲虫，例如科罗拉多甲虫，是危害庄稼、残食粮食的害虫。

报死虫在夜阑人静时轻敲房子，被认为是死亡的征兆。

❍ 木头蛀虫破坏房屋木材，还有一些甲虫则对活着的树构成威胁，榆树皮甲虫传播造成荷兰榆树生病的细菌。

❍ 甲虫在分解生物方面也扮演着重要的角色，它们吃死亡的植物，反过来又为土壤提供肥料。

龙虱长有扁平、流线型的身体，因此可在水里迅速流动。游动时，它同时移动后腿，而不是像其他甲虫一样交替使用。当停止游泳时，它漂到水面上。

甲虫之最

甲虫之最		
最长	巨大犀金龟	19厘米
最重	花金龟科大甲虫	超过100克
最小	箭翎甲虫	0.2毫米
最长寿之星	宝石甲虫	30年以上
最耐冷	北极甲虫	−60℃以下可生存
跳得最高者	叩头甲虫	30厘米

苍蝇

蝇属于双翅目，即是有两个翅膀的昆虫，虽然人们把很多其他昆虫称为蝇，例如蝴蝶和蜻蜓，但它们不是真正意义上的蝇，因为它们有 4 个翅膀。蝇没有后翼，而有一对球形门柄一样的平衡棒结构，在飞行中起平衡作用。

长吻虻为从花中吸花蜜长有一个长舌头，它们的蛆吃独生蜂的幼虫。

寄生动物携带者

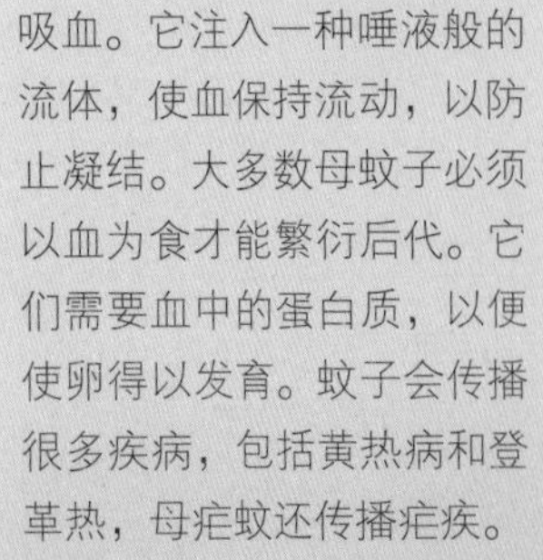

母蚊子使用它那针一样尖利的口器从受害者皮肤内吸血。它注入一种唾液般的流体，使血保持流动，以防止凝结。大多数母蚊子必须以血为食才能繁衍后代。它们需要血中的蛋白质，以便使卵得以发育。蚊子会传播很多疾病，包括黄热病和登革热，母疟蚊还传播疟疾。

食虫虻

巨大的复眼使得食虫虻视力极好，因此成为很好的空中捕虫杀手。食虫虻的象鼻就是一种锐利的武器。

❍蝇遍布全世界，从冰冷的极地地区到赤道雨林，约有 122000 个种类。

❍蝇长着由各不相同的晶状体组成的复眼，苍蝇的每只复眼都有大约 4000 个晶状体。

在凡有人活动的地方都能发现苍蝇，它们依靠人和其他动物留下的废物生存。人吃了它们降落过的食品就可能得病。

❍苍蝇脚上的爪和发黏的肉垫可以使它轻松自如地在光滑的表面上走动，甚至头朝下也能行走。

❍蝇能进行惊人的飞行表演，包括盘旋、向后倒着飞，以及在天花板上着陆。

大蚊长有极其狭窄的翅膀。它们长有瘦身和长腿，像一只大蚊子。这些昆虫不能咬东西。大蚊的幼虫也被称为“皮夹克”，因为它们长有坚韧的棕色皮。

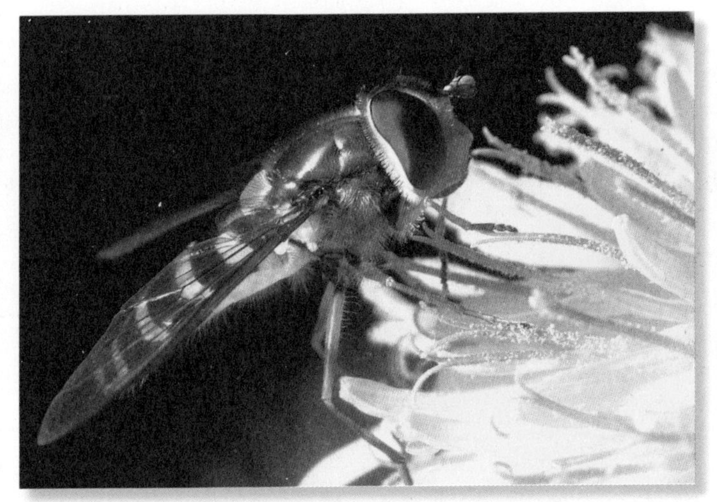

当食蚜虻采食花粉和花蜜时，经常盘旋于花朵之间。食蚜虻黄黑相间，长得与黄蜂和蜜蜂相似。食蚜虻约有 6000 个种类。

池塘、湖和小溪附近聚集着大堆的蠓，这些蠓主要以动物的血为食。

❍蝇要进行完全的蜕变，无腿的蝇幼虫称为蛆。

❍蛆生活在土壤或者水里，还可以生活在潮湿腐烂的动植物组织里。

❍蝇的口器可吸食液体食品，如血、花蜜，甚至动物粪便。有一些蝇以活着的身体组织为食。

❍一些成蝇，包括食虫虻，是凶猛的空中杀手，它们以追杀有翅昆虫为食。

❍蝇给花授粉，但是与此同时，也传播像疟疾和嗜睡病那样的疾病。

你知道吗？

据统计，苍蝇可传播 40 种严重疾病。一只苍蝇体内可携带 3300 万个病菌，另外，其身体表面和腿上还携带 5 亿个传染生物体。

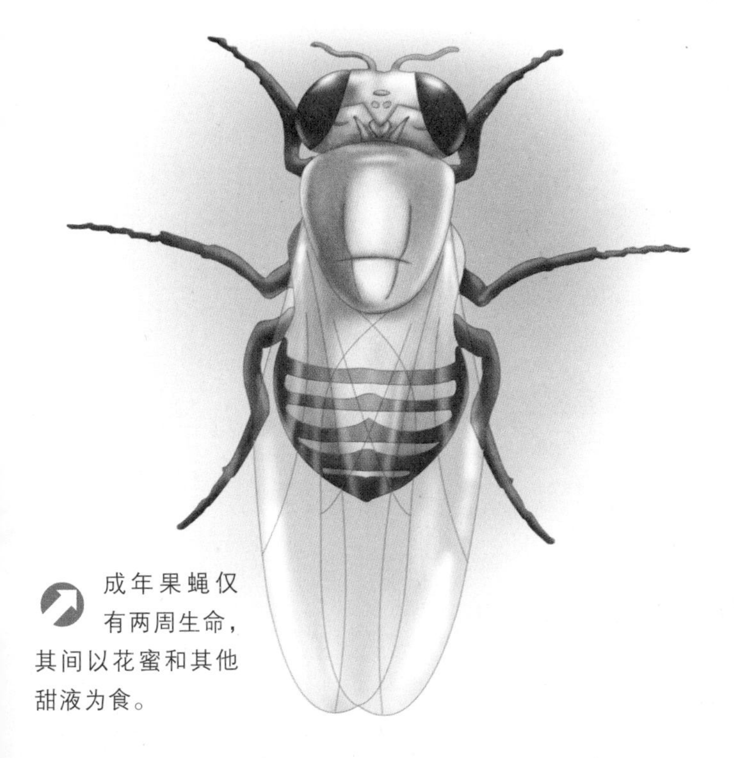

成年果蝇仅有两周生命，其间以花蜜和其他甜液为食。

马蝇是飞行最快的昆虫，时速达 39 千米。雌马蝇以吸食动物包括人的血为食，雄性则主要以花蜜为食。

蟋蟀与蚱蜢

除了最寒冷的地区外，蟋蟀与蚱蜢的生活区域几乎遍布全球，如田野、森林和牧场。它们有28000种之多，其中大多数都有翅膀。前翅有韧性，可振动，后边的长翅则用于飞行。遇到危险时，蟋蟀和蚱蜢经常借其强有力的后腿跳跃离开，而不是飞离危险区。

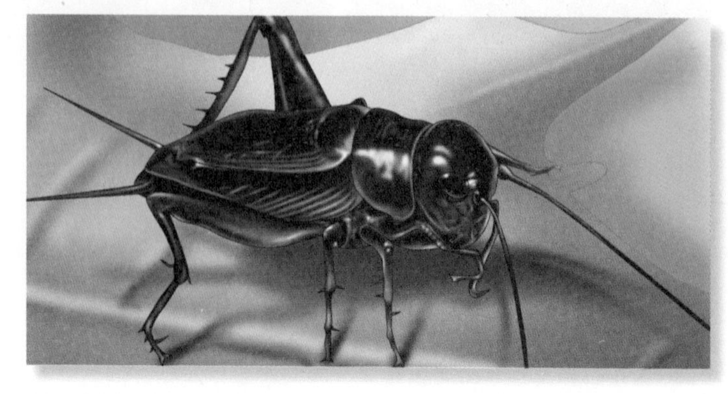

❍蟋蟀是夜行昆虫，有敏锐的听力和视力。一双复眼可使蟋蟀眼观八方，而且看得很远。环形、扁平的听觉器官长在其前腿上。

❍蚱蜢喜欢在白天活动。它们长有大眼睛，耳朵长在腹部而不是腿上。总的来说，它们的触角比蟋蟀的触角短。

❍蟋蟀是杂食动物，主要以庄稼、蔬菜、花、绿色植物、小型动物和同类弱小者为食。

❍蚱蜢是植食性昆虫，使用下颚咀嚼粗糙食物。

❍有一些种类的蟋蟀和蚱蜢破坏庄稼，因此它们都被当作害虫。

❍所有蟋蟀和蚱蜢都经历不完全蜕变。

⬆蟋蟀经常出没于绿色草地或森林，它们以植物种子、较小昆虫和水果为食。食物短缺时，它们便捕食较小的动物。

⬇蚱蜢能跳跃超过其身长200多倍的距离。在空中，它们轻拍翅膀，可以飞得更远。

你知道吗？

最大的蝗群竟多达500亿只，占地面积达1000平方千米。这么大的蝗虫群蚕食一天的庄稼，够50万人吃整整一年。

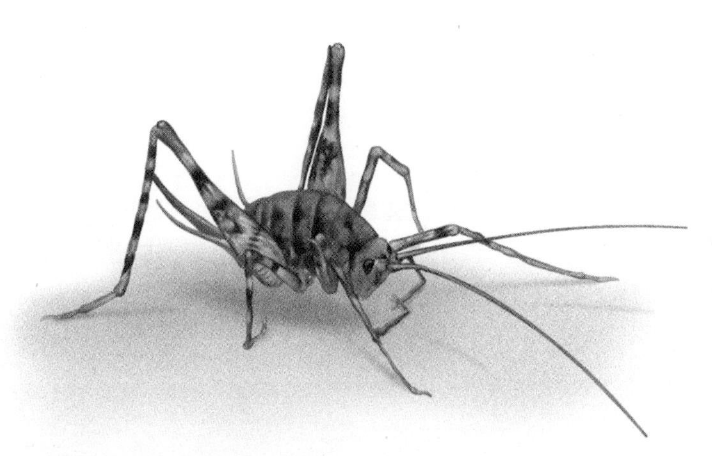

洞穴蟋蟀有长而灵敏的触角，帮助它们在暗处探路。蟋蟀腹后部长出的尾须也有触摸功能。

蝼蛄

蝼蛄的前腿宽而呈铲状，适于挖坑。那些雄蝼蛄挖特别的窑，以放大其歌声，雌蝼蛄则把卵下在地下蝼房里。

❍雌蝼蛄长有长而尖的产卵器官，它们把卵带着，直至找到孵出幼虫的安全地方。

❍交配之后，母蚱蜢可在低处灌木丛里下卵，或者把腹部贴近挖的洞里，然后产卵。产卵之后，它用一个坚固的壳，即卵荚来保护所产的卵。

蚱蜢休息时，宽而柔软的后翅折叠在长而狭窄的前翅下面。蚱蜢飞起时，前翅抬起，以便后翅展开。

❍交配期间，蚱蜢和蟋蟀用鸣叫吸引异性，同时也以此吓跑竞争对手。

❍蟋蟀通过摩擦特别的前翅下根部发出鸣叫声，蚱蜢则用腿根摩擦翅膀上的静脉以产生叫声。

蝗虫群

蝗虫就是蚱蜢。条件成熟时，蝗虫可能大量繁殖。多达数百万只蝗虫成群结队寻找新的食物源，因为每只蝗虫每天的食量相当于其自身的重量。这些蝗群会严重破坏庄稼。

蜻蜓与螳螂

蜻蜓和螳螂在昆虫界是最高级的肉食性动物。蜻蜓飞行速度快，机动性能强，巡逻于河流、池塘和小溪的上方，可从空中直接捕捉昆虫。对比起来，螳螂则靠伏击捕获猎物。等到昆虫临近时，螳螂用有力的折叠前腿抓住它们。

❍蜻蜓体长达 12 厘米。它们长有细长、颜色鲜艳的身体，两对翅膀，大大的复眼使它们拥有极好的视力。

❍较大的蜻蜓叫细腰长尾蜓，较小的蜻蜓叫猩红蜻蜓。蜻蜓长有巨大的复眼，覆盖几乎整个头部。

❍蜻蜓进行的是不完全蜕变。成年蜻蜓在地面生活，而其幼虫则生活在水里。

❍雌雄蜻蜓在飞行中交配。一旦它们交配成功，母蜻蜓就把卵生在水里或水生植物上面。

❍蜻蜓幼虫以鱼、蝌蚪和其他小型水生动物为食。

螳螂可迅速移动其长长的前腿抓捕猎物，锋利的脊骨可阻止猎物逃走。螳螂用其强有力的下巴深深咬进猎物体内。

蜻蜓和蜻蛉借助腿的力量捕捉猎物。它们一旦将猎物捕进篮内，就将其送进嘴里。腿折叠在它们体下，像篮子一样，形成陷阱。

你知道吗?

蜻蜓是飞行最为迅速的昆虫之一，时速可达 30~50 千米。

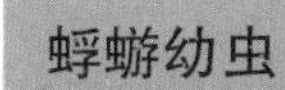

很多蜻蛉在休息时把翼折叠在背上，而蜻蜓栖息时则把翼直直地伸着。

❍蜻蛉是蜻蜓的近亲，体型美丽、纤巧。蜻蛉静待合适的猎物进入捕杀范围内，而蜻蜓则在空中主动出击。

❍蜻蛉通常在水附近生活，其幼虫生活在水里，直到长为成虫。

❍蜻蛉幼虫腹部尖端长有外鳃，以供其水下呼吸之用；而蜻蜓幼虫的鳃是长在体内的。

蝗蛉

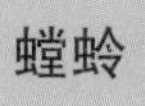

蝗蛉的前腿折叠，虽然看起来与合掌螳螂相似，但是它们却没有亲缘关系。

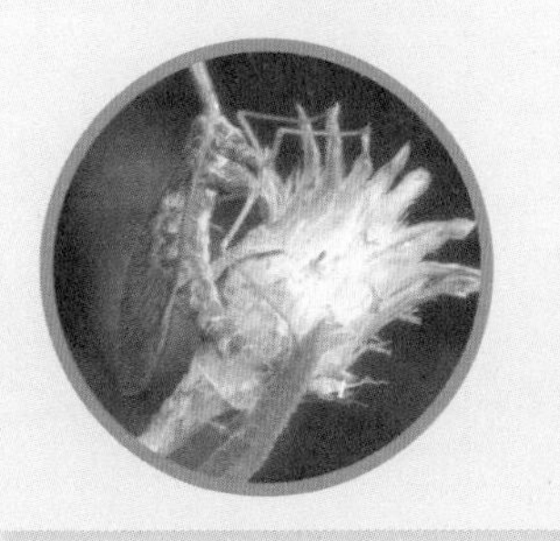

❍合掌螳螂能长到6.5厘米。它长有三角形的头，能进行360°转动。该种螳螂一般呈绿色或棕色。

❍合掌螳螂是肉食性昆虫，以多种昆虫为食，包括蝴蝶、蚱蜢和蛾。它们甚至能攻击小型蜥蜴、蛙和鸟类。小螳螂也会同类相残，特别是在没有食物的时候。

合掌螳螂为了不被其他肉食性动物吃掉，有很好的伪装。其身体颜色与环境融为一体。

蜻蜓的每只翅膀都能独立移动，这使它成为一个非常灵活的飞行专家，能盘旋，以90°角转弯，来回冲刺，或突然之间停下来。

蜉蝣幼虫

蜉蝣是蜻蜓和蜻蛉的近亲，蜉蝣幼虫在水下可生活长达3年。但一只蜉蝣成虫的寿命却相当短，从几小时到几天。成虫活着仅是为了交配和繁衍后代，所以不吃不喝。

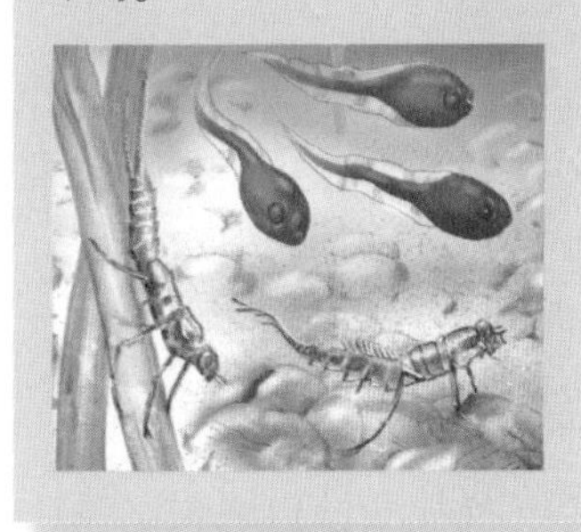

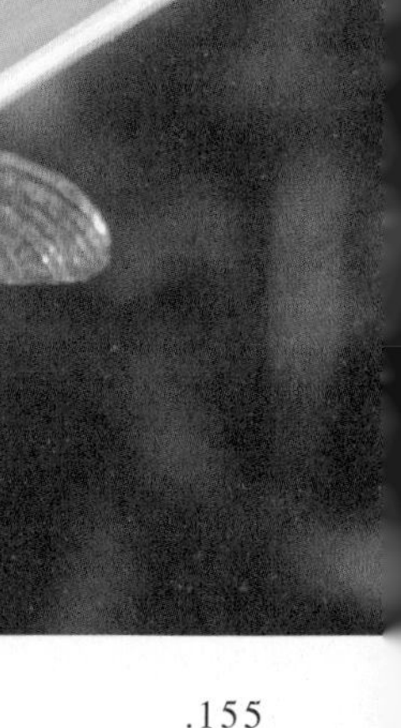

白蚁

据说白蚁是从一种古老的像蟑螂一样的祖先逐步进化到软体昆虫的。它们的化石可追溯到白垩纪早期——1.3 亿年以前。白蚁在全世界各地都有发现，不过，它们能较好地适应温暖、潮湿的天气，而不喜欢寒冷。它们在热带和亚热带地区非常普通，约有 2750 个种类。

❍ 白蚁主要有两类——地面白蚁和木头白蚁。地面白蚁主要生活在土壤里，而木头白蚁则主要在木质结构里巩巢。

❍ 白蚁的口器很适合咀嚼木头。它们长有触须，有的像小珠子一样，有的则像线一样。

❍ 白蚁有一层柔软的表皮（一层外皮），容易干燥，这可解释它们为何喜欢生活在黑暗、温暖、潮湿的巢里。

为了更好地捕食白蚁，南亚的长毛熊门齿已经退化了。长毛熊挖开白蚁小丘，把长鼻插入洞内，然后关闭鼻孔，不让白蚁进去，再噘起嘴唇，舔吃白蚁。

木质食物较难消化，因此白蚁肠内有助于消化的细菌和其他单细胞有机物，以使其能较好地消化植物和木质食物。

❍ 白蚁是组织严密的群居昆虫。一块白蚁群居地就是一个高度完整的单位，每只白蚁每项工作都有清楚的分工。

❍ 小型白蚁群体可能只有数百或者数千只，而非常大的白蚁群可能多达数

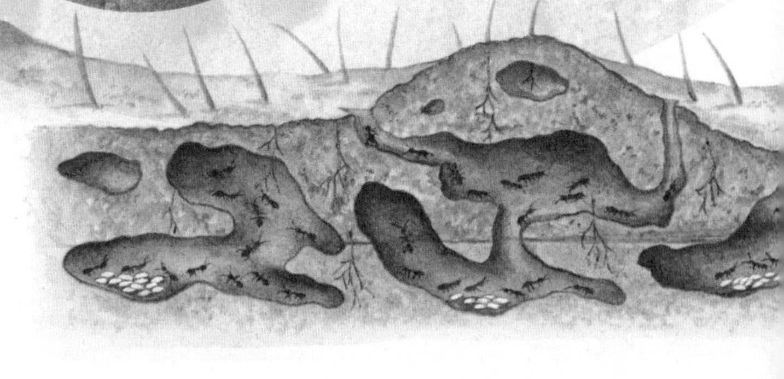

白蚁巢建在地下、空树残干、灌木根、大楼的建筑木材，甚至在书内。有些白蚁巢上升到地面以上，称为白蚁丘。白蚁丘由土壤和白蚁唾液做成，可高达 8～9 米，在热带地区很常见。

蚁王和蚁后

白蚁王帮助蚁后一起建立蚁群并与其交配。蚁后产卵并照管蚁群。一旦有了足够的工蚁，蚁后便不再亲自照看后代了。最初，蚁后产较少量的卵。在蚁群逐渐建立后，蚁后可产很多卵，一天多达 36000 个。蚁后的体型会非常大，大得它几乎寸步难移。

➡ 地面工蚁通常比兵蚁小，柔软并苍白。那些兵蚁保护着蚁群，不能自己吃东西，因此工蚁必须喂养它们。

百万只。

○一个蚁群中有不同级别：蚁王、蚁后、工蚁和兵蚁。其中，工蚁和兵蚁是不能生育的。

○工蚁构成蚁群中的多数。它们完成蚁群中的大多数日常工作，照顾蚁卵、修理蚁巢、出外觅食、喂养下一代。

○兵蚁保卫蚁群，抵御外来攻击。它们使用强有力的下颚，攻击对方。

○在蚁群居住地，白蚁通过振动身体、接触和发出信息素，彼此交流食物的方位。

○在每年的某个时间，成熟的雄性和雌性生产后代。长翅白蚁交配之后飞离原群体，到别处另建蚁穴。

白蚁还是蚂蚁？

白蚁有时被称为白色的蚂蚁，因为它和蚂蚁看起来十分相似。不过，它们很容易区分。蚂蚁长有肘形触角，而白蚁则长有直形触角。白蚁也有两双大翅膀，静止时这些翅膀重叠置于背上，而且大小相当，这一方面与蚂蚁的不同。白蚁胸部的宽带与腹部相连，而蚂蚁、蜜蜂和蝴蝶则只长有“细腰”。

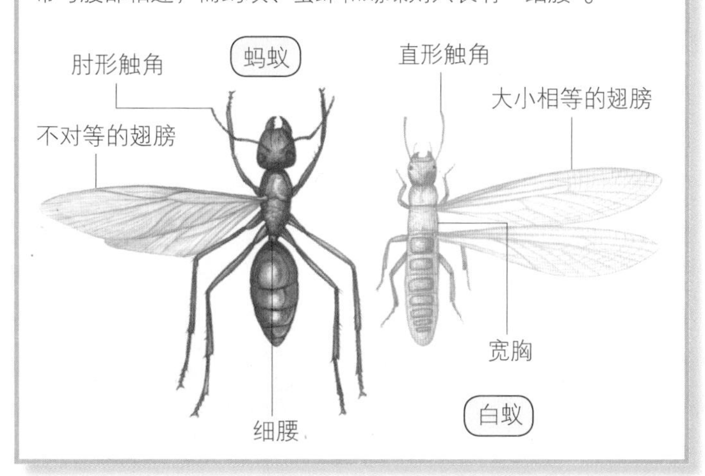

蟑螂、跳蚤与虱子

蟑螂、跳蚤和虱子并无联系，但是它们全部令人厌恶。蟑螂大批繁殖于人们的室内，而跳蚤和虱子也是靠吸食哺乳动物和禽类血液为生的寄生虫。

❍蟑螂约有4000个种类。较有名的蟑螂种类包括东方黑色甲虫和茶婆虫蟑螂。

❍蟑螂到处都可生存，特别是在蝙蝠洞、人们的家里、石头下、繁茂的草丛、树木和草上。在洞里发现的蟑螂通常看不见东西。

❍蟑螂分有翼和无翼两种。成年蟑螂体长为1~9厘米。它们是较喜欢潮湿环境，在夜间活动的昆虫。

❍蟑螂是行动迅捷的动物，它们的腿极适合于快速运动。它们也长有扁平、椭圆形的身体，能够轻易躲在墙和地板狭窄的裂缝里。

❍大多数蟑螂都是杂食动物。它们的主要食品是植物汁液、死的动物和蔬菜，它们甚至吃鞋油、胶、肥皂和墨水。

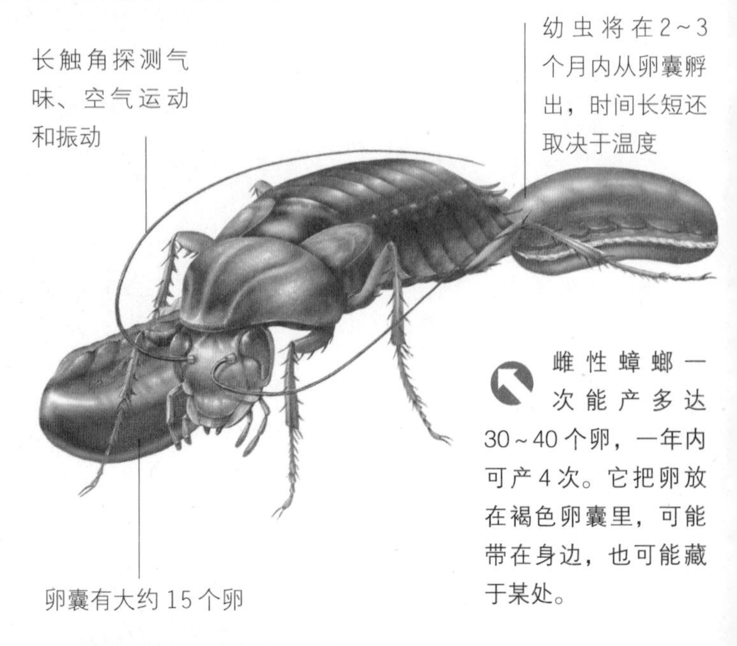

雌性蟑螂一次能产多达30~40个卵，一年内可产4次。它把卵放在褐色卵囊里，可能带在身边，也可能藏于某处。

你知道吗？

跳蚤携带各种各样致命的疾病，能传播鼠疫。历史记载，14世纪中叶，1/4欧洲人死于鼠疫。

干净的蟑螂

蟑螂不是喜欢肮脏的动物。为了保护身上的一层蜡和油，它们努力使自身保持干净。不过，它们携带的细菌使其成为危险的昆虫。

❍蟑螂的蜕变是不完全的。成年蟑螂可生存长达两年。雄性和雌性在外表上非常相似。

❍蟑螂是物质的分解者。它们通过消化森林残物和动物废物，为平衡自然环境起着重要的作用。但同时它们又被当作害虫，因为它们携带的细菌污染食品，并在人类中传播疾病。

❍跳蚤约有2000个种类，体长从0.1到1厘米不等。跳蚤要经历完整的蜕变过程。

并没有改变

蟑螂生存能力极强，3亿年前首次出现至今，并未发生多大变化。它们虽经历过冰川期但却幸存下来，现在仍然是繁衍得很迅速的昆虫。

❍跳蚤是皮外寄生虫，寄生于寄主的皮肤上，以吸鸟和哺乳动物的血为食。

❍跳蚤本身也遭受皮外螨和体内线虫双重寄生的威胁。

❍虱子体长约11毫米。有两类虱子，头虱和体虱，经常出现在人的头发里或身体上。

❍虱子长有3个针一样的结构，即螯针，能刺透皮肤。其特别的舌头能控制螯针的活动。在螯进皮之后，虱子使用喉道吸寄主的血。

害 虫

马达加斯加蟑螂会通过身侧呼吸器官放气而发出嘶嘶声，以此吓退其他肉食性动物，并吸引异性同类。

骷髅头蟑螂生活在地面上，跑速快，从枯叶和蝙蝠粪便中觅食。因其腹部的斑点像个骷髅头而得名。

与其他害虫蟑螂不同，东方蟑螂脚上没有发黏的肉垫，因此不能攀登光滑的表面。如果有水，它们不吃食物可活1个月。

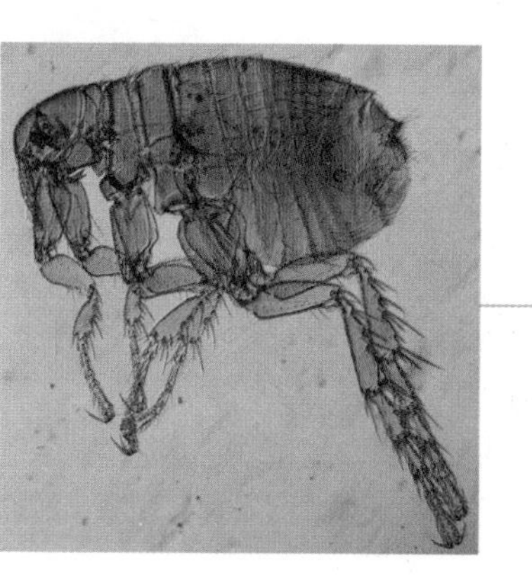

狗和猫会成为跳蚤进攻的对象，但当它很饿时，会选择吸食人血。跳蚤幼虫在巢内和地毯内以腐物为食。

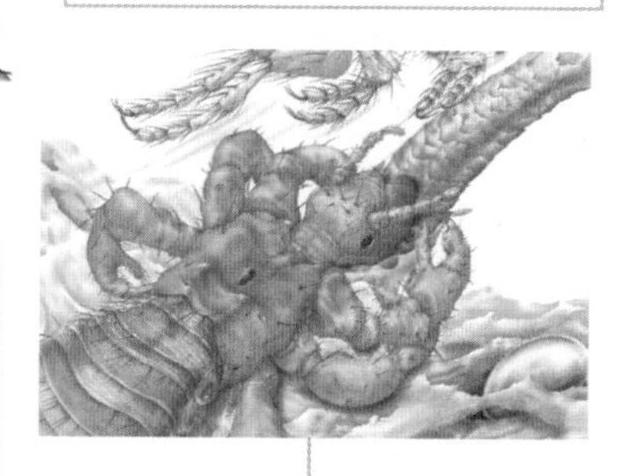

虱子的身体扁平，这使得它可贴近寄主的皮肤。头虱借助于腿上的爪抓住寄主的毛发或者头皮。

蝎子

蝎子已有长达 4 亿多年的历史。它们的尾部末端长有毒刺，头部长有一对像龙虾一样的钳子，所以很容易辨认。这些夜间活动的动物在热带和温带地区很常见，从沙漠到雨林都可作为它们的栖息地。

❍ 蝎子用螯或者须肢抓住猎物，然后将毒液注入猎物体内，使其麻痹。

❍ 蝎子可呈褐色、红色、黑色或者棕色。同其他节肢动物一样，硬骨骼保护蝎子免受外伤。

❍ 蝎子身上和腿上的细毛发，可探测天气变化和周围的环境。

❍ 蝎子长有书肺，这是像腮一样的呼吸器官。

❍ 蝎子钳的大小通常表明它的危险程度，钳子大的话，无须使用过多力量，就能伤人。不过，因为长有小钳子的蝎子保护自己的能力弱一些，因此它们通过毒液来补偿这一不足。

❍ 一旦天黑，蝎子便从它们躲藏的地方出来，例如裂缝、窑或者在岩石下，寻找食物或者异性伙伴。

⬆ 蝎子用毒刺进行防御，在交配期间与对手搏斗，以及降服大型或垂死挣扎的猎物等。它拱起尾部毒刺，用刺尖刺入对方体内。蝎子用下颚咬开猎物，用唾液液化可食用部分，然后吸食液化的软块。其余无法消化的部分则会被它丢掉。

你知道吗？

据说，在夜里，蝎子能借助星辰方位为自己指引方向。

蝎子的生育

对蝎子来说，交配就像一场复杂精美的仪式。雄蝎子抓住雌蝎子，先跳一段“舞”，然后进行交配。交配后，雌性将卵留在体内，然后生下小蝎子。雌蝎携带小蝎子10天左右，然后让其自己照料自己。

⬆ 虽然它们可以生活在世界各地，但大都生活在陆地上。蝎子最常见于温带国家，巨型黑蝎子则生活在西非地区。

❍在一些种类里，交配结束时，雌蝎子便把雄蝎子吃掉。

❍当食物不足时，蝎子外骨骼下面这层脂肪可帮它生存下来。实际上，蝎子不吃东西能生存1年。

❍成为成虫之前，幼蝎要蜕皮4~9次。

❍每次蜕皮，蝎子都会挣破老壳，从中蜕变出来。新的外骨骼起初非常柔软，但会随着时间逐步变硬。

❍蝎子的平均寿命是3~5年，但是有一些种类可活长达25年。

蝎子属于最古老的蜘蛛家族。若它们意识到危险，就会挥舞钳子，如这只木蝎把尾巴拱到背上，准备向攻击者进攻。

非常危险的动物

没有什么动物比胖尾的北非蝎子更致命。它的毒液像眼镜蛇一样有剧毒，如果被咬后不及时治疗，成年人在几小时内就会死亡。因为它经常出没于有人的地方，所以人们谈之色变。

鞭尾蝎属于蜘蛛类节肢动物，但是它们不是真正的蝎子。它们通常比蝎子体型要大，而且它们像鞭子一样的尾部不蜇人。

同蜘蛛一样，蝎子的身体分为两个部分，头胸部和腹部，如图中的巨型毛蝎。蝎子有6对附肢，第1对是有助食作用的螯肢；第2对是长而粗的形似蟹螯的角须，有捕食、触觉及防御功能；其余4对为步足，位于腹面前腔的底部。

蜘蛛

蜘蛛因织网活动而出名。它们是使用坚牙把毒液注入猎物的肉食性动物。世界上约有 4 万种蜘蛛，虽然它们大都不受欢迎，但是只有少数几种对人类有害，大多数蜘蛛都能帮助人们驱逐苍蝇和有害昆虫。

➡ 有一些蜘蛛只能分辨光和阴影之间的差别，但是还有些蜘蛛，包括这只跳蛛，有极好的视力。跳蛛能在 25 厘米远的地方看见移动的猎物。

❍ 大多数蜘蛛都有 6 到 8 条腿。蜘蛛都是单眼，就是说，它们没有像很多昆虫那样的复合晶状体。

❍ 覆盖蜘蛛身体的毛发连接到它的神经系统（长在头胸部的神经束），作为感觉器官进行运作。一些毛发能探测到空气中的运动，提醒蜘蛛注意附近有可捕食的猎物，其他毛发是味觉感官。

❍ 血在蜘蛛体内自由流动，这同其他昆虫体内的血液循环系统非常相似。不过，有一些蜘蛛也有静脉和动脉，以保证血输到身体的各个部位。

你知道吗？

蜘蛛网曾经用作治疗伤口，人们认为蛛丝可以止血，助血凝结。

⬇ 家蛛是最普通常见的蜘蛛，经常可在房子和花园里看到，也常出现在木桩里或木材下。这些蜘蛛以小的无脊椎动物为食，例如甲虫、蟑螂、蠼螋，甚至蚯蚓。

身体结构

一只蜘蛛的身体，例如这只狼蛛，分成两个不同的部分，即头胸部和腹部，两部分被一根细长的肉茎连结。蜘蛛有 6 对附肢。第 1 对为螯肢，有螯牙，螯牙尖端有毒腺开口。第 2 对为须肢，在雌蛛和未成熟的雄蛛身上呈步足状，用以夹持食物以及作为感觉器官；但在雄性成蛛身上须肢末节膨大，变为传送精子的交接器。

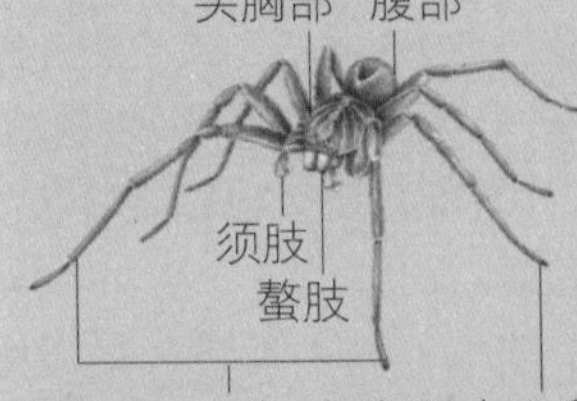

经常用作感觉触角的前腿

每条腿有七段体节，端部至少有一个爪

水蜘蛛生活在淡水池塘、湖和流速缓慢的小溪里。它们在水下建造一个铃形网，当它们潜入水中时，全身长满的防水绒毛就会附着许多气泡，铃形网就犹如充满空气的小型沉箱。它们平时在这个“小型沉箱”里待着，只有换气或抓捕猎物时才离开蛛网。

❍ 雄蛛比雌蛛普遍要小，它们甚至可能有不同的颜色。

❍ 雄蛛发现合适的雌蛛后，通常会立即与其交配。不过，也有一些雄蛛分泌信息素以吸引异性，这些蜘蛛也有复杂的求爱仪式。

❍ 交配之后，雌蛛就会吃掉雄蛛。雄蛛往往太弱不能保护自己免受这样的攻击。

❍ 雌蛛在卵囊里面产卵，每只囊可装数百个蛛卵。卵囊或被雌蜘蛛携带，或被其藏在网或者巢里。

❍ 蜘蛛卵要花几周时间孵出。幼蛛从卵孵出来，可以成群生活，直到成年。不过，也有一些幼蛛独自生活。

❍ 幼蛛要经过两三次蜕变才能完全成年。

❍ 大多数蜘蛛都是独自活动，只是求偶时才到一起。不过也有一些蜘蛛生活在一个群体里，一群雌蛛们共同分享一个网。

❍ 蜘蛛是益虫，因为它们捕食很多种害虫，包括破坏稻田、棉花、苹果和香蕉种植园的害虫。

蜘蛛之最

最大蜘蛛	巨型食鸟蛛	20 厘米（横展）
最重蜘蛛	雌食鸟蛛	120 克
最小蜘蛛	雄侏儒蛛	0.4 毫米（横展）
最快蜘蛛	家蛛	1.9 千米 / 小时
最高处蜘蛛	跳蛛	高达 6700 米处
最毒蜘蛛	巴西漫游蛛	0.006 毫克毒液可毒死一只鼠
最长寿蜘蛛	食鸟蛛	20～25 年
眼睛最大蛛	怪脸蛛	直径 1.5 毫米
最大量产卵蛛	食鸟蛛	多达 3000 个
最少量产卵蛛	六卵形蛛	2 个

民间传说里的蜘蛛

神话和世界各地关于蜘蛛或者蜘蛛网的故事都体现了蜘蛛的特征。西非和加勒比海地区有一个故事描述了一只聪明的蜘蛛阿南西，故事是鼓励孩子要聪明伶俐。

爬行动物和两栖动物 5

体型和大小

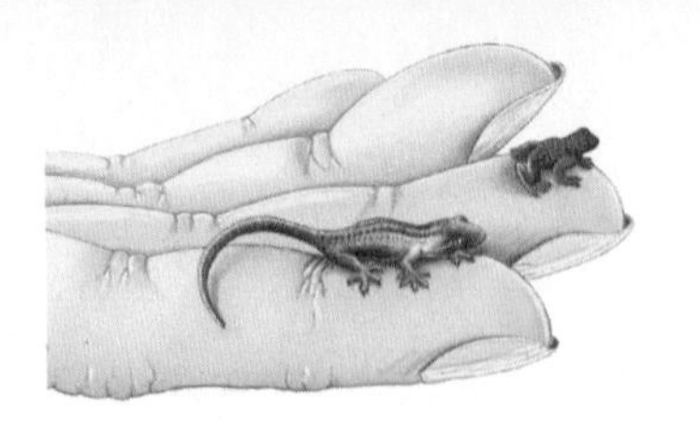

爬行动物和两栖动物体型和大小不一。目前地球上约有8000种爬行动物和5000种两栖动物。最小的两栖动物只有小青蛙般大小，最大的两栖动物则包括大如恐龙卵的蜥蜴。人们常把爬行和两栖动物放在一起研究，称之为两栖爬行动物学。

❍爬行动物都是脊椎动物，也就是说它们身上都有脊椎。脊椎是一种结实而柔韧的支柱体，身体的其他器官都依附在脊椎上。哺乳类、鸟类和鱼类都是脊椎动物。

❍爬行动物和两栖动物都是冷血动物，就是说，它们的体温由周围环境的温度来调节。

❍两栖动物一部分时间生活在陆地上，一部分时间生活在水中。青蛙、蟾蜍、蝾螈和火蜥蜴都属于两栖动物。

❍大部分两栖动物的生活周期类似：幼虫生活在水里，用鳃呼吸。当幼体变态发育为成体时，便开始用肺呼

早期的爬行动物

第一批爬行动物在3亿年前的石炭纪由两栖动物进化而来。它们要比自己的两栖祖先更能适应环境，这得益于它们的胚胎有着坚硬的外壳，不需要再在水里孵化，并因此早期的爬行动物开始移居陆地。

吸，并生活在陆地上。

❍ 大部分两栖动物都生活在地球上温热带地区的水面附近。它们在水里孵卵。

❍ 一些两栖动物能够在寒冷、干燥的环境中生存。

❍ 爬行类动物长着薄薄的鳞，能生活在许多不同的环境中，但主要生活在气候温暖的地区。

❍ 很多爬行动物终生都没有接触过水。

❍ 一些爬行动物生活在水中，但是大部分都会选择在陆地上产卵。

❍ 爬行动物没有幼体，当它们破壳而出时，身体已经完全发育好了。

爬行动物

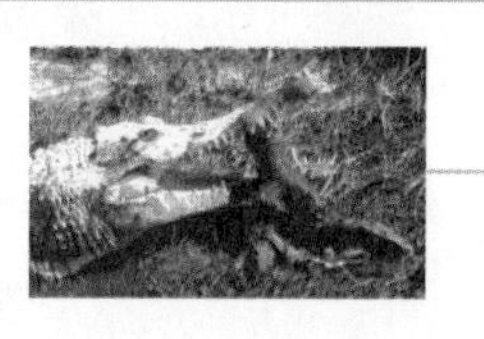

鼍科、鳄科和长吻鳄科构成爬行动物的鳄目（20种以上）。

正常发育的蜥蜴通常长着四条腿和一个尾巴（大约4500种）。

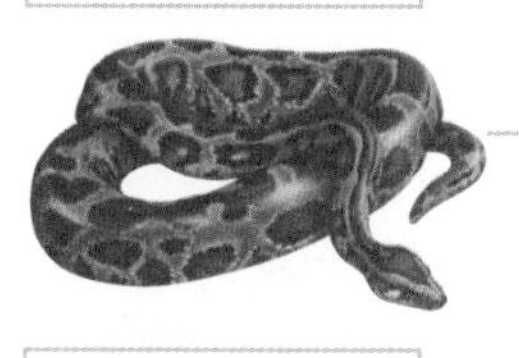

蛇是无腿的捕食者，有着长长的、圆筒形的躯体（大约3000种）。

海龟和乌龟有着坚硬的外壳，它们被称为龟目动物（不到300种）。

蛇蜥属是无腿的蠕虫类掘穴爬行动物，跟蜥蜴有着亲缘关系（大约150种）。

新西兰大蜥蜴是一种古爬行类动物中唯一的幸存者（目前只有两种）。

两栖动物

青蛙和蟾蜍是无尾的两栖动物，后腿强健有力（大约4400种）。

火蜥蜴、蝾螈和鳗螈类的蝾螈是有尾两栖动物（目前有450种以上）。

蚓螈看上去像蠕虫和蛇类，腿极短，有些甚至没有腿（不超过200种）。

体温调控

爬行动物和两栖动物都属于冷血动物，它们不能把食物转换成身体所需的热量。因此，为了使身体器官正常运行，它们就不得不从周围的环境中获得热量。白天，它们主要通过在冷热的地方来回移动来调控自己的体温。

❍ 爬行动物主要居住在地球的温暖地区。它们经常沐浴在阳光下，这样就可以获得足够的热量去捕捉猎物。

❍ 为了生存，爬行动物需要一定的温度。因而在一些特别冷的地方，如南北极和山巅，往往没有爬行动物。

❍ 两极地区也缺乏两栖动物，但是有些两栖动物能够生活在高达4500米的山上。许多两栖类动物在冬天时冬眠。

❍ 一些青蛙和火蜥蜴通过释放丙三醇到身体的血流中，从而使自己能够生存在低达 -6℃的地区。丙三醇就像防冻剂一样，可以避免体内的细胞冻僵。

夏眠

进入干燥期后，一些爬行和两栖动物便开始进入夏眠。像冬眠一样，在夏眠时，这些动物的身体处于静止状态。生活在北美淡水领域的星点龟能在河流、湖域泥泞的河床上甚至麝香丛中夏眠。

许多爬行动物居住在热带沙漠和干燥的草地。它们厚厚的皮层能较大程度地防止水分从身体丢失。一些两栖类动物甚至能在极为干旱的地方生存。它们定居在灌木丛中，或者把水储存在袋状组织中，从而能够幸存下来。

笔鳞蜥

文身蛤蚧

文身蛤蚧

沙漠龟

豹纹壁虎

北美猪鼻

锄足蟾

斑纹蜥蜴

鳄目动物的体温调节

佩滕鳄常张大嘴巴让湿气从嘴中蒸发，以达到降温目的。

一些鳄鱼，如图中的美洲鳄，当感到身体过热时，常把身子浸没在水中来降温。

像所有的爬行动物一样，尼罗鳄能通过阳光浴摄取足够的能量来进行捕猎。

变色龙和许多蜥蜴可以调节皮肤的颜色，以便从阳光中能摄取较多的热量。

❍ 和爬行动物一样，许多两栖动物都居住在极其炎热的地区。但有时，天气会变得非常炎热、干燥，以至于它们无法忍受。这时，锄足蟾常把身子埋在沙子中来躲避炎热和干燥。

❍ 锄足蟾在失去体内 60% 水分后，仍然能够存活。

❍ 许多生活在炎热干燥地区的掘穴类青蛙可以在自己的袋状组织中储存水分。

❍ 青蛙在晒太阳时皮肤会失去一部分水分。所以，只有那些靠近水边居住的青蛙才会进行阳光浴。

❍ 有时天气异常炎热，就连爬行动物也无法忍受。这时，它们会躲在岩石下或把身子埋在沙子里。还有一些爬行动物通过夜行昼伏的生活方式来避热。

❍ 与其他动物相比，爬行类动物往往需要极少的水分，因为它们不需要用食物来产生热量。许多爬行动物能够生活在食物缺乏的地区，如沙漠。

和其他蜥蜴一样，非洲飞龙科蜥蜴通过阳光浴来保持身体温暖。

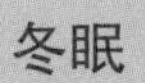

冬眠

当天气变得非常寒冷时，许多两栖动物都会进入一种睡眠状态，即冬眠。秋冬之际，青蛙藏在池塘的泥里或者石头、原木下开始冬眠，直至春季来临。

爬行动物简介

爬行动物包括龟鳖目、喙头目、有鲜目、鳄目等。尽管爬行动物的皮肤看上去黏糊糊的，其实它们相当干燥。这种皮肤可以有效地保持水分，从而帮助爬行动物成为沙漠的主宰者。爬行动物的皮肤呈黑色，这样可以使它们更好地从阳光中攫取热量。

➡ 蚓蜥科动物是居住在热带和亚热带地区的掘穴类爬行动物，通常只有在大雨引发的洪水冲走它们的坑道时，我们才能看到它们。蚓蜥目动物用它们厚厚的头骨穿通土壤，寻找蠕虫、昆虫及可以食用的幼虫。

❍ 在中生代，能够在空中飞的爬行动物有着独一无二的制空权。这些爬行动物生活在24800万~6500万年之前。

❍ 今天，一些爬行动物仍然能够飞到空中，但往往只能持续几秒钟。其实，它们并没有真正飞起来，只不过是在树枝中滑行或者从树枝滑到地面。滑行能够帮助动物快速移动，从而躲避捕食者的捕杀，或在猎物逃走之前，俯冲过去。

❍ 看上去有点儿像今天海龟科（包括乌龟和海龟）的壳类爬行动物化石可以回溯至22000万年前的三叠纪。

❍ 蛇是最晚出现在地球上的爬行动物群。在距今1000万~1500万年前的侏罗纪晚期和白垩纪早期，蛇科动物从它们的蜥蜴祖先进化而来。

❍ 蜥蜴科动物能够幸存的部分原因在于它们的体型——大部分蜥蜴的身长不超过30厘米。由于体型小，所以它们不需要大量的食物，从而能够在大块头爬行动物无法生存的地区幸存。

❍ 鳄目动物，像其他爬行动物一样，在水中来去自如。流线型的身体、结实的蹼脚和有力的尾巴使得

能飞的爬行动物

有些爬行类动物能够在空中飞行。飞蛇通过提胸、身体变平使身体成为“降落伞”。飞天壁虎沿着腿、尾巴和两翼长着有璞的脚和皮肤褶层，这足以把它变成一架专业的“滑翔机”。飞龙蜥蜴有由皮肤制成的“翅膀”，延伸在身体突出的肋骨上，不使用时可以合拢在一起。

活化石

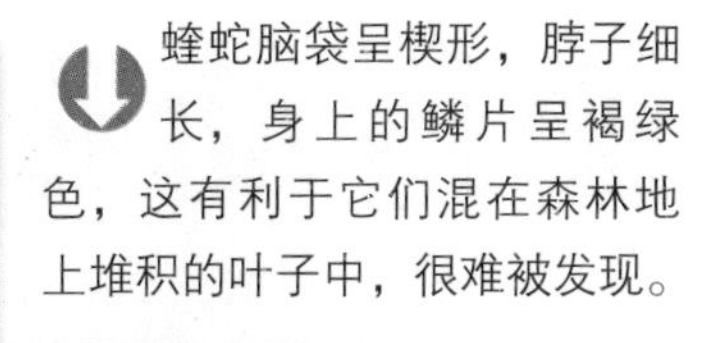

新西兰大蜥蜴是6000万年前濒临灭绝的动物中唯一的幸存者。没有人知道为什么新西兰大蜥蜴能够幸存下来，而其他同类动物却已经灭绝了。有两种新西兰大蜥蜴居住在新西兰的30多个离岸岛屿上。新西兰大蜥蜴喜欢独居，且只在夜里活动。它们捕食无脊椎动物、小蜥蜴、两栖动物、鸟卵和幼雏等。

蝰蛇脑袋呈楔形，脖子细长，身上的鳞片呈褐绿色，这有利于它们混在森林地上堆积的叶子中，很难被发现。

大约有700多种鬣蜥，几乎都生长在美洲。像大部分爬行动物一样，鬣蜥从卵中孵化出来。

鳄鱼成为水中霸主。

○在休息时，新西兰大蜥蜴每小时只呼吸一次。而且，这种爬行动物即使在60岁时仍然在生长。人们相信，缓慢的生活方式和生长速度使得它们可以活到120岁。

○新西兰大蜥蜴常常与一些海鸟，如海燕、海鸥等共享潜穴。海鸟的粪便常常引来各种各样的昆虫，如甲虫、蟋蟀等，而这些都是新西兰大蜥蜴最喜欢的食物。新西兰大蜥蜴通过清理潜穴的昆虫，获得了居住权。

与其他爬行动物相比，鳄目动物较喜欢群居。据说，鳄目动物在捕猎时经常会互相合作。

爬行动物的结构

爬行动物有着和脊椎动物一样的生命保障系统，该系统包括心脏、肺、肾和肝等器官。但是它们和脊椎动物存在着一些区别，最明显的就是爬行动物表层覆盖厚厚的皮层。

❍爬行动物皮肤干燥，幸好覆盖着防水的鳞片，这使它们的身体不至于变得过分干燥。

❍爬行动物的皮层包括鳞骨片，跟人类指甲的构成元素一样。

❍爬行动物的鳞片有的光滑，有的粗糙。它们形成了一层非常厚的洞角板，称作鳞甲。而一些爬行动物的皮肤则发生了骨化现象。

❍所有爬行动物都通过蜕皮来更新自己的鳞片。蛇通常会蜕掉一张整皮，而蜥蜴、鳄鱼等爬行动物则分块蜕皮。

❍与哺乳类和鸟类动物的肢体不同，爬行动物的腿从侧翼支撑身体。这就使得爬行类动物在移动时，四肢伸展，动作缓慢。

❍蛇、蚓蜥及一些蜥蜴没有腿。

❍许多爬行动物在性成熟后，骨头仍然不停止生长。

❍当爬行动物变老时，它们的牙齿并不像其他哺乳类动物一样永久脱落，而是在脱落的牙齿位置，不断长出新牙。

❍海龟科动物没有牙齿，但它们可以用洞角喙切

鳄目动物的喉咙鳃盖

鳄目动物没有嘴唇，所以当它们浸没在水中时，嘴巴不免进水。然而，它们喉咙中有一种特殊的鳃盖，可以把气管封锁起来，这样当它们没入水中时，不至于淹死。

鳄鱼和蜥蜴的身体器官对称排列，成对出现，如肺、肾及卵巢等器官。龟类动物也是如此，但是它们的器官挤压在一起，使得它们的体型呈现短而厚的蹲伏状。

细食物。由于洞角喙不断生长，因此永远不会磨损。

❍ 海蛇有着较大的肺部，其中一部分形成一个特殊的“泵房”，帮助海蛇浮在海面上。

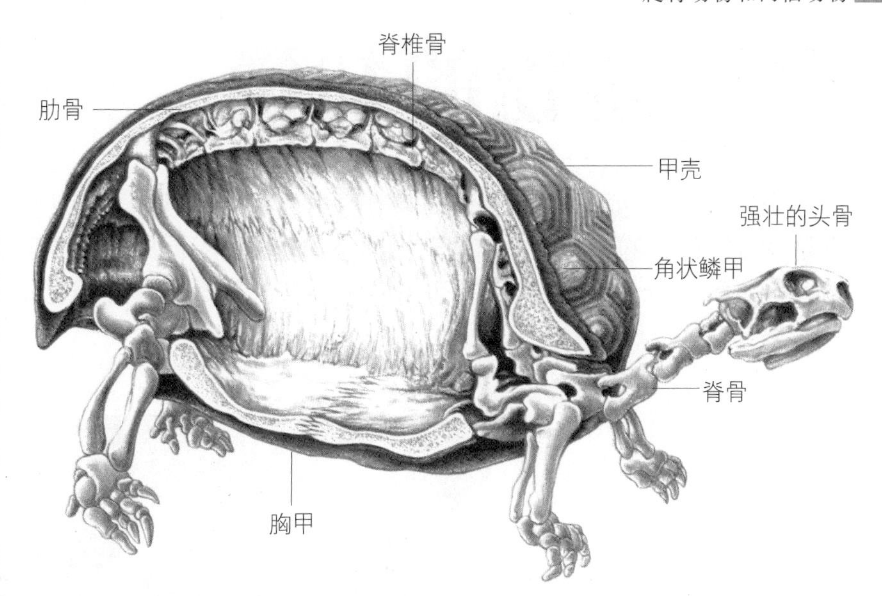

壁虎的脚

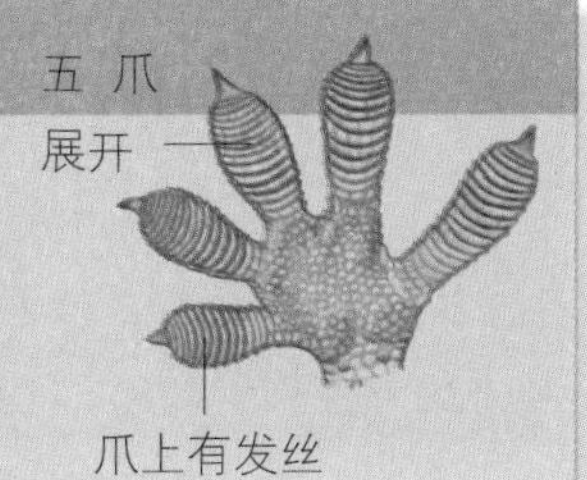

壁虎适应性极强的原因在于它们长着多毛的脚。每只脚有大约50万根细小的发丝，每根发丝的顶部还有成千上万根微小的小刺，从而可以使壁虎的脚部产生一种极强大的黏合力。这样，壁虎就可以漫步在任何物体（包括垂直的）表面，它们甚至可以用一只脚悬吊在空中。

⬆ 大部分海龟科动物的椎骨和肋骨在壳瓣内融合，作为一个整体为身体的重量提供支撑。它们只有脖子和脊骨尾部能够自由移动。

⬇ 蛇的器官都相应拉长以适应它们长而细的躯体。它们身体内部器官成对分布且呈叉状，而不是并排排列。它们右肺相应放大并负责体内呼吸，这样便使得左肺成了冗余之物。

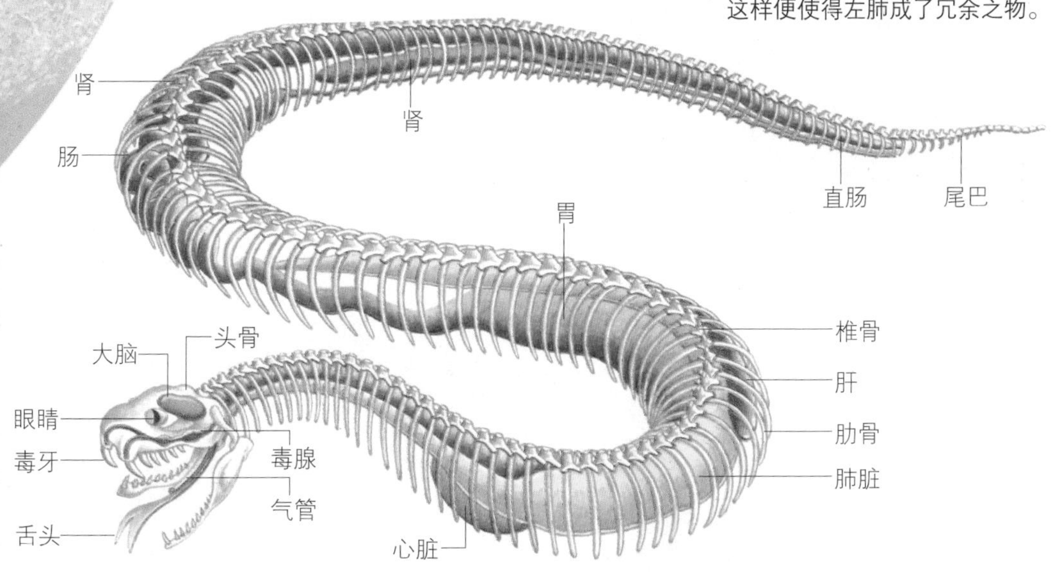

爬行动物的知觉

像其他脊椎动物一样，爬行动物也是通过它们的视觉器官、嗅觉器官来倾听和接触周围的世界的。然而，这些知觉器官的发展在不同爬行动物身上展现出了极大的差异。其中，一些爬行动物在进化中获得了某种辅助性的知觉能力，来帮助它们捕获猎物。

❍蜥蜴、蛇和海龟的上颌有一个下陷处，称作犁鼻器，能够感觉到空气。

❍蛇亚目动物中的响尾蛇科毒蛇、蟒蛇，能够通过脸上特殊的感觉区域检测到附近猎物身上的体温。在大蟒和巨蟒身上，鳞片上的齿裂可充当感光区。在响尾蛇科毒蛇身上，它们脑袋两边的一个凹陷部位能充当此功能。

变色龙的眼睛就像炮塔一样，能够自由旋转，从而使得它们可以轻易地搜寻各个方向的猎物，或者发现天敌。

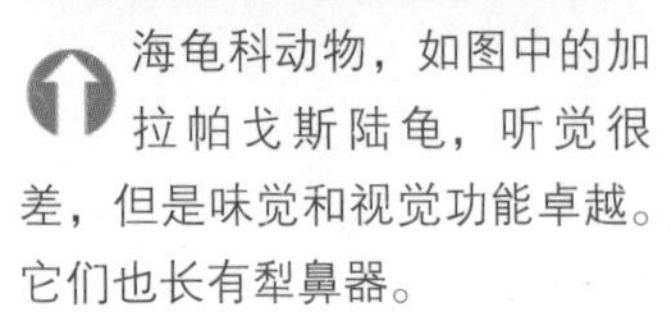

海龟科动物，如图中的加拉帕戈斯陆龟，听觉很差，但是味觉和视觉功能卓越。它们也长有犁鼻器。

❍鳄目动物、海龟科动物及大部分的蜥蜴视力很好，但是蛇类动物的视力很差。事实上，生活在地下的一些蛇完全失明。所以，只有在食物缺乏，迫不得已时，它们才会爬到地面上来觅食。

❍壁虎无法眨眼，因为它们没有可以闭合的眼睑，取而代之的是覆盖在眼睛上的固定、透

脚蹼壁虎生活在非洲西南纳米比亚沙漠。为了使眼睛不进入沙尘，它们会不停地用长舌舔自己的眼睛。

大部分鳄目动物的眼睛、耳朵和鼻孔都位于头部的上方，这使它们在水面漂浮时，可以呼吸并监控周围环境。

明的鳞片，称作透明膜。蛇类动物也有透明膜。当爬行动物蜕皮或陷入沼泽时，透明膜可以跟身体的皮肤一样脱落。

❍ 无论是在白天还是黑夜，通过观察爬行动物的眼睛，就可获知它们是否处于活动状态。如果它们的瞳孔在太阳光下只露出一道缝隙，那么这个动物无疑只在夜间活动。相反，如果它们的瞳孔睁得大大的，则证明它们在白天出没。

❍ 许多蜥蜴，包括鬣蜥，能识别各种颜色。这种能力对于蜥蜴家族来说至关重要，因为这个能力可以帮助它们区分雌雄。鬣蜥往往用自己鲜艳的冠脊、头上的饰品和喉咙的扇状物，达到彼此交流的目的。

❍ 只有鳄目动物和蜥蜴才有完全敞开的耳朵。有一种非洲的壁虎，它敞开耳朵的皮肤非常薄，如果你从它耳朵一边仔细看的话，甚至可以看到光线从耳朵另一边照过来。

❍ 海龟科和蛇类动物听觉很差。尽管蛇类动物并不擅长察觉空气中的声音，但它们的头骨可以察觉到动物在地上行动造成的震颤。

❍ 掘穴蚓蜥属动物能通过察觉猎物的气味和声音在坑道中将之捕获。

❍ 每年，海龟会从它们的筑巢处长途迁徙到其他地方。据说，它们可利用太阳作为向导。但是，有证据表明，它们也许能感觉到地球磁场的存在，并用之来导航。

第三只眼

在新西兰大蜥蜴和许多普通蜥蜴（如图中的鬣蜥）头骨皮肤下有类似眼睛的组织。但是，这“第三只眼”的功能至今仍未被人所知晓。有人相信，“第三只眼”可以记录昼长，从而影响到它们的沐浴、冬眠甚至生殖等行为。

响尾蛇属于响尾蛇科毒蛇。它们皮肤上的纹孔包着一层叫作温度感受器的细胞壁，用来检测温血动物身上发出的热量。这就使得它们甚至在黑暗中也能够跟踪哺乳动物及鸟类等猎物。热纹孔不但可以告诉响尾蛇猎物的方位，而且还可以告知它和猎物之间的距离是多少。

两栖动物的生殖

在求偶和交配后，大部分爬行动物便开始产卵。卵通常产在一些隐蔽性极好的地方，如植物丛中、海滨的沙滩里或者河流沿岸的洞穴里。把卵产下后，大部分爬行动物就会对蛋置之不理。

❍ 大部分爬行动物的卵要比两栖动物的卵硬得多，因为这些蛋必须在水之外的地方生存，而卵壳可以防止蛋过于干燥。

❍ 蜥蜴和蛇类往往产下皮质外层的卵，鳄目动物和乌龟的卵有着像鸟卵一样的硬壳。

❍ 在加拉巴哥岛的佛满地那，海生鬣蜥常把卵产在火山口。

当幼小的美洲鄂准备孵化的时候，它们在卵内发出尖锐的声音。听到这些声音，母鳄会打开卵槽并用嘴巴帮助幼崽钻出卵。为了保护幼鳄，母鳄往往会跟它们待在一起，时间可以长达 2 年之久。

卵的内部

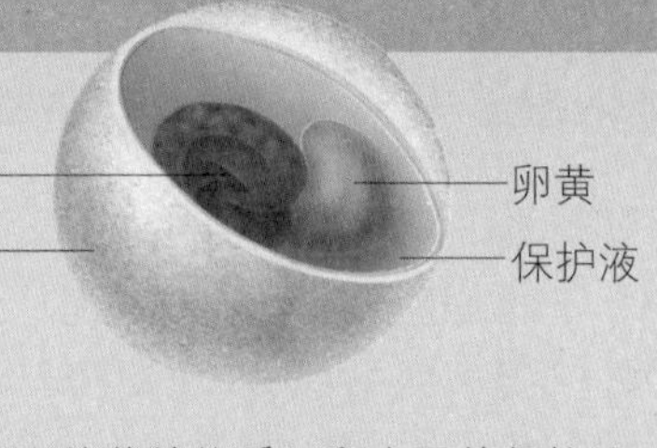

卵内的卵黄为还是胚胎的幼鳄提供必需的营养。壳瓣在保护胚胎的同时，还允许氧气和水分进入卵内，为胚胎的生长提供至关重要的营养物质。卵内层的保护液为卵外的打击提供缓冲。

❍ 大部分爬行动物在产卵后，就弃之不理。最多，它们也就是把卵藏在远离天敌的地方。

❍ 一些蜥蜴，如小蜥蜴和一些蛇类动物（包括眼镜蛇和大蟒等），往往和卵待在一起，并驱赶各种入侵者。

❍ 雌蟒会连续数周盘绕在卵周围。绿树大蟒常透过收缩肌肉，产生热量，为卵提供温暖，驱赶严寒。

❍ 和其他爬行类动物相比较，鳄目动物比较关心它们的后代。孵卵后，它们往往会继续跟幼鳄待一段时间，并保护卵槽不被侵犯。不同品种的鳄目动物保护幼鳄的时间也不一样，从几个月到几年不等。

爬行动物的卵

美洲鳄把卵产在植物丛中或土壤里，一次产卵量在35~40个之间。

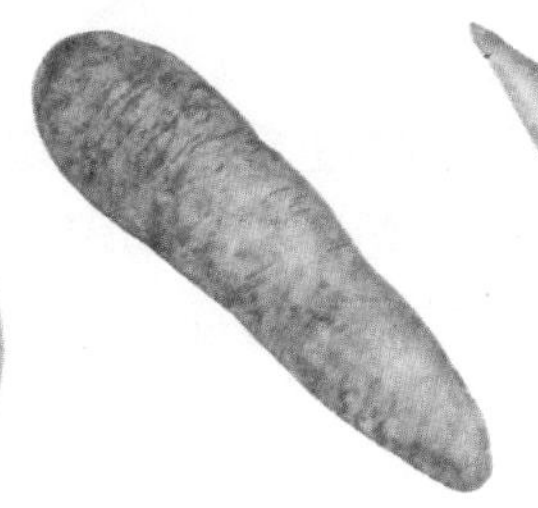
和大蟒的庞大躯体比较起来，它们卵的个头仍然显得较大。大蟒躯体长约85厘米，而它们的卵长达12厘米。

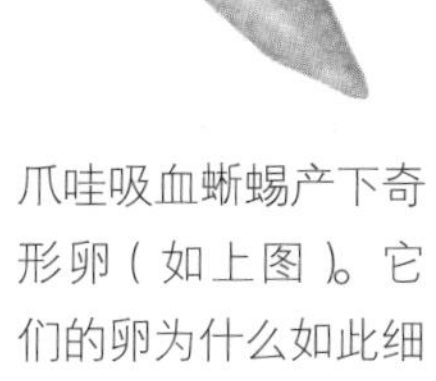
爪哇吸血蜥蜴产下奇形卵（如上图）。它们的卵为什么如此细长，至今无人所知。

加拉帕戈斯陆龟的卵如上图所示，呈圆形。200天后，这些圆形卵会孵化出幼龟。

○爬行动物的幼体与成体类似。它们不需要像两栖动物一样改变形态。

○爬行动物的幼体一旦从卵壳里爬出来，就可以自行觅食。

↑雌海龟上岸产卵。它们用鳍肢在海滨挖出一些洞穴，把卵产在里面。

○一些蛇类和蜥蜴不产卵。它们直接产下发育完全的幼体。这种动物被称作胎生动物。

○一些鞭尾蜥蜴和壁虎可以孤雌生殖。也就是说，雌鞭尾蜥蜴和壁虎不需要受精便可以产下可以孵化的卵。

↑图中黑色鼠蛇常在一些隐蔽的地方，如凿空的原木里、树叶中或者空的潜穴里，一次产下12~20个卵。这些卵通常在65~70天内孵化。新孵化的幼体胃器官很大，非常能吃，而且它们的躯体很快就会增大一倍。

爬行动物的捕食及哺育

爬行动物的饮食呈多样化特点。一些种类主要食用植物，而另一些则是彻底的肉食性动物。许多爬行动物都是杂食动物，有多种食物来源。一些肉食性爬行动物身体灵活，常主动捕食，但也有许多爬行动物因为动作缓慢，不得不埋伏在某个地方，等着猎物上门。

居住在加拉巴哥岛的海产鬣蜥以生长在海水岩石上的海草为生。在潜入水中进食之前，鬣蜥需在阳光下吸取足够的热量以温暖身体。

❍鳄目动物常把猎物拖进水里，用自己长而有力的尾巴将它们击昏溺毙。

❍鳄目动物没有牙齿来撕碎和咀嚼食物，因此大块食物必须被分成可以吞咽下去的小块。鳄目动物常抓住猎物的躯体，用力将之扭曲成螺旋形，直到一块块肉脱落下来。

❍一些蜥蜴，包括绿鬣蜥和大型蜥蜴是素食动物，但是许多蜥蜴都是肉食性动物。例如，壁虎主要以昆虫为食，而巨蜥则食用鸟、鸟卵、哺乳类及其他爬行类等较大的动物。

❍一些蜥蜴的饮食结构非常固定。例如，加拉巴哥岛的海生鬣蜥只食用海草，而澳大利亚的鬣蜥则以蚂蚁为生，它们一顿通常需要吃掉2500只蚂蚁。还有一些动物，它们的食谱主要包括蜗牛，甚至蝎子。

❍大部分肉食性蜥蜴常常抓住猎物，直接吞咽下去。而一些种类的蜥蜴则会不停地晃动猎物或者将它们在岩石上摔打，直到猎物放弃抵抗。

❍蛇类吞食较小的动物；对于较大的猎物，它们常常将之杀死或者注入毒液，使它们放弃抵抗。

❍蚓蜥属动物主要食用掘穴类无脊椎动物，如蚯蚓和甲虫等。

❍海龟科动物常用它们尖锐的角质颌边缘部来切割食物。

变色龙是高效的捕食动物。它们的两个眼睛可以独立移动，所以变色龙可以同时看到两个方向的目标。当有苍蝇飞过的时候，变色龙瞬间射出自己的舌头，把猎物吸到嘴中。

当变色龙察觉昆虫时，它就旋转另外一只眼睛盯着猎物，用两只眼睛更加容易判断距离。

变色龙的舌头几乎和身体一样长。

变色龙的两只眼睛可以同时从不同角度观察，所以它们的大脑很容易获知目标的距离。

瓦格纳响尾毒蛇居住在东南亚的热带雨林和红树林里。这种毒蛇常白天活动，它们腮帮上的特殊敏感纹孔能察觉附近猎物身上发出的热量，并用颊内的毒液将它们击倒。和其他响尾蛇科毒蛇一样，瓦格纳毒蛇使用血液毒液，也就是说，这种毒液可以破坏血液系统。

巨型植食性动物

许多陆生乌龟属于植食性动物。它们常常用前肢抱住植物，一点一点地咬食植物根部。加拉帕戈斯陆龟的颌使得它们可以食用各种各样的植物，甚至能够以多刺的仙人掌为食。

❍陆生龟主要食用植物，包括水果和树叶。相比较而言，淡水龟肉食性要强得多。

❍一些海龟食用水母等海洋无脊椎动物，而其他海龟则食用海藻和海草等植物。

❍爬行动物变老后，饮食结构会发生变化。例如一些淡水龟，在幼年时食用昆虫，但是成年后主要食用水生植被。

❍尼罗鳄也吃昆虫，但是它们年幼时主要食用螃蟹、鱼及鸟类。成年的尼罗鳄能够吞食水牛那么大的动物。

普通鳄龟生活在北美的河流、湖泊和沼泽里。它们能吞食任何可以吞下的食物。图中的鳄龟捕捉到了一条翻车鱼。

鳄目动物能够长时间泡在水中。它们常躲在暗处，当有猎物来饮水时，便悄悄地游过去，突然跳起来抓住猎物，并拖入水中食用。

爬行动物的防御方法

爬行动物有很多天敌。但它们厚厚的皮肤、洞角板及硬壳可以帮助它们躲过攻击。还有一些爬行动物会采用各种伪装来躲过天敌。除此之外，爬行动物还有很多有独创性的方法帮助自己脱离危险，使自己至少能够活到成年并哺育后代。

模仿毒蛇

无毒牛奶蛇能够模仿有毒的银环蛇。在有些动物试图食用银环蛇时，通常被咬，非常疼痛，以后它们看到类似的生物，都避而远之。虽然牛奶蛇身上的图案和银环蛇有些区别，但是往往足够愚弄那些捕食者。

❍通过增加血压，角蜥能够膨胀血管，并从眼睛射出鲜血，喷向1米外的进犯者。

❍非洲和亚洲的口水眼镜蛇可以把毒液喷到敌人的眼睛里，毒液通过毒牙缝隙以高压喷出。当捕捉猎物的时候，眼镜蛇通过毒牙将毒液射到猎物身体里。

❍许多蜥蜴被捕食者抓住的时候，可以脱尾。尽管尾巴会重新长回来，但是跟原来的已经不一样了。

❍蓝舌石龙子闪亮的蓝舌头会冲着捕食者发光。吃惊的捕食者往往会停止攻击，

欧洲环带游蛇采用装死的方法使得捕食者放过它们。在遇到危险的时候，欧洲环形游蛇身子卷起来，缩成一团，嘴张着，舌头伸出来，甚至从肛门排泄一些液体，闻起来跟腐尸类似。

当捕食者抓住五线树蜴的尾巴时，树蜴会突然收缩尾部肌肉，尾巴比较脆弱的地方会断裂，然后，树蜴迅速逃走，留下捕食者拿着断尾不知所措。不过，不用担心，树蜴的尾巴还能再重新长出来。

卡住身体来寻求安全

许多爬行动物能通过吸进空气来使身体膨胀，从而让自己看起来大许多，这有助于制止捕食者的攻击。大型蜥蜴也能把自己吹胀，但不是为了恐吓天敌。当危险来临时，大型蜥蜴先把身体嵌入岩洞，然后再吹胀自己的身体，这样的话，捕食者便无法轻易地将它们从洞里拉出来。

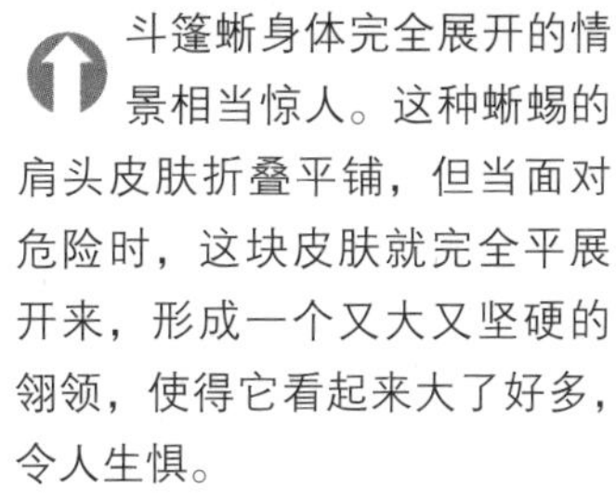

斗篷蜥身体完全展开的情景相当惊人。这种蜥蜴的肩头皮肤折叠平铺，但当面对危险时，这块皮肤就完全平展开来，形成一个又大又坚硬的翎领，使得它看起来大了好多，令人生惧。

让它逃走。

❍生长在南非的犰狳蜥背上皮肤有刺，但它们腹部却很柔软。当危险降临时，犰狳蜥就缩成一个球形，把尾巴塞进嘴里，保护自己柔软的腹部不被敌人的牙齿和爪子击伤。

❍澳大利亚卵石鳄的尾巴跟头部酷似，这往往使得捕食者困惑，从而有机会脱离危险。捕食者极有可能会攻击卵石鳄的尾巴，从而造成较小的伤害。

❍一些蛇类动物会装死。因为怕动物死尸身上的疾病可能传染到它们身上，大部分捕食者会绕开死去的动物。

❍海龟和陆生龟把头和腿缩到壳内，躲避危险。闭壳龟有一个带有铰合部的低壳，铰合部可以完全关闭，从而创造了一个不可攻破、带有装甲的密封装备。

当无毒的猪鼻蛇受惊时，它就抬起头，发出嘶嘶声，并把头部平缩，就像眼镜蛇一样，随时准备发出致命的一击。

当鳄鱼面临威胁时，会快速移动，给人要跳出水面的感觉。鳄鱼的这种行为被称作“尾行”。

海洋爬行动物

有些两栖动物会尝试着进入海洋，但是只有少数能在海里生存。海洋生物不得不想办法除掉从海水中吸收的多余盐分。例如，海龟会经常“大哭”，以减少盐分的比重。鳄目动物和海洋蛇类动物嘴巴里也有特殊的腺体，能够分泌出浓缩盐液，这种盐液随之被冲走。

❍ 在所有蜥蜴中，只有加拉巴哥岛的成年鬣蜥大部分时间生活在海里。

❍ 海洋鬣蜥能够连续潜水15分钟以上，并用尾巴推动自己快速前行。

❍ 当海生鬣蜥潜水时，会降低心跳率，从而消耗较少的氧气。

❍ 海蛇可以在海水中待5个小时以上，而且能迅速移动到海水深处。

❍ 海蛇和金环蛇（海洋蛇类的一种）尾部有桨一样的根部，可以帮助它们在水里快速游动。

幼海龟

雌海龟常把卵产在海滩的洞穴里。在回到海里之前，它们会用沙子盖住卵。当幼龟孵化的时候，它们必须自己挖洞爬出来，然后才能见到光，呼吸到空气。当它们沿着沙滩向大海急促地跑动时，往往会成为海鸟或其他捕食者的食物。

❍ 金环蛇把卵产在陆地上，但是海蛇终生生活在水里，甚至在水里生产。

❍每年，人们从海洋中捕捉成千上万只金环蛇作为食物或用它们的皮制作成鞋子和皮包之类的产品。

❍海蛇伏在水面上时，常常会发现一群鱼围在它的尾巴旁边，以防被其他捕食者吞食。当海蛇饥饿的时候，它就往后退，让周围的鱼错把它的头当成尾巴，从而主动送货上门。

⬅ 加拉巴哥岛的海生鬣蜥从鼻腺里排除多余的盐分，脸上覆盖的盐分使它们脸色发白。加拉巴哥岛鬣蜥皮肤颜色差别很大，这是因为它们食用不同海藻的缘故。

海龟

太平洋丽龟是所有海龟中体型最小的。它们生活在温暖的水域，主要靠捕食虾、水母、螃蟹和小鱼为生。

生长在热带和亚热带地区的绿海龟常食用海草、红树和树叶等食物。幼年时，它们也会食用水母、海绵和软体动物。

因为其美丽的壳瓣和卵，玳瑁被人类捕猎的已经近于灭绝。现在，许多国家已经把玳瑁列为国家级保护动物。

❍海龟有着轻薄、扁平的壳瓣，可以使它们在水里轻松地游动。

❍雌海龟上岸来主要是为了产卵，雄海龟在离开它们孵化的沙滩后，就再也不会到陆地上了。

❍在所有的海龟科动物中，海龟速度最快，鳍肢使得海龟在水里可以飞速移动。它们的后腿在移动中充当小舵，把握方向。太平洋棱皮龟速度可以达到 35 千米 / 时。

❍棱皮龟主要食用水母。它们经常会误吞漂浮在海面上的塑料废品，这是因为塑料制品和它们的猎物一样，也是半透明的。有时在它们的胃里也会发现塑料钓鱼线，也许是它们把鱼线当成水母的触须而吞食了。

咸水鳄

有几种鳄目动物生活在沿海地区，但是咸水鳄更愿意待在海洋里。它们可以在海里长途跋涉。据记载，一个雄咸水鳄曾经游历了 1360 千米到达太平洋的卡罗琳岛。

在海洋中，蛇类动物很难通过日光浴调控身体温度，所以，海蛇主要居住在一年四季温暖的热带水域。

龟科动物

龟科动物四肢粗壮，有坚硬的龟壳。它嘴里没有牙，嘴的边缘有角质鞘，像刀片一样，可以咬啮。龟壳分两部分，拱起的背甲和扁平的腹甲。由于龟壳坚硬，捕食者很难将它咬裂或压坏。

❍ 壳由两层构成：内层由骨板构成，外层覆盖着角质盾片。

❍ 龟以颈和四肢的伸缩运动而产生呼吸，先呼气，后吸气，这种特殊的呼吸方式叫作“咽气式”呼吸。

❍ 乌龟皮会脱落，但它是小片小片地脱落，而不是整块脱离。

❍ 大多数乌龟主要吃植物，以植物叶子和水果为食，但它们也吃像毛虫那样的极小动物。

❍ 乌龟主要住在炎热的干燥地区。如果被带到寒冷地方的话，在冬

⬆ 德州地鼠龟生活在墨西哥的东北和美国得克萨斯州。它们食用多刺的梨形仙人掌和其他多汁植物。由于德州地鼠龟生育率极低，加上宠物供应者的大量捕捉，它们的数量已大大减少。

↙ 乌龟是温和的动物，移动非常慢，平均每小时走0.2~0.5千米。

加拉巴哥岛巨龟

这种巨龟有硕大无比的壳，强有力的腿和长颈。它们居住在太平洋加拉巴哥岛上，并在那里度过大多数时间。它们常躺在水池或者泥浆里，沐浴在阳光下，或者三五成群在草地或灌木上游荡。像大多数生长在加拉巴哥岛的动物一样，这种巨龟濒临灭种的危险，因此人们已经开展了一些培育措施，增加它们的数目。

天它们会冬眠。

❍海龟和乌龟可以活到高龄。经证实的最大年龄的乌龟是一只雄性的马里恩龟。1766年它被人从塞舌尔群岛带到毛里求斯。152年以后，它才死掉。但是它被发现时，已经成年，所以它的真实年龄可能是200岁。

❍加拉帕戈斯巨龟是世界上最大的乌龟，可以长到1.2米长。这种巨龟的大小和壳形根据其起源地不同而不同。

❍巨龟曾经被养殖在船上，在长时间的海运期间可以为人们提供新鲜的肉食。

❍一些猛禽把乌龟带入空中，并且把它们扔到下面的岩石上，以摔裂龟壳，从而可以吃到龟肉。

豹子草龟生活在非洲，以它壳上黄和黑色的标记命名，因为这样容易使人想起豹皮。

❍世界上最小的乌龟是非洲有斑点的岬乌龟，6~8厘米长。它们如此小以至于易受多种捕食者的捕食，这就使得它们不得不经常挤到岩石下来寻求安全保障。

❍沙漠龟居住在美国西南和墨西哥北部干燥的栖息地。它们常把卵产在岩石和原木的洞里或下面。卵在几周之后孵化，那些幼体必须自行照料自己。

❍在很多海龟壳瓣上的鳞甲有生长环，可以显示出它们的年龄。数数这些生长环，就能推出海龟的年龄。

为了避开一天中最热的时段，沙漠龟常用大宽脚和坚爪挖出潜穴，钻进去避暑。

产卵之最

每一窝最多产卵量 242个玳瑁海龟

每个季节最多产卵量 1100个以上绿龟

每一窝最少产卵量 1或者2个 平头龟、大头龟及其他品种

你知道吗？

坚实的四方形腿巨龟能支持1吨重量的东西，相当于一辆普通小汽车的重量。

鳄目动物

鳄目动物是有着强健身体、厚实皮肤和强壮下颚的大型爬行类动物。这些半水产的肉食性动物居住于湖泊、河流和礁湖，一些种类活动范围延伸到海洋。除了鳄鱼外，该类还包括短吻鳄、凯门鳄和食鱼鳄等。虽然一些鳄目动物居住在中南美洲，但是鳄鱼的主要种类居住在非洲、亚洲和澳大利亚。

亚洲大鳄鱼长着狭窄的鼻子和比其他鳄目动物更细长的腿。而且，它们的腿比其他鳄目动物柔弱，因此，它们大多数时间在水里度过。

❍百万年来鳄鱼基本没有变化。鳄目动物的祖先2亿年前跟恐龙生活在一起，今天的鳄目动物是现在所知的离活恐龙最近的物种。

❍鳄目动物能在水下停留几十分钟甚至几个小时。

❍鳄鱼有时把捕食的动物藏在水下，让其腐烂，以利肢解。

❍大多数鳄鱼的眼睛和鼻孔长在头顶上，这使它们能够漂泊在水下而不被注意。

❍鳄鱼在水中移动非常快。它们挥动着强有力的尾巴，推着自己涉水前行，同时它们的后蹼可以用来掌舵，控制运动的方向。

❍鳄鱼把它们的卵下在水边、植物丛中或者地下的洞穴里。

❍尼罗鳄能用一种高达2000千克/平方厘米的具有毁灭性的力量关闭下巴，但是用来张开下巴的肌肉柔弱无力。令人惊异的是，它的下巴用一根粗橡皮筋就能关闭。

❍在泥泞的河岸上，鳄鱼通常摆动它们的肚子向前不稳定地滑动，它们的腿向两边张开。在干燥的土地上，它们的身体离开地面行走，能达到2~4千米/小时。它们甚至能把尾巴翘起在空中，持续地短跑，

背上有脊，脊由许多叫皮内成骨的极小骨头构成

强壮的颌

短前腿用来在陆地上活动

由于坚韧的皮肤、巨大的牙齿和强有力的下巴，鳄目动物是极可怕的肉食性动物。

鳄目动物的祖先

原鳄是鳄鱼的祖先之一，生活在距今2.2亿年的三叠纪。它们的头颅相当短，这表明它们还没有完全适应食用鱼类。据推测，原鳄也许主要以小蜥蜴为食。

最大的鳄鱼和短吻鳄

1	湾鳄	7米
2	印度大鳄鱼	6米
3	尼罗鳄	5米
3	美洲鄂	5米
4	美洲短吻鳄	4米

速度高达18千米/小时。

❍湾鳄居住在亚洲和太平洋的热带地区。据记载，最大的湾鳄可高达7米，超过1吨重。湾鳄是世界上最大的爬行动物。

❍每年都有多达2000人被湾鳄杀死。在所有鳄目动物中，湾鳄是最危险的。

图中的雌西非侏鳄在水源附件挖洞，并把卵产在洞里。

养育后代

与大多数爬行动物相比，鳄目动物对它们的后代非常关心。母鳄通常把刚孵出的小鳄鱼叼在嘴里，一直把它送到安全的地方。

它们肚子上的皮非常光滑，以至于人们为了用鳄鱼皮制作鞋和提包而经常将它们捕杀。

鳄鱼捕杀的一些大猎物，如斑马或角马，能给鳄鱼提供几个月的食物能量，直到它们找到下一餐的猎物。

短吻鳄和凯门鳄

短吻鳄生活在美国东南部和中国长江地区。目前全球野生扬子鳄只有几百只。南美洲的凯门鳄和短吻鳄有着血缘关系。印度大鳄鱼仅仅出现在印度次大陆的北边。

短吻鳄农场

人类很早就捕猎过鳄鱼和短吻鳄。农业的出现，使得人们没有必要捕杀野生鳄目动物。现在为满足对美洲鳄皮肉的需求，鳄鱼和短吻鳄在农场里被圈禁喂养，该图展示的是位于美国佛罗里达州的一个短吻鳄农场。

❍ 与鳄鱼相比较，短吻鳄有着更宽的鼻子。当嘴闭上时，鳄鱼下颌上的第4颗牙齿显而易见，短吻鳄则不是这样。

你知道吗？

鳄目动物经常吞食石子帮助它们研磨胃中的食物。石子也可起压舱物的作用，使得爬行动物伏在水面，而不至于翻掉。

其他种类的鳄鱼小得多。

❍ 20世纪50年代，由于过度捕猎，美国美洲短吻鳄几近灭绝，因此政府制定了相关法律对其予以保护。现在，野生美洲短吻鳄的数量已经得到了极大恢复。

❍ 像所有鳄目动物一样，尽管雄美国短吻鳄比雌性大，但是看起来它们几乎是一样的。

❍ 雄美国短吻鳄在向雌性求爱时，通常用前腿敲击雌性，并用头摩擦雌性的喉咙，它甚至会向雌性的面颊吹气泡，鼓励雌性与自己交配。

❍ 美国短吻鳄生活在湖泊、沼泽和湿地。在夏季中期，水平面开始下降时，它们

在过去100年里，由于人类捕杀，生活在南美洲的黑色凯门鳄数量下降了99%。人类捕杀凯门鳄主要是为了获得它们的皮。

在所有鳄鱼中，普通凯门鳄有着最强壮的铠甲。它们以鱼、水鸟、河蜗牛及淡水鱼等为食。

斑纹凯门鳄因为它眼睛之间的脊而得名，这道脊看起来像一副眼镜架。

就开始打洞，在较深处储存水源。这样一般能够持续到雨季的到来。

❍在一年中最干燥的时候，生活在委内瑞拉的凯门鳄常把头埋进柔软的泥浆中。它们会一直待在泥里，直到水面重新升上来。

❍冬天，短吻鳄的鼻子会经常避开水。即使水面结冰，它们仍然能够用鼻子来呼吸。

❍扬子鳄常移进精心制作的潜穴，躲避最恶劣的冬季天气。

❍鳄目动物天敌很少，但是人们发现，在南美洲，美洲虎和水蟒一直在捕杀凯门鳄。同样，河马和象为保护自己的幼崽，也经常会杀死鳄鱼。

❍鳄目动物通过脑袋拍击水面或者互相咬对方下巴来交流。雄美洲短吻鳄在繁殖期经常发出大吼声。

由于只有眼睛和鼻子高出水面，所以当美国短吻鳄躺在水面的时候，它就像一根漂浮的木材。

大鳄鱼

大鳄鱼在水里横扫它长而瘦的鼻子，从而抓住猎物。大鳄鱼用尖利的牙齿刺穿鱼、蛙，然后把它们翻转过来，吞咽下去。

雌扬子鳄把卵埋在植物丛中。植物腐烂时发出的热量促使卵孵化。美洲鳄通常会留在巢穴附近，直到卵孵出来。

蜥蜴的世界

蜥蜴在大小、形状和颜色上存在着很大差异。从像龙一样大到能坐在你的手指上，大小不等。一些蜥蜴与人类有着密切的联系，经常出现在人类的屋子里。例如，人们认为进入到房里的蛤蚧往往能带来好运气。

你知道吗?

大壁虎的叫声跟狗吠一样大。

生活在开曼群岛的加勒比岛上的蓝鬣蜥可以长到1.5米长，11千克重。但是，蓝鬣蜥的数量非常少，已经濒临灭绝。

宽头石龙子居住在潮湿的林地。它们经常在树的高处捕食昆虫，有时也会突袭纸黄蜂的巢，吞吃它们的幼体。

蛤蚧，亚洲最大的壁虎，常在白天隐藏，在夜里出来捕食猎物，如昆虫、老鼠和小鸟等。

雌蓝舌蜥一次最多可以生出25个幼崽，幼崽需3年才能完全发育。

海生鬣蜥聚集在岩岸和悬崖上。雌性和幼崽常靠在彼此身上，但是雄性与其他雄性隔开，并保持距离，以确定自己的领土。

加拉巴哥岛陆生鬣蜥主要以水果和多刺的仙人掌叶子为食。

澳大利亚卵石蜥把脂肪储存在短粗的尾巴内。当食物不足时，这些脂肪就被分解，从而提供给身体能量。

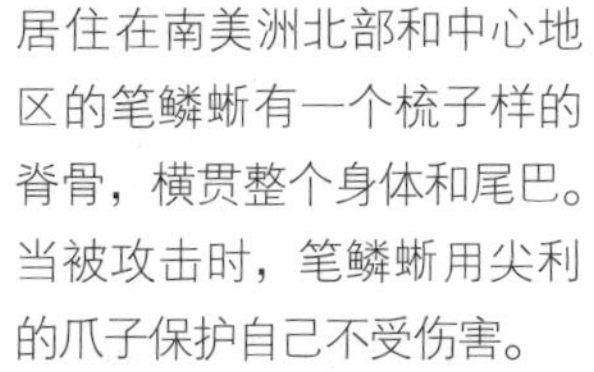

居住在南美洲北部和中心地区的笔鳞蜥有一个梳子样的脊骨，横贯整个身体和尾巴。当被攻击时，笔鳞蜥用尖利的爪子保护自己不受伤害。

胖身叩壁蜥虽然没有雨林鬣蜥头上明显的冠，但它却是鬣蜥科强壮的一员。它生活在美国的西南部和墨西哥西北的岩石沙漠地区。

鞭尾蜥是陆地上跑得最快的爬行动物。它们奔跑时速度惊人，可以达到29千米/小时。

马达加斯加的镶边叶尾蜥长着三角形的头、细长肢、宽阔的尾巴。而且，头和身体的边缘周围还长着皮瓣。

东方爵士变色蜥生活在古巴东部的森林和加勒比海，它们以蜘蛛、蛆、中型和成年的大昆虫以及树蛙为食。

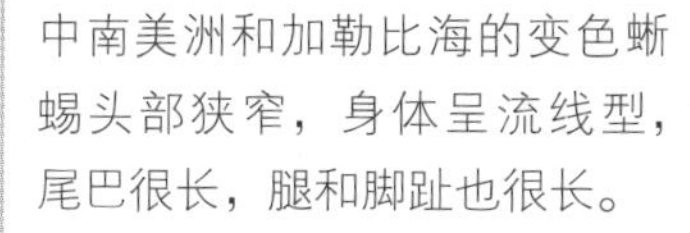

中南美洲和加勒比海的变色蜥蜴头部狭窄，身体呈流线型，尾巴很长，腿和脚趾也很长。

马达加斯加壁虎自然的栖息地是森林和棕榈林，但是它们经常访问人类住所。与大多数夜里活动的壁虎不同，它们白天活跃。它们的寿命大约是10年。

蛇的世界

除南极洲之外，蛇存在于每个大陆，但是相比较而言，它们主要分布在热带地区。虽然它们身体构造基本相同，但在颜色、斑纹、大小和行为上的差异反映出蛇类能适应各种环境。迄今为止，仍不断有蛇类的新种类被人们发现。

你知道吗？

锯鳞（地毯）毒蛇分布在从西非到印度的广大范围内，要比其他任何一种蛇造成更多的人类死亡。

湿地鼠蛇经常出现在水域附近。它们水性很好，一旦出现危险，能立即游入水中逃生。

瓦格纳响尾蛇是一种中型蛇，能在生长过程中改变颜色。幼小的瓦格纳响尾蛇（如图所示）主要呈绿色，成年后变成灰白色。这种树居动物能直接生出幼崽。

牛蛇是体型巨大的大力蟒蛇，常常掘穴到地底寻找猎物。它们最喜欢的栖息地是松树林。

亚洲的绿树毒蛇是居住在树上的一种毒蛇，它们的尾巴善于抓住各种支撑物。

马尔加什的树蟒生活在非洲东海岸马达加斯加的岛上，它们与中南美洲蟒蛇有着血缘关系。

澳大利亚和新几内亚的地毯蟒蛇经常出没在人类住所附近，它们在那里捕食老鼠和其他害虫。

石氏矛头蝮生活在从墨西哥南部到秘鲁北部的地区。石氏矛头蝮有几种颜色，有时看起来像树干上的石耳或者苔藓（如图所示）。

光磷红树林蛇是亚洲最大的树蛇之一。由于嘴很大，所以它们能吞咽大鸟卵甚至松鼠。

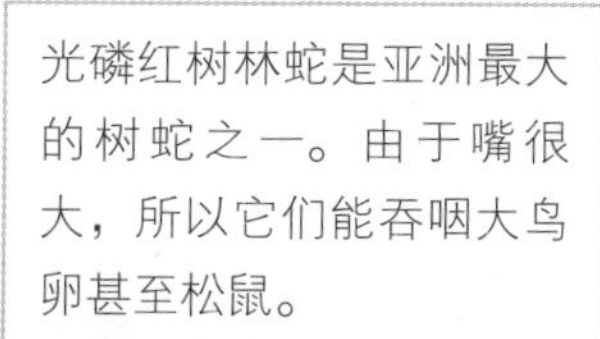

单眼镜蛇生活在东南亚，这种毒蛇之所以有此名字是因为它环绕眼睛的眼状斑纹看上去非常像一个眼镜片。

来自非洲纳塔耳的绿蛇只在白天捕食青蛙等猎物时才会出来活动。

滑绿蛇生活在北美地区水源附近的灌木丛中，主要以昆虫为食（图中的这条滑绿蛇捕食住了一只蟋蟀）。

铜斑蛇跟响尾蛇有着血缘关系，但是它们会竭力避免冲突，而且很少攻击人类。

有几种响尾蛇，如双线纹蝮蛇或者墨西哥水蝮蛇，都长着一个有色尾部。它们常摆动尾端诱骗潜在的猎物（如蛙和小蜥蜴等）进入伏击范围。

两栖动物简介

两栖动物既能在陆地上生活，又能在水里生活。两栖动物是重要的动物群之一，它们是征服陆地的第一批脊椎动物。青蛙、蟾蜍、蝾螈和火蜥蜴都属于两栖类。

❍ 虽然很多种两栖动物居住在潮湿的热带森林里，但它们主要分布在世界温度适中的凉爽地区，及潮湿的栖息地。

❍ 当天气变得极冷时，两栖动物经常冬眠。它们在池塘的底部、石头和木材下挖洞，然后钻进去冬眠。

❍ 当春天到来时，两栖动物从隐藏的地方出来。在温暖的天气里，它们中的大部分会返回到出生的池塘或者小溪。

❍ 两栖动物有时会长途跋涉回到它们的出生地，在此过程中，经常会穿越城镇和繁忙的道路。

❍ 返回繁殖区旅程可达5

蚓螈

蚓螈主要出现在热带地区。它们有一个像虫一样的无肢身体、一个尖脑袋和一个短尾巴。一些蚓螈是水底掘穴动物，生活在松散的土壤里，还有一些则是水生动物。蚓螈的主要感觉器官是嗅觉，它们看不见，一层薄皮或薄骨盖住了它们的眼睛。

⬇ 非洲牛蛙身体硕大，脑袋宽阔，长着强劲有力的下巴。为了避免干燥的天气，它们一年中有10个月在地下度过。它们常把自己裹在一种充水的茧里。这种蛙类极具进攻性，会采取主动进攻来保卫其领地不被侵犯。

你知道吗？

许多火蜥蜴如果失去一只眼睛、一部分肢体或者尾巴，将在几个月内重新长出来。

红肚皮蛤蟆有一个鲜红色的肚皮，用来转移捕食者的注意力。当被威胁时，红肚皮蛤蟆跳跃离开，露出它的肚皮。鲜红色肚皮的迅速闪光往往会把攻击者弄糊涂，就在那短暂的一瞬间，它们便迅速逃走了。

千米，这对于仅仅几厘米长的动物来说，简直就是漫漫征途。

❍ 两栖动物皮肤裸露在外，没有皮毛或鳞片。它们把毒腺藏在皮肤里，可以产生令捕食者讨厌甚至有毒的分泌物。

❍ 一些两栖动物能改变肤色适应温度或者光线的变化。

❍ 白色的树蛙在阴影中呈棕色，但是在阳光下却变成淡绿色。

蛙灾

在一些国家，当大批蛙或蟾蜍返回繁殖地、穿越道路时，会给司机带来极大危险。在此期间，当地政府常常会制作一些告示牌，提醒司机加以警惕。

❍ 大多数两栖动物是夜行动物，只有当周围环境潮湿得足以防止它们的身体因为蒸发失去太多水分时，它们才会活跃。

❍ 一些两栖动物只在白天活跃。它们大部分行为用来调控自己的体温，如晒太阳提高体温和跳进水里降低体温。

❍ 很多两栖动物居住在季节性提供食物的地方，因此它们一年中只有几个月或者几周活跃。在此期间，它们快速进食并储存脂肪，用以帮助它们在食物缺乏的季节中生存。

来自中美洲的箭毒蛙依赖毒液逼走敌人。当它们皮肤变得鲜红时，就是警告捕食者赶紧走开。

非洲西部巨蛙是世界上最大的蛙，长达 40 厘米。它们生活在林溪周围，强有力的后腿和长蹼使它们游水和潜水能力极强。它们偶尔从水里出来，当受到惊扰时，会迅速跳回水里。它们食用小爬虫、其他蛙和哺乳动物。

两栖动物之最

最肥的蟾蜍	蔗蟾蜍	2.65 千克
最大的两栖动物	中国大鲵	1.8 米
最重的青蛙	非洲巨蛙	3.66 千克
最大的蝌蚪	墨西哥蝾螈	25 厘米
最小的青蛙	巴西短头蛙	9.8 毫米

两栖动物的生理构造

虽然两栖动物在身体构造上和其他脊椎动物有很多相似之处，但也存在着一些显著的差别，特别是呼吸方式。与其他脊椎动物相比，两栖动物骨头数量较少，并且它们的心脏只有3间心室，而不像哺乳动物那样有4间。

耳鼓

蛙和蟾蜍，例如图中这只美国牛蛙，有着大而发达的鼓膜和非常好的听力。

❍ 像人一样，两栖动物有5项基本的感觉器官：视觉、听觉、嗅觉、触觉和味觉。不过，它们还能察觉到红外和紫外光，以及地球的磁场。

❍ 蛙和蟾蜍有短脊梁和非常发达的后腿，头颅呈扁平状。

❍ 与蛙或者蟾蜍相比，火蜥蜴和蝾螈有更长的脊梁。

一些蛙类适合在树上生活。它们长而苗条的四肢可以握紧树枝，而且它们的脚特别适应垂直攀登。

而且，两者都长着长尾巴，肢体大小相当。

❍ 蝾螈扁平的尾巴使得它们成为游水高手。

❍ 掘穴类蚓螈有一个厚而多骨的头颅，帮助它们从土壤中挤出来。

❍ 蚓螈没有肢体，但是它们可以通过肌肉收缩、移动身体。

❍ 蚓螈在头两边，眼睛和鼻孔之间各有一根触须，可以帮助它们定位猎物。

❍ 两栖动物的皮肤潮湿、光滑而柔软。

❍ 氧气能容易地通过两栖动物的皮肤，这对它们来说很重要，因为大多数成年两栖动物既通过肺呼吸，也通过皮肤呼吸。

❍ 两栖动物的皮肤下有一种特别的腺体能使皮肤保持潮湿，这些腺体能不断生产一种黏液物质。

❍ 有些火蜥蜴没有肺，它们只能通过皮肤和嘴巴的衬里呼吸氧气。如果皮肤变干，氧气不能通

蜕皮

像蛇和蜥蜴一样，一些蛙和蟾蜍也蜕皮。欧洲蟾蜍在夏天要蜕几次皮，蜕下的皮会被它们自己吃掉，这将有利于蟾蜍皮肤的循环。

❍血在两栖动物的鳃里流动，同时水在它们身体外面流动。当水流过鳃时，氧气离开水，直接进入两栖动物的血液中去。

❍两栖动物（以及爬行动物）的心脏有3间心室，而鸟和哺乳动物则有4间心室。

通过皮肤进行氧和二氧化碳气体交换

肺部

肺部中的空间

气管

潮湿的皮肤表面

两栖动物的肺部较小，数百万微小的气泡形成了一个巨大的表面层。空气中的氧通过气泡渗入血液中，二氧化碳离开血液并且从肺里呼出。氧和二氧化碳气体的交换发生在皮肤的气管和血管之间。

过，火蜥蜴就会缺氧而死。

❍两栖动物的幼体通过羽毛般的外鳃呼吸。一些种类在成年后仍保留这些鳃，但是大多数在变态期间就脱掉了鳃。

头骨

长脚骨

臀骨

头骨

脊骨头骨

右边的青蛙骨骼透视图显示的是它们发达的后腿和短脊梁。强有力的后腿使蛙类动物能够做大的跳跃，并且在游水中迅速寻找猎物。

淡水生物

因为水分损失会给它们的皮肤带来损害，很多两栖动物从不离开淡水。所以从来就不存在海生两栖动物，因为海洋里高度集中的盐分将从它们的身体汲取水，并导致它们脱水而死。

两栖动物的生命周期

大多数两栖动物生长在淡水栖息地，如池塘、水池、小溪和河流等。当它们成年后，通常会移动到干燥的土地上。但当它们繁殖时，往往又会返回水里。随着它们的成长，两栖动物将完全改变它们的外表。这种变化叫作变态。

❍像鱼和昆虫一样，两栖动物产卵数量很大——卵越多，后代存活的可能性就越大。

❍蛙和蟾蜍一般产卵数量在1000~20000个。火蜥蜴和蝾螈的产卵数量从4~5000个不等。

当蛙交配时，雄性把精液射进雌性产下的卵里，会大大增加受精的成功率。

蛙的成长分为几个阶段。像鱼一样的有鳃蝌蚪在水里从卵孵出后，以极小的植物为食。当它们发展为蛙时，便开始觅食像昆虫和蜘蛛那样的无脊椎动物。

蛙的卵漂浮在水面上

成年蟾蜍

蝌蚪从卵中孵化

幼蛙长大后失去尾巴

成年蝾螈

蝌蚪腿长出来，变成了幼蛙

交配仪式

雄性大饰章蝾螈会竭尽全力给它的交配伙伴留下好印象。它在雌性面前游泳，展示脊骨上的齿状鸟冠，然后摆动尾巴并从腹部腺体对雌性蝾螈射出分泌物。如果雌性愿意的话，将接受它存放在精液包中的精液。

火蜥蜴

火蜥蜴和蝾螈等一些种类，例如墨西哥蝾螈，幼体不会变成成年动物的体型。蝾螈待在水中并且终生保留着它的鳃，性成熟后，幼体仍保持不变。这被称作幼态延续，洞螈和斑泥螈都属于这种动物。

❍蛙、蟾蜍和一些蝾螈、火蜥蜴等种类从外部对卵受精。两栖动物把它们的精液和卵子释放进水里，让受精自主进行。

❍那些柔软、像果冻一样的卵被称为产卵。幼体孵化后，必须自己照顾自己，得不到父母的保护。

蛙和蟾蜍，例如图中的这只普通蟾蜍，能吹大它们的喉袋。在繁殖季节，这可以放大它们求爱的哇哇声，从而达到吸引配偶的目的。

❍两栖动物的崽，叫幼体。它们外部长着羽毛般的鳃并在水中呼吸。

❍蛙和蟾蜍像鱼一样的幼体被称为蝌蚪。在大约 7~10 周之后，蝌蚪长出腿和肺后就发育成青蛙，并准备离开水面。

❍大多数火蜥蜴和蝾螈的雄性把装有精液的精包留在地面上或者池塘里，然后雌性把精包放进自己的身体，受精在体内进行。

两栖动物的幼体能在水里生存，因为它们能通过羽毛般的鳃从水中呼吸氧气。

❍一些火蜥蜴把卵下在潮湿的地方，如石头下、木材下，或者苔藓里。其他一些会把卵下在水中的岩石上。

❍在野生蟾蜍中，通常是雄性而不是雌性照顾卵。它们把卵放在腿上，直到幼体孵化出来。

❍育袋蛙把受精的卵放在背上的小袋里，以保证安全。

❍雄性南美苏里南蟾蜍把卵压到配偶背上，然后一直等到蝌蚪孵出来。

❍很多火蜥蜴没有幼虫阶段。雌性火蜥蜴把受精的卵放在身体里面，幼体孵出来后继续在里面生长。然后，雌性会生出跟成年火蜥蜴外形完全相似的幼体。

两栖动物的饮食

两栖动物是以活物而非腐尸（死的动物）为食的肉食性生物。大多数两栖动物都有宽大的嘴用来捕食大猎物。虽然成年两栖动物倾向于食用昆虫、蜘蛛、蜗牛和刺蛾等无脊椎动物，但它们的食谱范围甚广。由于它们不能在嘴里咀嚼或切分食物，因此往往不得不吞噬整个猎物。

❍ 两栖动物通常结合视觉和嗅觉来找到食物。由于它们在夜里很活跃，所以通常长着大大的眼睛。

❍ 火蜥蜴和蝾螈的一些种类对猎物在水中活动时带动的水流非常敏感。

❍ 北美洲红背澳拟蟾以数百种不同的无脊椎动物为食，它的捕食对象仅仅局限于它们嘴巴的大小。

❍ 一些两栖动物饮食非常固定。墨西哥掘穴蟾蜍有一张非常小的嘴，只能以白蚁为食。

北美洲的雄性太平洋树蛙活动领域很广。甚至在几千米外，都能听到它们用自己的双舌向配偶发出的求爱声。

蔗蟾蜍

蔗蟾蜍是最大的两栖类害虫，蔗蟾蜍在 20 世纪 30 年代从南美洲地区引进到澳大利亚去捕食甲虫。令人遗憾的是，它们会贪婪地吃掉本地蛙、蜥蜴甚至鸟类。由于它们本身有毒，所以食用蔗蟾蜍的小鳄鱼、蛇类和巨蜥常常会被毒死。

❍ 蝾螈基本上不活动，因此不常饮食。如果有现存食物的话，它们倾向于储存脂肪，以便在更冷的月份里或者干燥的时期可以长时间不吃东西而不至于饿死。

❍ 像它们的父母一样，蝾螈和火蜥蜴的幼体是肉食性的，主要食用各种各样的海产无脊椎动物。

❍ 在一些蝾螈和火蜥蜴群里，增长最快的幼体会成为自食其类的动物，它们开始吃比它们弱小的同类幼体。

❍ 在蛙和蟾蜍蝌蚪的一些种类中，有些个体会同类相食，但是大部分个体还是倾向于以植物为食。

❍ 很多蛙和蟾蜍能吃较大的动物，包括老鼠、鸟、蛇。它们不需要经常饮食，一顿饭往往能满足长期的能量需要。

北美洲的绿红东美螈食用多种食品，包括昆虫、小软体动物、甲壳动物，以及幼小的两栖动物和蛙卵等。

北美牛蛙是一种凶猛的肉食性动物，也是北美洲最大的陆蛙，主要以爬行动物、其他蛙类和小型哺乳动物为食。

❍ 蛙和蟾蜍很少会积极猎取食物，很多时候仅仅在猎物活动区等待，然后张开大嘴或弹出长长的发黏的舌头捕食动物。

❍ 在出击之前，火蜥蜴常缓慢爬行。它们逐渐移向猎物，然后用黏舌或者锋利的牙齿突然抓住猎物。

❍ 像虫一样的蚓螈主要以眼睛下的触须来定位猎物，然后用弯齿抓住蚯蚓等猎物以食用。

在色彩伪装下，阿根廷的华丽有角蛙坐在森林地面叶子垃圾和苔藓上，等待猎物经过。它们用嘴吞食大的昆虫、其他蛙类和小型哺乳动物。

雪松树蛙脚趾上有发黏的吸盘。它们食用森林和林地的昆虫，这些昆虫占据了它们饮食结构的大部分比例。

鸟类
6

鸟的简介

鸟是恒温的脊椎动物（有脊梁的动物）。它们的羽毛使身体保持体温和辅助飞行。因为前肢变成翅膀，所以它们能用两只后腿支撑走路。所有的鸟类都产卵。

❍ 9000种鸟类组成了大约180个科。每科的种类特征相若，都有相同的身体形状。

❍ 鸟类群落又可以大致划分成28个目。最大的目是雀形目，有5000多种鸟类。第二大目是鹳形目，约有429种类。

❍ 科学家认为鸟是从轻型恐龙，如用两条腿奔跑的秀颌龙中进化而来的。

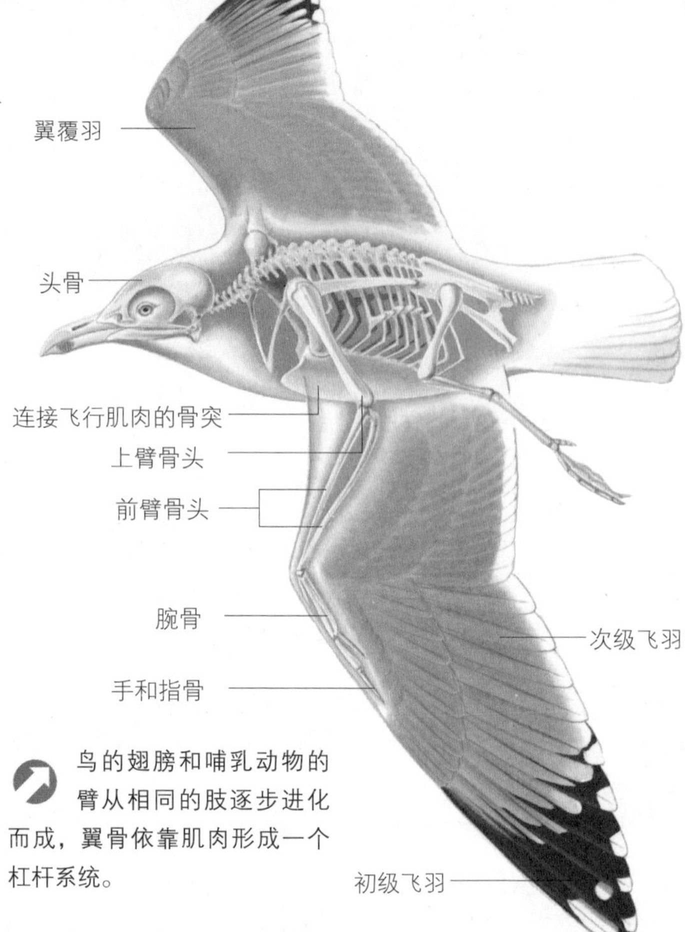

鸟的翅膀和哺乳动物的臂从相同的肢逐步进化而成，翼骨依靠肌肉形成一个杠杆系统。

❍ 鸟的体温在40℃~44℃之间，要比其他恒温动物的体温高。

❍ 鸟的骨头有一种蜂窝结构。骨头非常轻，以致它们只约占鸟总重量的5%。

❍ 鸟的肌肉构成它们总重量的30%~60%，用于飞行的肌肉和腿肌肉占比例

美国水雉极其长而瘦的脚趾能非常好地支撑全身重量，并能使它在飘动的植物叶子上，如在百合上飞奔而过。当有危险时，水雉可以在水底饮食，或者潜到水底。

始祖鸟

始祖鸟是人类已知的最古老的鸟，生活在大约1.55亿年以前。始祖鸟有着和现代鸟类相同的羽毛，但是却长有类似爬行动物的牙齿。据推测，始祖鸟的飞行能力很弱，因为它们的胸骨太小，不能固定强有力的用于飞行的肌肉。因此，始祖鸟不能从地面直接起飞。在把自己送上空中之前，它们往往需要爬上一棵树，借助树的高度帮助自己飞起来。它们的翼幅宽大，长达50厘米。

夜莺

夜莺以其洪亮、有节奏的歌声而闻名于世。虽然它们也在白天唱歌，但是更习惯于在夜里歌唱，因此得名“夜莺”。夜莺通常隐藏在矮树林里，红棕色的外表使得它们很难被发现。夜莺大约 16 厘米长。夜莺的歌声开始于“巧克，巧克”的叫声，伴随着舒缓、婉转的慢音符。

⬆ 蜂鸟能翱翔，直接上下移动，甚至可以倒飞。在飞行时，蜂鸟的心率可达到惊人的 615 节拍 / 分钟。

最大。

❍ 鸟翅膀的骨骼和人臂有相似的结构，但它们的腕骨是连在一起的。此外，鸟只有 3 只手指，并非像人一样有 5 只手指。

❍ 所有的鸟最多只有 4 个脚趾，有些鸟类有 3 个，鸵鸟只有 2 个。四趾鸟的脚趾身体分布也不尽相同。雨燕的 4 个脚趾都向前；而雀形目的鸟 3 个脚趾向前，1 个脚趾向后；鹦鹉则是 2 个脚趾在前，2 个脚趾在后。

❍ 鸟喙由一块突出的下巴骨组成，覆盖着一层坚固的有角材料。

❍ 大乌鸦和鸽子能进行简单数的加法运算。鹦鹉、澳州长尾小鹦鹉和印度燕八哥能模拟人讲话（虽然跟人讲话并不完全一样），而且一些鹦鹉能叫出物体的名称和数目。加拉巴哥岛啄木鸟能用树枝当作工具从树皮中剔出食物。

❍ 大多数鸟能通过鸣管发出声音，叫声通常短促而嘹亮，用来警告危险情况；而在歌唱时，声音则悠长而和谐。每只鸟都能唱歌和模仿其他鸟类，这是它们天生的一种能力。

鸟的脚爪

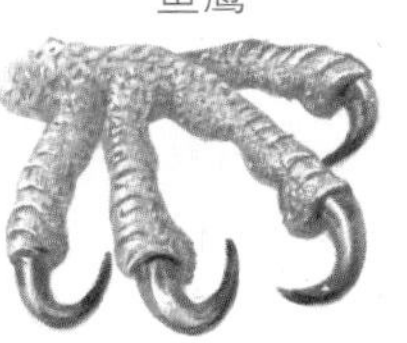

猛禽使用尖利的弯爪捕捉和带走猎物。

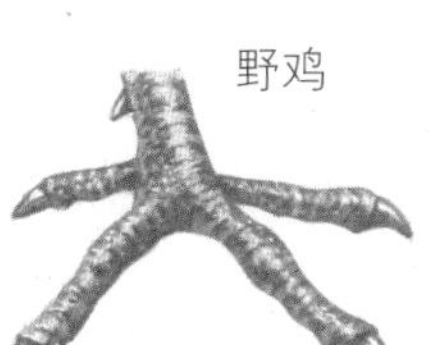

野鸡的 2 个脚趾在前，2 个脚趾在后。

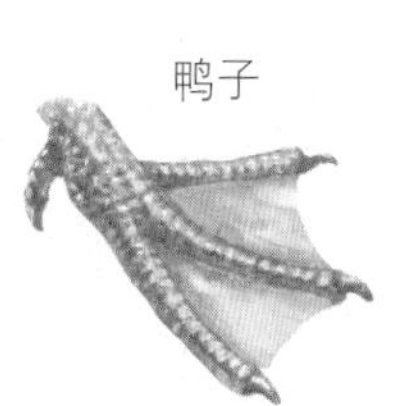

鸭子、鹅和天鹅的蹼在涉水时像划桨一样。

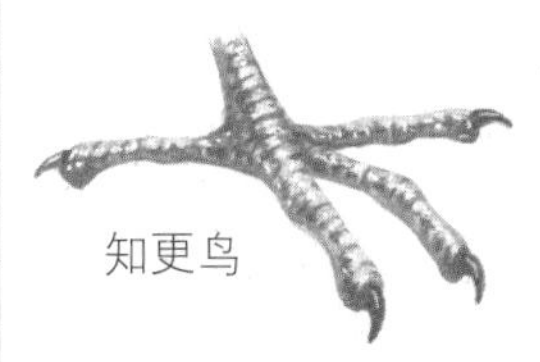

雀形目鸟类 3 个脚趾在前，1 个脚趾在后。

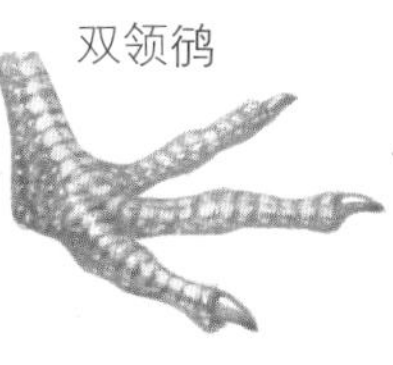

双领鸻只有 3 个脚趾，可以帮助它们奔跑如飞。

啄木鸟的长弯爪使得它们能够附在垂直的树干上。

鸟的羽毛

鸟是唯一能长羽毛的动物。羽毛由角蛋白构成，这和构成人类头发和指甲的材料是一样的。羽毛能使鸟的身体保持温暖并且阻挡风雨。翅膀和尾羽使得大多数鸟能够飞起来。

小天鹅的羽毛的80%分布在它的头和长颈上。

羽毛展示

为了吸引伙伴，天堂鸟从一根枝头朝下悬挂，展开翅膀和尾巴上的羽毛，把两根长尾巴羽毛拱起成一个M形状。然后，它会来回摇晃，发出求爱声，听上去像是一辆旧摩托车发动机发出的突突声和噼啪声。

❍蚁鸟常啄一口蚂蚁并将其放在羽毛上方，让它帮助清洁羽毛。蚂蚁释放的甲酸能杀死羽毛里任何虱子和螨类。

❍较大体型的小盘尾有两根像电线一样扭在一起的尾羽。当它们飞行时，尾羽就会发出嗡嗡的噪音。

❍朱缘蜡翅鸟因它翅膀羽毛的端部像滴蜡的红色标记而得名。

❍在繁殖季节雄性肉垂椋鸟头上的羽毛开始蜕掉。试图治愈人类秃头病的科学家也在研究雄性肉垂椋鸟是如何让头部羽毛重新生长出来的。

❍猫头鹰的羽毛柔软，绒毛的边缘帮助降低飞行噪音，因此它们能悄悄地寻找猎物。

❍秃鹰的头部其实并不是秃的。因为头上的羽毛是白色的，所以从远处看起来就像是秃头。

❍苍鹭常把胸、大腿上一些特别的羽毛弄碎成粉状物质。它们把这些粉状物质擦在鸟羽上，可以除去灰尘和鱼黏液。

❍在19世纪后期，大白鹭的白色羽毛是很受欢迎的帽子饰品。为了得到这种白羽毛，当时，一年之内就有多达20万只大白鹭被

蛇鹫因为它们头后的笔形羽冠而得名。

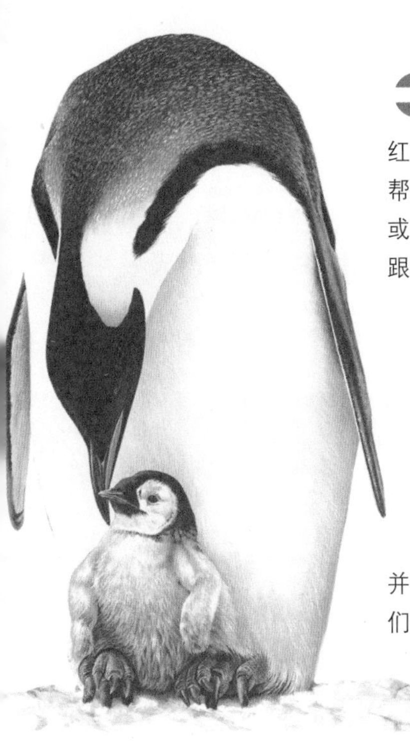

幼年企鹅身上覆盖着温暖的厚绒羽，这使它们看上去跟成年企鹅明显不同。当小企鹅成长时，真正的羽毛将替换下绒毛。

鸟羽毛的颜色，如图中这个绯红金刚鹦鹉，可以帮助它们吸引伙伴，或者提供伪装，以便跟周围环境融合。

鱼鹰经常弄干身上的羽毛，并张开翅膀栖息。当它们潜入海时，羽毛就会被浸透，这有助于它们在水下追逐鱼类。

人类捕杀。

❍ 雌野鸭能从自己的胸部拉下柔软的绒毛，从而把巢垫得更舒服一些。多年来，人类一直在以野鸭子羽毛为材料制作暖和的被子、睡袋等。

❍ 浓厚的3层羽毛使企鹅保持温暖。一只帝企鹅身体的每平方厘米上约有12根羽毛。

❍ 长尾山雀只有大约14厘米长，其中尾羽占据了超过一半的长度。

羽毛类型

羽毛主要有4种类型：紧贴身体的绒毛保持温暖；覆盖身体的廓羽使鸟呈流线型，适合飞行；翅羽帮助鸟起飞；尾羽帮助鸟控制飞行。

绒毛　　廓羽　　翅羽　　尾羽

鸟的飞行

在滑动、骤升、潜水和徘徊等活动中，鸟类能非常好地控制空气。除蝙蝠外，它们是唯一能飞行的脊椎动物。这些出色的飞行家们包括鹳、秃鹰、天鹅和信天翁等。

❍翅膀是鸟的前肢，有很多不同形状。小而行动迅速的鸟，如雨燕，翅膀上有着纤细的尖角。

❍最重的飞鸟是大鸨。雄性大鸨1米长，重约18千克（雌性稍小）。大鸨极善于飞行，但是却在陆地上度过大部分时间。它们常在陆地上漫步，或用其强壮的腿快跑。

❍当蜂鸟徘徊在空中时，它们的翅膀每秒煽动50次以上。极小的吸蜜蜂鸟扇动翅膀的速度更快，可以达到惊人的200次/秒。

❍南美洲的阿根廷秃鹫是兀鹫科的早期成员，翼幅可以达到7.3米长。

❍老话说：燕子飞高，天气将好；燕子低飞，天气要糟。这基本上属实：在雨天，昆虫更加贴近地面，因此它们的捕食者燕子不得不贴地飞行，才能捕捉到昆虫。

❍猎鹰经常在城市上空飞行。红隼快速扑打着翅膀在垃圾箱上空徘徊，寻找着小型哺乳动物，如老鼠；而游隼则在纽约摩天大厦

⇧天鹅是世界最重的飞鸟之一，它们往往需要借助一条长长的跑道才能起飞。天鹅通过涉水或者掠过水面加速。但是一旦飞到空中，它们则是极棒的飞行者，能用翅膀发出独特的搏动声音。

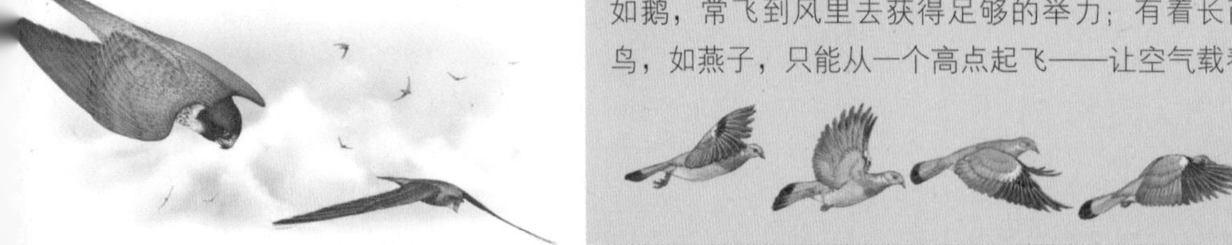

⇩潜水时，游隼不仅仅折叠翅膀，还能像很多鸟一样俯冲，实际上是把自己向下推。这会为潜水提供动力，这种飞行称作俯扑。

鸟是如何飞行的

在飞行过程中，鸟轻轻拍动翅膀做圆周和上下运动，翅膀尖在上行运动中向前推进。大多数鸟在起飞前都会轻拍翅膀进而产生推力，最终将身体举起。宽阔的圆形翅膀能够产生最好的上举力和加速度，这在鸟类躲开捕食者时非常有用。大鸟，如鹅，常飞到风里去获得足够的举力；有着长而狭窄翅膀的鸟，如燕子，只能从一个高点起飞——让空气载着它们前进。

之间向下俯冲，捕食低飞的鸽子。

❍短尾鹰，蛇鹰的一种，一天可以飞300千米去寻找食物。短尾鹰这个词在法语中意味着“杂技演员”或者“走索者”，指的是那些鸟能在飞行时做一些杂技动作。

❍在飞行过程中，鹈鹕轻拍翅膀的速度是1.3次/秒。当鸟类飞行时，这个节拍是最慢的速度之一。

❍红胸秋沙鸭是飞得最快的鸟之一，飞行速度超过65千米/小时，有时甚至能超过100千米/小时。

➡普通燕鸥经常在河上盘旋，当发现猎物的时候，便俯冲下去。它们常在海滩、沙丘和岛上嘈杂的地方筑巢。鸟群有时会静静地一起飞走，飞越大海，到达它们的筑巢地点。燕鸥在迅速变化方向时，仍保持飞行姿势的轻柔和优雅。

翅膀与飞行

猫头鹰飞行非常安静，这有利于它们听到猎物发出的声音。一旦发现猎物，它们便会猛扑过去。

鹰宽阔的翅膀帮助它们在空中翱翔，巨大和敏锐的眼睛帮助它们发现地面的猎物。

像其他鸟一样，当鹈鹕登陆时，它们用翅膀和脚进行减速。

由于它们的尖翼及叉状尾巴，北极燕鸥飞行动作快捷而灵活。它们每年都做长时间的迁移，一生可以旅行100万千米以上。

蜂鸟擅长翱翔。这些敏捷的飞行者甚至能在短期内头朝下飞。

大鸟，例如鹤，倾向于沿着直线飞行；小鸟则是呈上下波状飞行。

不能飞的鸟

小部分类别的鸟已经失去飞行的能力。一些鸟能跑或者能爬，一些有着适合游泳的翼。不能飞的陆地鸟有居住在非洲的鸵鸟、南美洲的美洲鸵和澳大利亚新几内亚的鸸鹋和食用火鸡。

帝企鹅流线型的身体能帮它们潜到 275 米深，去寻找猎物。尽管这些企鹅的潜水纪录是 18 分钟，但它们通常在水下仅能停留几分钟。

❍秧鸡是生活在新西兰的一种不能飞的鸟。它们的食物包括种子、水果、老鼠、卵和昆虫，有时它们也在垃圾箱里寻找食物。

❍世界上最小的不能飞的鸟是呆秧鸡，重量仅为 35 克，和一个小西红柿重量差不多。它们生活在南方大西洋的英纳塞西布岛上。

❍喀鸲是一种仅仅在新卡利多尼亚的太平洋岛上发现的不能飞的鸟。

❍南秧鸟是生活在新西兰的另一种不能飞的鸟。人们曾以为南秧鸟在 19 世纪就已经灭绝，但该鸟在 1948 年被人类重新发现。

❍企鹅虽有翅膀，但不能飞，85% 的时间是在水里度过的。在水里，它们像用鳍肢一样用翅膀推动自己前行。

❍企鹅的游泳速度通常在 5~10 千米 / 小时，但是最快时能达到 24 千米 / 小时。

❍南美洲最大的鸟美洲鸵鸟，1.5 米高，重达 25 千克。

❍食用火鸡是生活在澳大利亚和新几内亚雨林的不能飞的鸟，共有 3 个种类，全部都有长而强壮的腿和大而尖利的爪形足。食用火鸡的头上有一个大且粗硬起茧的鸟冠，叫作“盔瓣”。专家认为，当在茂密的森林移动时，它们常低下头用“盔瓣”帮助开路。

❍鸸鹋是澳大利亚最大的鸟，2 米高，重量达 45 千克。虽然它们不能飞，但是借助于长腿，能以 50 千米 / 小时的速度飞奔。鸸鹋主要以水果、浆果和昆虫等为食。

渡渡鸟

直到 1500 年，渡渡鸟一直未受打扰地生活在印度洋毛里求斯的岛上。当欧洲海员到达这里后，为了获取食物常捕杀渡渡鸟。再加上当地的猫和老鼠也常常吞吃它们的卵，所以到 1680 年，渡渡鸟便绝种了。

鸵鸟卵

与其他鸟类的卵相比，鸵鸟卵是最大的。不过，与母鸟庞大体型相比，鸵鸟卵在比例上是任何鸟类产下的最小的鸟卵。

美洲鸵

虽然比鸵鸟和鸸鹋小，美洲鸵仍旧是美洲最大的鸟。它们漫游在南美平原（牧场）上，经常上百只聚集在一起。

鸵鸟

公鸵鸟有黑色的羽毛，而雌性、幼年鸵鸟长着褐色的羽毛，这可以为它们提供很好的伪装。

鸸鹋

鸸鹋几乎和鸵鸟一样大，将近2米高。这些大鸟居住在澳大利亚的很多地区，主要以草、水果、花和种子为食。

班尼特火鸡

这类食用火鸡大约100厘米高。它们非常危险，名声不好，因为它们常用锋利的爪攻击任何胆敢太接近它们巢的动物或人。

鹬鸵

鹬鸵虽然广为人知，但很少能够被人们看到。它们的羽毛非常好，很薄，以至于整个鸟看起来像个绒毛球。夜里，鹬鸵爬行在森林里，在土壤里啄出虫和蛆。

食用火鸡

食用火鸡生活在北澳大利亚和新几内亚的部分地区，它们有着鲜艳得像火鸡一样的肉垂（叠在一起的皮肤），悬挂在头和颈上。

鸟喙

鸟嘴或者鸟喙，用于饮食、整理羽毛（保持干净）、啄材料建巢、攻击敌人等。鸟喙的形状常能显示出鸟类的食物类型。

❍鸟喙是饮食工具，因此必须保持干净并且不能损伤。鸟经常用喙猛戳松散的土壤，从而除去喙上的发黏材料和残渣。喙的角蛋白层下面的骨头构成了上颌和下颌，它们随着头

大多数黑鹳居住在潮湿的地方，例如有溪和水池的林地。它们常缓慢通过浅水，用矛一样的喙捕杀猎物。黑鹳主要以鱼、蛙、无脊椎动物、鸟、乌龟和小型哺乳动物为食。

鸟喙的形状

弯嘴鸻是唯一鸟喙弯向右边的鸟。弯嘴鸻是生活在新西兰的一种不能飞的珩科鸟，它们常用喙把地上的昆虫扫进嘴里。

交喙鸟的喙上下部分交错，从而帮助它们打开松果等坚硬食物。

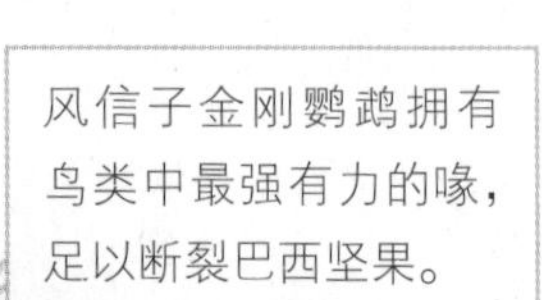

风信子金刚鹦鹉拥有鸟类中最强有力的喙，足以断裂巴西坚果。

猫头鹰强有力的喙能够撕碎田鼠、老鼠、兔子、囊地鼠、大草原狗，甚至松鼠和小猴子。

剑喙蜂鸟有一个极其长的喙和长舌头，能从花中采食花蜜。

弯曲或者移动，以防止对喙造成损伤。

❍ 鹈鹕用嘴巴下面的大皮囊捕鱼并储存。这个皮囊比鹈鹕的胃存放的食物还要多。大多数鹈鹕成群捕食，它们先单独游水，把鱼赶在一起，然后把它们铲起来放在皮囊中。棕色鹈鹕则使用一种不同的捕鱼技术。它们从大约10米的高空俯冲，把头潜进水里，张开喙来捕鱼。

❍ 在全部鸟中欧夜鹰喙最短，只有8~10毫米长。

❍ 鲸喙鹳的喙非常大，从10~23厘米不等。鲸喙鹳用它的喙捕捉肺鱼、幼鳄鱼和海龟等猎物。

❍ 西方杓鹬用长而弯的喙钻进柔软的沿海泥浆中寻找虫、蟹、虾和贝等食物。

❍ 剑喙蜂鸟10.5厘米长的喙比身体还长。

❍ 以种子为食的鸟通常都有坚固、圆锥形的喙，能够嗑开种子。

篦鹭的喙上长着敏感、勺状的触端，它们用喙在浅水里搜寻鱼和小生物食用。

海雀的喙能承载最多20条如沙鳗大小的鱼。繁殖季节以外的时段内，海雀的喙颜色较暗，而且也较小，这是因为喙失去了其外部有角的护套。

❍ 翠鸟用如铲子一样的扁喙在泥浆中挖出蠕虫、甲壳水生动物和小爬行动物等食用。

巴西巨嘴鸟

巴西巨嘴鸟是最大和最有名的巨嘴鸟。为了偷窃鸟卵和幼雏，它们有时在另一只鸟巢附近的树枝上栖息。巨嘴鸟的大喙极具威吓作用，常使得受害的母鸟不敢反击。当巨嘴鸟睡觉时，常转动头部，这样它们的长喙就可以靠在背上休息。此外，它们也能把自己的尾巴折叠到头上去。

鸟的感官

几乎所有鸟都有极好的视力，大多数鸟依靠眼睛定位食物。而且，鸟的听觉也很好，对音高和密度的敏感比人类强 10 倍以上。

敏感的鸟喙

反嘴鹬的喙和舌端有非常发达的触觉器官。它们在浅水里用细长并向上弯曲的喙从一边侧扫到另一边，从泥浆中逮住虾和其他动物食用。

金鹰敏锐的视力范围远远大于人类视力，这使它们能看到较远的东西。它们能在 1600 米的高空发现猎物。猛禽类动物的眼睛通常长在脑袋前面，因而它们前视能力超强。

❍ 鸟的外部耳朵由从鼓膜到外部的一根短管组成。大多数鸟的耳朵在下巴后面。

❍ 鸟的眼睛常常像它们的大脑一样大。例如，八哥的眼睛构成头总重的 15% 以上。人类的眼睛重量只是头重量的 1 %。

❍ 通常，鸟类味觉器官发育不良。多数鸟的舌头上只有不到 100 个味蕾，而人则有数千个之多。

据说，鸣禽有着鸟类中最好的嗅觉，这可以帮助它们在阴暗的森林地面上找到虫和蜗牛等食物。彩虹八色鸫常把沙袋鼠放进自己的巢里或附近，用以隐藏巢的气味，防止树蛇把蛋偷走。

全方位的视力

被捕食者捕杀的动物眼睛常在脑袋两侧，这能给它们提供广阔的视野，使它们能够在大多数方向辨出敌人或者危险。但是，它们无法直接看到自己的前面和后面。

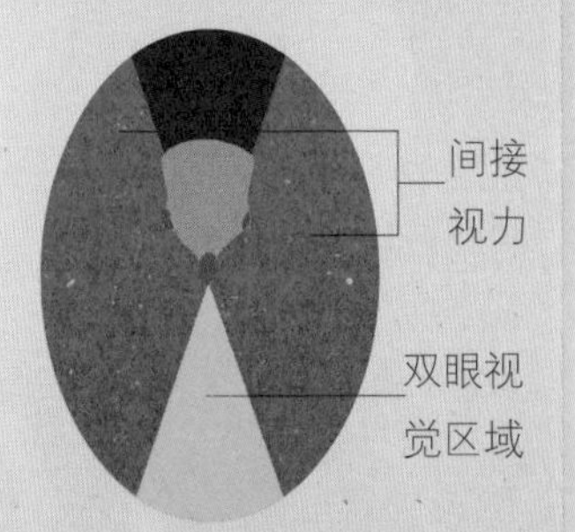

⬆ 仓鸮的听觉极好，以至于它们能在完全黑暗的情况下捕食猎物。仓鸮羽毛上的圆点能像雷达一样搜集声音，耳朵则隐藏在头两侧的羽毛下——长耳鸮的耳朵实际上是羽毛根。

⬇ 即使在高空飞翔，兀鹫仍能找到地面上的动物死尸，这时因为它们在高空中就能嗅出这种味道。

❍实验证明，信天经能从30千米远闻到食物。

❍在陆上动物中，鸵鸟的眼睛最大。

❍红隼能看见啮齿动物用来标明自己踪迹的尿反射的紫外光。

❍大灰色猫头鹰能听到30米外一只田鼠在60厘米雪下活动的声音。

❍猫头鹰的眼睛不能在眼眶里旋转，因此猫头鹰必须转动头才能看到不同的方向。实际上，它们的头能转一圈。

你知道吗？

与人类相比较，猛禽的眼睛由5倍多的浓密敏感光细胞排列而成。游隼能认出8千米外正在飞翔的鸽子。

⬇ 一些鸟，如图中这只吠鹰鸮，有被称作瞬膜的第三只眼睑。鸟能移动眼睑（右上方）到眼睛的上方，以保持眼睛清洁，防止眼睛受到伤害。

鸟类的防御

鸟可以通过隐藏从天敌那里逃走或者飞走，它们也用锋利的喙和爪保护自己。一些鸟类常聚在一起寻求安全。

戴胜鸟用动物粪便围在巢周围，难闻的气味会使敌人保持一定距离！

❍数千只海鸽常嘈杂地聚在悬崖上共同繁殖。它们不筑巢，仅仅把卵产在岩石或者光裸的土壤上。大多数陆地猎人无法爬上陡而狭窄的悬崖边缘捕杀它们。一旦有偷卵的飞贼出现，成群的海鸽就会尖叫着用喙将之驱赶。

❍面对威胁时，瑞特鸟平躺在地上，脑袋向前伸展，试图逃脱捕食者。

❍鸵鸟其实并不是总把头埋在沙中逃避现实。当敌人接近正在孵卵的雌性鸵鸟时，雌鸟将把自己的长颈平压到地上，使自己看上去不那么明显，从而可以躲过一劫。

❍雌性侏儒食火鸡是极其危险的鸟，它们常用10厘米长的爪攻击接近鸟巢的任何东西。

❍面对猛禽威胁时，戴胜鸟常展开翅膀和尾巴平贴在地面上躲藏起来。

❍蚁鸟背羽上出现的白点，可以用来向同类发出警告。它们在某种情况下能根据相关信息显示这些白点，这有点儿像莫尔斯电码。

❍环颈鸻用石头和卵石在巢场做标记。如果有危险威胁，小鸟便平躺在地上，这样会使得自己不被敌人发现。

❍红胸黑雁经常在游隼和鹈鹕的附近筑巢。这能给它们

鸟类还是枝条?

鸟类有多种隐藏自己不让敌人知道的方式，相当聪明。茶色蛙嘴夜鹰常在夜里捕猎一种澳大利亚鸟。在白天，当它们在树上休息时，褐色、杂色的羽毛使它们很难被发现。在感觉危险的时候，它们便伸展自己，喙指向上方，使自己看起来几乎像一根毁坏的枝条或树的残干。

羽毛换色

冬天，在北极，雷鸟白色的羽毛能帮助它们在雪中躲过敌人的视线。但在夏季，白色鸟羽将使它们成为非常明显的目标，因此雷鸟把羽毛换成棕色和灰色。

↑ 和许多海鸟一样，鲱鸟喜欢群居生育。鲱鸟繁殖的地方通常嘈杂拥挤。它们会猝然下扑，攻击和啄击任何接近的动物。鲱鸟繁殖地往往能容纳50000个巢之多。

提供保护，而且猛禽好像也不攻击它们。

❍ 当帝企鹅幼雏7周时，它们常挤在一起寻求温暖和保护。当它们的父母出外在海上寻食时，这可以使它们处于一种安全状态。

❍ 生活在南美洲南部的矮种子鹬与周围环境调和得非常好，以至于当它们在地上蹲伏时，几乎不可能被发现。

↑ 日鳽丰富多彩的羽毛会引起捕食者的注意，但是当它们关闭翅膀时，这些羽毛就隐藏起来，并与周围的雨林环境融合在一起。

夜鸟

当夜幕降临时，一些鸟，包括猫头鹰和夜鹰，便开始出来寻食。夜里寻食虽然竞争对手较少，但在暗处发现食物也更加困难，因此这些鸟常需要特殊的能力来适应夜行生活。

❍除遥远的北方、新西兰和南极洲之外，大约有150种猫头鹰生活在世界的大部分地区。约有80种猫头鹰主要在夜里捕食。

❍猫头鹰常将老鼠、昆虫等猎物整个吞食。

❍猫头鹰眼睛大且只能前视，这使它们能够在飞行和捕猎时准确判断距离。

❍喙夜鹰的喙张开得非常大，这可以帮助它们在夜里捕捉蛾和甲虫等作为食物。

❍夜鹰大约有70种，它们生活在除新西兰和南美洲南部地区之外的非常温暖的地方。

❍在鸟的世界里，夜鹰的大眼睛、毛茸茸的外表、优雅的飞行为它们提供了最好的伪装。在白天，当它们十分安静地坐着时，灰棕色的鸟羽使它们在地上或者树叶和树枝中几乎不可能被认出。

与大多数鸟不同，鹬鸵嗅觉很好，这能帮助它们在夜里找到食物。它们用长喙端的鼻孔把藏在土壤里的虫子和动物吸出来，有时也把喙插入地里寻找食物。

❍蛙嘴夜鹰和夜鹰血缘上是有密切联系的，因此它们也有宽阔、大而深的嘴。它们也在夜里飞行，但是当它们从栖木向下俯冲捕食猎物时，没有夜鹰敏捷。这些鸟大多数发出如引擎或机器般奇怪的声音。

❍三声夜莺是一种北美夜鹰，因其叫声而得名。它们长时间重复尖叫，往往让人无法忍受。三声夜莺经常出现在宽叶和松柏类植物树林里，贴近地面猎食，捕捉大的昆虫。

❍中型非洲木头猫头鹰在南非和东非地区非常普遍。许多猫头鹰在黄昏捕猎，但是非洲木头猫头鹰只在完全黑暗的时候才出来，因此它们只能被听到，很少被看见。

❍大怪鸱居住在南美洲洞穴里。像蝙蝠一样，大怪鸱使用声音帮助它们在暗处找路。飞行时，它们常发出噪音并倾听附近物体反射的回声。夜里，大怪鸱离开洞穴，寻找棕榈树的果实为食。

○黑边镶嵌的白脸和多纵纹的长耳朵使得幽灵般的白脸角鸮成为猫头鹰科最特别的成员之一。它们最喜欢的捕食方法是坐在树杈上耐心等待。机会来临时，便悄悄扑向下面正经过的猎物，如老鼠、昆虫，甚至蝎子。

夜里活跃的鹦鹉

枭鹦是唯一在夜里活跃的鹦鹉，同时也是一种在陆地生活的鸟，其他鹦鹉则在白天活跃。在白天，枭鹦在潜穴里、岩石下休息；夜里，它们出来寻找水果、浆果和叶子等食物。它们不能飞行，而且只生活在新西兰。

猫头鹰——黑暗中的捕猎者

在鸟的世界中，猫头鹰是夜晚捕食专家。它们主要捕食老鼠、田鼠和蜥蜴等小动物。最大的猫头鹰捕食兔子和鸟（包括其他猫头鹰），而最小的猫头鹰只能捕食蛾、甲虫和其他无脊椎动物。在浅水里，非洲和亚洲的渔鸮用长而无毛的腿和锋利的鱼钩爪捕食鱼、蛙和小龙虾。猫头鹰天鹅绒似的翅膀羽毛有柔软的边缘，以至于它们在飞行时几乎不会发出任何声音，所以猫头鹰往往在没有被发觉的情况下猝然扑向猎物。巨大的眼睛给猫头鹰很好的夜视力，但是它们的听力更好，甚至比猫的耳朵还要敏感 4 倍。

林鸮

白脸角枭

雕鸮

巨角猫头鹰

非洲林鸮

横斑鱼鸮

点斑雕鸮

海角雕鸮

鸟类的求偶

雄鸟在交配之前，通常需向雌鸟求爱。它们或炫耀丰富多彩、精心打扮的羽毛，或唱歌，或跳舞向雌鸟求爱。雄鸟也会通过捕食或者建巢以向雌鸟证明自己的能力。

鸟鸣和唱歌

鸟会发出两种简单的声音，一种用于警告或者威胁，另一种较复杂的则由雄鸟在繁殖期间唱给雌鸟听。很多鸟之所以被称为鸣禽，就是因为它们有唱歌的才能。

在繁殖季节，大白鹭长出壮观羽毛吸引伴侣。

○雄性麻鳽在求爱时发出响亮的轰鸣声，在5千米远的地方都可听见。

○在繁殖季节，雄性矶鹞的头和颈周围会长出令人惊异的羽毛。它们常常成群跳舞以吸引雌性。

○黑燕鸥因为求爱期间有点头的习惯，所以又被称

○当求爱的时候，雄性黑翅雀鹎向上疏松羽毛，跳到空中并翻转后才回到巢里。

○秃鹰能进行惊人的求爱表演。雄性和雌性能把它们的爪扣在一起由空中向地面翻转。

○为了吸引雌性，雄性麦鸡常常表演滚动、翻转等特技飞行。

孔雀身上有200根令人惊叹的发光羽毛，每根都有眼睛一样的标记装饰。当求爱时，雄性把全身羽毛展开，抖动以吸引雌性。

作点头雀。

❍ 当求偶时，雄性太平鸟通常会送给雌性一个礼物：一个浆果或者一只蚂蚁幼虫。

❍ 在求爱飞行时，雄性斑尾林鸽会用翅膀发出响亮的类似鼓掌的声音。

当向异性求爱时，雄性军舰鸟常用喙发出声音且轻拍自己的翅膀。它也能把红喉咙小袋吹成一个醒目的气球，以引起雌性关注。

蓝脚鲣鸟通过跳舞吸引伙伴，并在跳舞中举起明亮色彩的脚。不同种类的蓝脚鲣鸟有不同色的脚。

当斗篷织布鸟完成一个巢时，就开始召唤雌性。

❍ 凤头求爱时，常跟雌鸟一同跳舞。在跳舞时，它们彼此交换礼物——一口伊乐藻！

❍ 虽然一些种类在繁殖季节外也唱歌，但求爱是鸟类唱歌的主要原因。母夜莺根据歌声而不是相貌来选择雄性。

搭建凉亭

园丁鸟个头居中，主要食用果子，居住在新几内亚和澳大利亚的森林里。雄性通过搭建“凉亭”吸引雌性或向雌性求爱。凉亭的建筑和外貌根据园丁鸟的种类而不同，有时是叶子、青苔、枝杈搭成的一张简单的席子，有时是大的、像塔状帐篷并带有走廊的精心结构。此外，雄性还用明亮的颜色来装饰凉亭。此后，它便开始跳舞，炫耀自己的羽毛，并从凉亭里召唤雌性过来。但是这个凉亭不是巢，交配以后，雌性便会离开凉亭在灌木里造巢，并独自扶养幼雏。

园丁鸟 黄胸园丁鸟 黑脸黄园丁鸟

巢和卵

有些鸟从不筑巢，例如海雀科。但多数鸟都会筑巢以保护蛋。筑巢材料包括枝杈、草和泥，金丝燕甚至用自己的唾液做巢。

寿带鸟在一根细树枝或枝杈上把植物根用蜘蛛网相连，制作出整洁的巢。

❍缝叶莺用两片叶子做成像摇篮的巢，并用植物纤维或蜘蛛网缝合在一起。

❍雌性侏儒鸟单独完成所有筑巢工作。它们在没有雄性的帮助下修造巢、孵卵并且照顾幼雏。

❍服饰奥若盘拉鸟能够编织长达 1 米的垂悬巢。这些鸟成群筑巢，可在一棵树上筑 100 多个垂悬的大巢。

❍攀雀用植物纤维能够编织出悬挂在枝杈末端的巢，巢的墙壁厚度可以达到 2.5 厘米。

❍在所有鸟中，灰色鹧每次产卵量最大——平均 15~19 个，还有些鸟每次产卵量高达 25 个。

❍图中这只欧亚杜鹃是巢寄生——它们在其他鸟（宿主）的巢中产卵。大多数鸟需要几分钟的时间来产卵，但是杜鹃产一个卵只需要 9 秒，因此它能迅速利用主人不在巢的短暂时间把卵产下来。

❍公驼鸟常在地面上建构浅巢，并且会与几只雌鸵鸟交配，所有的雌鸵鸟都会在巢里产卵。首席雌鸵

善社交的织布鸟在金合欢树上修筑巨大的共享巢。每个雄性和雌性都有自己的房间，整个巢可以容纳 300 只鸟。它们会联合作战，啄击那些对它们不利的侵入者。它们一起哺养后代，互相帮助照看。如果一只鸟发现食物，其他织布鸟会集中过来共同分享。

孵化过程

雏鸡在壳内使用喙上的一颗卵齿从里边把蛋壳打破一个孔。

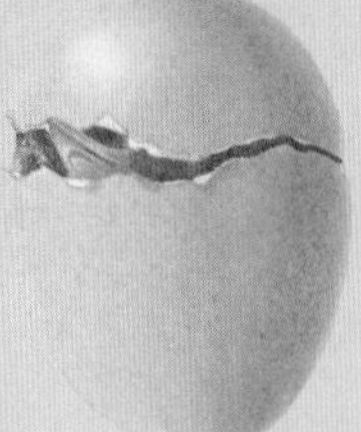

雏鸡不断地啄击卵壳，直到裂缝向四周蔓延。

然后雏鸡把脚伸入裂缝，用力把壳推挤成两半。雏鸡通常需要一分钟才能从残破的壳里完全出来。

➡黑颈鸊鷉常在沼泽地或淡水湖中筑浮动巢。

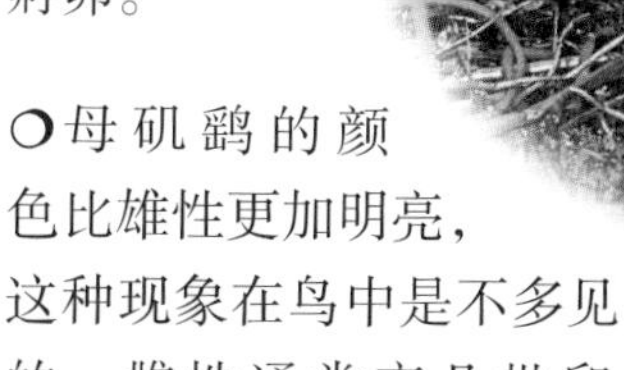

鸟日间在巢里孵卵，公鸵鸟在晚上则会接管过来，继续孵卵。

❍母矶鹞的颜色比雄性更加明亮，这种现象在鸟中是不多见的。雌性通常产几批卵，每批卵在孵化后都由雄性负责照顾。

❍一对秃头鹰在美国佛罗里达修造了宽 2.9 米、深 6 米、重约 3 吨的巢。

❍微小的吸蜜蜂鸟产下重量最小的卵，仅重 0.4 克。最大的卵是鸵鸟下的，重约 1~1.8 千克。

掘穴孵卵

食蜂鸟常把卵产在它们于路堤开掘的洞穴末端的房间里，雌雄食蜂鸟都参与孵化卵并且饲养幼雏。

最大的有顶巢

最大的有顶巢

锤头鹳：宽 2 米，深 2 米

最长的巢洞穴

犀牛小海雀：8 米

最小的巢

吸蜜蜂鸟：顶针大小

没有巢

神仙燕鸥：在光秃的树枝、叶子或者峭壁产卵

最大的卵

鸵鸟卵：17.8 厘米 × 14 厘米，可以支撑一个人的重量

最小的卵

吸蜜蜂鸟：6.35 毫米长

最多的一次产卵量

灰色鹧：每次 15~19 个卵

最长时间的孵卵

漂泊信天翁：75~82 天

⬇在所有鸟中，秃头鹰的巢最大。它们的巢建在高处，由木棍和树枝做成。有时秃头鹰也把巢建在高大的树上或岩石上。秃头鹰会年复一年地使用同一个巢，并不断在巢上添加新材料。

卵

海雀　猩红比蓝雀　猫鹊　鹪鹩　鹌鹑

蓝松鸦　猎鸟　水雉　篱雀　宽尾树莺

鸣禽

鸟类中近乎一半都是鸣禽，包括麻雀、画眉、莺、燕子和乌鸦等。当求偶或者保护自己的领地时，雄性鸣禽常鸣唱复杂的歌曲。鸣禽的脚爪通常有 4 个脚趾，且大脚趾向后。

乌鸫喜欢飞到人们的饭桌上。它们也是黎明鸟类合唱团中起得最早的成员之一，喜欢高高地站在树上或屋顶上，唱着悦耳、轻柔的歌。

红嘴镰嘴鸟有一个长而弯的喙，用以搜索植物内的昆虫。

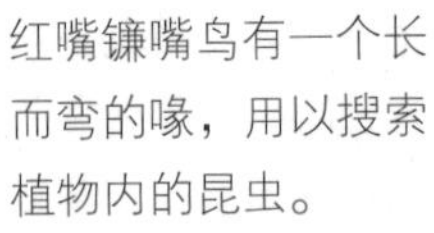

鸟通常通过唱歌告诉其他鸟自己的领地。红胸知更鸟的鲜红色胸毛也能起到“不准过来”的警告效果。在繁殖季节，鸟常通过唱歌吸引配偶。

19 厘米长的大苇莺要比大部分欧洲莺大。

侏儒鸟是居住在中南美洲的小鸟，大约有 57 种。

蚁鸟常跟随蚂蚁群，当其他昆虫从蚂蚁群经过的道路逃离时，便抓住它们食用。

燕雀是最普通的欧洲小雀，能够发出快乐、有吸引力的鸣声。

槲鸫是英国最大的画眉鸟。甚至在暴风雨的天气里，它们也会站在树梢上唱歌。

美国现在可能有1.5亿只麻雀。

红耳鹎主要生活在印度、华南和东南亚等地区的耕地里。

伯劳鸟是贪婪的肉食性动物。一些种类常把猎物定在荆棘上，从而创建一个血淋淋的食品库。

云雀通过拍打自己的翅膀为它们独特的歌声伴奏。

在整个科中，北方嘲鸟最擅长模仿，能模仿其他鸟发出的声音。

被称作巴尔摩莺的雄性北方黄鹂，有着鲜艳的橙黄色和黑色鸟羽。

太阳鸟使用细长的喙和管状舌头从花中抽出甜的花蜜。

绿鹃中的43种生活在北美洲、中美洲、南美洲，它们的身体从10~16厘米不等。

鹪鹩的26个种类居住在澳大利亚和新几内亚，它们在地上搜寻昆虫等食物。

野禽

野禽主要是由躯体肥大，大部分时间在地面上度过的鸟类构成。因为它们肉味鲜美，所以在过去常被人们猎食——目前在有些地区仍然如此。

野生珍珠鸡是非洲鸟，它们成群生活在地面上，非常喧闹。在晚上，珍珠鸡常在树上睡眠。

❍ 雌性红腿鹧通常产下两批卵，一批卵让雄性孵化，一批由自己孵化。

❍ 鹌鹑家族包括90种鹌鹑和鹧鸪。这些鸟类主要以各种种子为食。

❍ 在欧洲和北美洲的一些地区，人们饲养鹌鹑主要用于体育比赛。在比赛中，鹌鹑常被放出来当作活靶射击。

❍ 普通珠鸡最初来自非洲，2500多年前在欧洲被驯化。

❍ 一窝鹌鹑通常包括一只雄性和雌性及它们的幼雏，加上其他几只鸟。

❍ 眼斑塚雉常在植物土墩里产卵，正在腐烂的植被释放的热量可促使卵孵化。

北美洲的野生火鸡居住在森林和灌丛里。主要食用地面上的种子、坚果、莓果、叶子、昆虫和其他小生物。农场养殖的火鸡也来源于这个种类。

五颜六色的野鸡

雄性普通锦鸡是一种美丽的鸟，头上有虹彩羽毛，眼睛附近长着明亮的红色肉块，有时脖子上还有一个白色圆环。它们最初来自亚洲，后被引进到了欧洲和北美洲，目前已经非常普遍。

孵化之后，幼鸟会开掘土墩爬出来。

❍家养鸡来源于红色原鸡，大约在 5000 年前被人类驯化。野生原鸡目前仍然生活在东南亚地区。

❍除了刚果孔雀（野鸡的一种，1936 年在一片中央非洲雨林首先被人发现）外，野鸡的 49 个种类都来自亚洲。

❍松鸡中的 17 种生活在北美洲、欧洲和亚洲北部。

❍雄性西部松鸡身长 87 厘米，是松鸡家庭最大的成员；但雌性西部松鸡身长往往只有 60 厘米。

❍在夏天，西部松鸡食用芽、莓果和叶子等，但是在冬天它们几乎完全靠食用杉木针来生存。

凤冠雉是主要食用种子、莓果和小动物的地居森林鸟类。

有顶长嘴山鹑在东南亚的林地居住，它们主要以昆虫、蜗牛、果子和种子为食。

红腹角雉孤零零地生活在海拔 4600 米的地方。在求偶时，雄性常会膨胀其五颜六色的喉头肉块，使其扩展开来以盖住自己的胸脯。

❍在繁殖的季节，为吸引雌性，向雄性竞争对手挑战，披肩榛鸡常会用它的翼发出打鼓的声音。

❍凤冠雉的 45 个种类均是从美国南部迁移到阿根廷北部的。最大的凤冠雉长 95 厘米，重约 4.8 千克。

求爱舞蹈

东南亚雄性阿格斯野鸡有极长的、充满魅力的羽毛，可以用来打动交配伴侣。它们往往在森林开阔地寻找一个特别场所，然后开始呼唤雌性，并进行飞跃和跳舞的求爱表演。

像图中这只云杉松鸡一样，许多雌性野禽全身羽毛通常呈土褐色，这有利于伪装。当它们坐在卵上照看幼鸟时，可使它们免受敌人侵犯。

翠鸟家族

翠鸟与食蜂鸟、翻飞鸽、戴胜和犀鸟等有血缘关系。这些鸟中的大多数都有着大喙和明亮鲜艳的羽毛。翠鸟通常头大、脖短、喙利。

⬆戴胜鸟是繁忙的鸟，当它们拍动翅膀经过树枝时，常高声鸣叫。它们常用长喙戳进树皮里寻找昆虫为食。

⬇翻飞鸽最典型的捕食方法是俯冲捕食，它们常从空中猛扑到地面捕捉猎物。

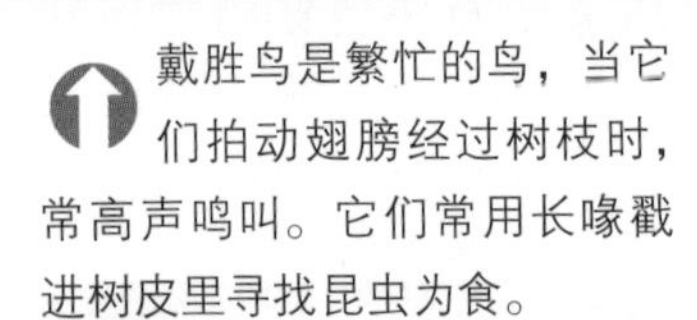

❍欧洲食蜂鸟每天大约食用200只蜂。夏天，它们主要食用土蜂；而在冬天则以蜜蜂和蜻蜓为食。

❍从19厘米长的短尾翠鸰到53厘米长的山地翠鸰，翠鸰的大小不等。有10个种类的翠鸰居住在从墨西哥到阿根廷北部的林地里，它们全都长有锯齿状、向下弯曲的喙。

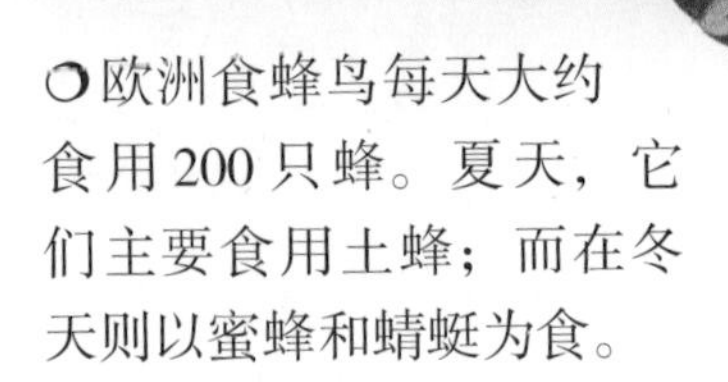

❍木戴胜鸟生活在非洲，它们常在树孔筑巢。木戴胜鸟常在自己的地盘大声吆喝并来回晃动，传递桦树枝给其他戴胜鸟，用以显示其领主身份。

❍翻飞鸽和地面翻飞鸽中的16种居住在南欧、亚洲、非洲和大洋洲。

❍翻飞鸽因其壮观的求爱飞行而得到这个名字。在向配偶进行的求爱表演时，它们向地面俯冲，并伴随着表演滚动和翻筋斗等杂技性动作。

❍杜鹃翻飞鸽主要生活在印度洋的马达加斯加和科摩罗群岛，以变色蜥蜴和昆虫为食。

犀鸟"监狱"

母犀鸟在"监狱"产卵！公犀鸟把伴侣和卵围在树孔里，并用泥把入口堵起来，仅留下一个小口。母犀鸟照看卵，而公犀鸟则通过小口送进食物。甚至当卵孵化以后，母犀鸟和幼鸟还要在洞里待上几个星期，公犀鸟在这段时间将继续为它们提供食物。

⬇ 50厘米长的黄喙翠鸟生活在南非。所有翠鸟的喙都很大，甚至许多种类喙冠上长有由角质素和骨头构成的头盔。一个公犀鸟每次可以运载60多个小果子给幼鸟食用。

❍ 翻飞鸽的宽喙可以在空中捉住有翼白蚁食用。翻飞鸽一个晚上吞食的白蚁数量可达800只之多。

❍ 多数翠鸟以鱼为食。它们能像箭一样射入水中，用矛形喙捉住猎物，然后带着猎物回到栖息处食用。

❍ 翠鸟有时会把溜滑挣扎的鱼在树枝或岩石上拍打，将之打晕后再吞下去。

❍ 热带加勒比岛上居住的翡翠科鸟有5种，它们都以昆虫为食。翡翠科鸟用它们的喙在30厘米长的地道建巢。

❍ 翡翠科鸟是全身羽毛呈鲜绿色的微型鸟。狩猎时，它们先是在树枝上等待，然后迅速飞到开阔地上捕食蝴蝶、甲虫或者其他昆虫。翡翠科鸟几乎能像蜂鸟一样在空中盘旋，这有利于它们从叶子上捕捉昆虫。

⬆ 多数翠鸟的喙尖利，如图中这只绿沸铜翠鸟，这种喙非常适合捕鱼。

草地潜入者

图中微小的非洲矮翠鸟无法像其他翠鸟一样潜入水中，但是在草里，它们能迅速捕捉蚂蚱和甲虫。

鹦鹉家族

在所有鸟中，鹦鹉是最活泼、最有好奇心和最聪明的。它们头大、眼睛大，还有一个强壮得足以击碎最坚硬种子的弯钩状喙。

羽毛上的差异

大洋洲折衷鹦鹉的雄性和雌性羽毛颜色截然不同。雄性（图右边）有着鲜绿色羽毛和一个黄色的喙，雌性（图左边）有着红色羽毛、蓝色腹部和一个黑色的喙。

○鹦鹉能发出多种声音，有时能模仿其他声音，包括人声。鹦鹉的颜色、好奇心、模仿力、学习力（学习各种把戏）和长寿使其成为人们最喜爱的宠物之一。

○唯一不能飞行的鹦鹉是新西兰鹦鹉，但这种鹦鹉现在已经极为罕见。

○在向伴侣求爱时，棕榈美冠鹦鹉可以做出惊人的表演。公鸟能用脚拿着一根棍子，并用棍子敲打树边弄出喧闹打鼓的声响。

○鹦鹉家族大约有350个种类，包括金刚鹦鹉、鹦哥和美冠鹦鹉等。它们居住在中美洲和南美洲、非洲、亚洲南部和澳大利西亚。

○金刚鹦鹉在雨林树孔里筑巢。雌性通常产2个卵，由伴侣帮助孵化。幼小金刚鹦鹉和它们的父母待2年的时间。

宠物贸易

人们买鸟的行为已经导致一些鹦鹉种类濒临灭绝。一些宠物鸟，例如鹦哥，被囚禁养殖。尽管捕捉野生鹦鹉是一种违法行为，但仍会有人从事这种活动。美丽的风信子金刚鹦鹉（如图显示）在南美雨林曾经很普遍，但是由于人类为了牟利而进行的捕捉，现在已经非常罕见。

⬆彩虹鹦鹉非常活跃和喧闹。当它们在林中飞行时，会发出刺耳的鸣叫；甚至当它们食用种子、果子、花蜜、花粉、莓果、叶子和昆虫时，也经常喋喋不休，吵闹不已。

○金刚鹦鹉常在河岸吞咽黏土。黏土能保护鸟免受某些植物和种子的毒副作用。

○小金刚鹦鹉面孔两边的羽毛样式非常独特——没有两只看起来会完全相同。

○85厘米长的中南美洲绯红金刚鹦鹉是鹦鹉家族中最大的成员。

○猩红色金刚鹦鹉明亮的红色羽毛使得它们成为鹦鹉中最美丽的一员。当它们搜寻雨林果子、坚果和种子等食物时，飞行速度能达到56千米/小时。

○美冠鹦鹉头上有特别的羽毛冠，当它们受惊或激动时，羽毛冠就会立起来。

葵花凤头鹦鹉

这种大型黄色、有顶饰的鸟成群生活，共同食用种子和果子等食物。当被笼养时，它们很快就会被驯服。

冈冈巴丹鹦鹉

这种小美冠鹦鹉发出的声音像一根生锈的门铰链发出的声响。

米切氏凤头鹦鹉

这种热带鸟全身白色羽毛衬着桃红色。它顶头冠展开时呈现猩红色和黄色色带。

棕榈巴丹

这个种类异常黑。它们有高顶头冠，常使用巨大的喙敲开极坚硬的种子。它们主要居住在热带森林。

风信花金刚鹦鹉

它是世界上最大的鹦鹉，来自热带南美洲，主要从树里获得食物，但也吃落在地面上的坚果。

红尾黑巴丹

它们通常200多只集结成一个群体。当飞行时，它们尾巴上的猩红色斑纹会发出明亮的光来。

派斯奎特氏鹦鹉

这种鹦鹉生活在巴布亚新几内亚，主要食用水果。它通常在一棵死树里面开掘筑巢，并在里面产下一两个卵。

长嘴凤头鹦鹉

这种美冠鹦鹉很奇特，因为它们在地面度过太多时间，并常用强有力的喙挖掘植物根食用。

啄羊鹦鹉

啄羊鹦鹉因为发出的刺耳声音而得名。它们常用长喙的上部从果子里取出果肉或者剥去动物尸体的骨肉。

黄尾黑凤头鹦鹉

这种鹦鹉颜色黑暗，有着长长的黄色尾巴和黄色面颊。它们居住在塔斯马尼亚岛和澳大利亚东南部。

猛禽

猛禽是体型最大、性情最残暴的鸟类。它们脚趾上有强有力的利爪，鸟喙呈尖利的钩状，能够从猎物身上撕下肉来。

不同于其他雕，胡兀鹫面孔和脖子上长着羽毛。

黑鹰是庞大的黑色猛禽，它的后面有一个清晰的“V”字标记。

适应能力很强的短尾鹰引人注目，它们普遍出现在非洲的草原、山脉和沙漠地区。

笑隼洪亮的、只重复两个字的鸣叫声听起来有点像人类“哈哈”的笑声。

白鹭长55~58厘米，有着1.6米长的翼幅，令人一见难忘。雌白鹭比雄性要稍微大一点。

爪

脚趾下的毛刺有利于抓住滑溜的鱼

图中这只肉垂秃鹫有非常宽广的翼，这非常便利于翱翔在非洲平原上空搜寻食物。

秃头鹰食用腐尸（动物尸体）、小鸟和鱼等小猎物。它们从其他猛禽那里窃取饭食，也会为了食物自相残杀。

大猛禽

名称	体长
美洲角雕	91~110 厘米
菲律宾鹰	86~102 厘米
金鹰	76~99 厘米
猛雕	81~96 厘米
乳黄雕鸮	81~96 厘米
白头鹰	79~94 厘米
冕雕	81~91 厘米
新几内亚角雕	75~90 厘米
白尾海雕	70~90 厘米
白肩雕	74~84 厘米
非洲鱼鹰	74~84 厘米

你知道吗?

安第斯秃鹫是体型最大的猛禽，可重达12千克，翼展开可长达3米。

在所有鸟类中虎头海雕属于最强有力的那种。它们有2.4米长的翼展和巨型的喙，用喙从鱼、死海豹和靠岸的鲸鱼上剥去骨肉。

蛇雕有一个羽毛头冠，它们捕食蛇、蜥蜴及一些普通猎物。

埃及雕常常窃取鸟卵。它们通过把鸟卵掷在地上或用石头砸鸟卵使其破裂。

埃莉氏隼专门狩猎小型鸟类。在夏季将要结束时，它们才开始繁殖。埃莉氏隼通常在地中海岩质岛上聚集成群，共同繁殖后代。

鱼鹰常使用其致命的利爪从水中把鱼捕捉出来，它们脚趾上的尖爪有利于抓牢溜滑的猎物。

苍鹰常从一个高的栖息处把自己像炮弹一样发射出去，然后捕捉鸟和哺乳动物。

松雀鹰主要捕食其他鸟类，从山雀到野鸡等大小不等的各种猎物。

暗棕鵟主要在多山地区寻找猎物。人们经常可以看到它们在空中盘旋着，搜寻小的哺乳动物、鸟和蛇等。

沙漠里的鸟类

在沙漠中居住的大多数鸟类要么从食物中获得必要的湿气，要么长距离飞行去发现水源。在白天极热时，它们常在树荫下休息。一些沙漠里的鸟只在温度较低的晚上出来活动。

精灵猫头鹰

矮子猫头鹰

矮子猫头鹰是世界上最小的猫头鹰，仅长 14 厘米，居住在美国西南部的沙漠地区。它们在晚上捕食，主要食用昆虫和蝎子，但是有时也食用老鼠和小鸟，甚至偶尔会捕食蛇和蜥蜴。矮子猫头鹰在飞行觅食时，常会被营火等明亮的光源所吸引。

❍ 澳大利亚肉桂鹑鸫在白天藏在洞穴里躲避烈日，在晚上出来寻找种子和昆虫吃。

❍ 黄头金雀生活在墨西哥的沙漠地区和美国的西南地区。它们在仙人掌上做巢，仙人掌的棘刺可以保护黄头金雀和它们的卵免受捕食者的侵犯。

❍ 由于栖息的树和灌木非常少，沙漠鸟不得不在地面上度过它们的大部分时间。

❍ 哀斑鸠是生活在美国西南的沙漠鸟。它们能够快速飞行，经常长途跋涉地找食物和水。

❍ 火鸡兀鹰在美国沙漠的上空盘旋，搜寻腐尸吃。

❍ 虽然许多沙漠鸟主要以昆虫作为食物，但是一些沙漠鸟也捕食小的哺乳动物，还有一些沙漠鸟只吃种子。

❍ 多数沙漠鸟只活跃在黎明和日落，其他时间则在树荫下休息。

❍ 猫头鹰、破为鹰和夜鹰通过张开宽嘴和振翼为它们的喉头降温。

❍ 沙漠的水如此珍贵以至于走鹃在排泄之前会重新吸取其中的水分。

❍ 为了躲避炎炎烈日，穴鸮在由小哺乳动物（如兔子和草原土拨鼠等）开掘的地下洞穴里面休息。

火鸡兀鹰是最普通的美国雕，在飞行中，它们经常从一边到另一边滚动且倾斜身体。

仙人掌鹪鹩会用不同的仙人掌做几个假巢以迷惑捕食者。

许多沙漠鸟都有沙棕色羽毛，以便与周围环境融合，这有利于自身的掩藏，不被敌人发现。乳色走鸻生活在非洲的沙漠和亚洲部分地区。在地面上很难看到它们，但是当它们在空中飞行时，翅膀上黑白图案便比较显眼。所以，它们往往只在地上跑，而不是飞行。它们主要食用昆虫及从沙子里挖出的其他动物。

你知道吗？

公鸸花费大约 8 个星期孵化伴侣产下的卵，在此期间它们不吃不喝。

携水鸟

在沙漠中，鸟不得不飞很长的距离才能发现水源，但这对幼雏来说是不可能的。这对于公沙鸡来说，并不是难题，因为腹下有特别的羽毛，这些羽毛可以像海绵一样吸水。当它们发现水源后，就在水中完全浸泡羽毛，然后飞回家，让幼雏大口大口地吞下羽毛上携带的水。

草原鸟类

草原是以种子、昆虫及以动物腐尸为食的鸟类的家园。长腿鸟，如鸵鸟和三趾鸵鸟等，能发现草原的潜在危险。

❍ 非洲草原的黄嘴牛椋鸟经常坐在水牛背上，并从它们身上啄食扁虱。

❍ 牛白鹭经常伴随草原的大型哺乳动物，并以它们身上或者附近的昆虫为食。

❍ 服饰奥若盘拉鸟是生活在南美洲的草原鸟，它们寻找昆虫和其他小生物食用。

❍ 北美洲最大的猫头鹰是大角枭，它们的食谱中包括鹌鹑和其他草原鸟。

❍ 三趾鸵鸟是南美大草原上个头最大的生物之一，主要以草为食。

❍ 西部草地鹨用草和杉木针叶在草原地面上筑巢。

❍ 非洲草原的长腿蛇鹫行走很快，每天常走30千米左右的路程去寻找蛇、昆虫和鸟等食物。

❍ 不同种类的雕常食用猎物身体的不同部分，例如胡兀鹫（有胡子的雕）就只吃猎物的骨头。

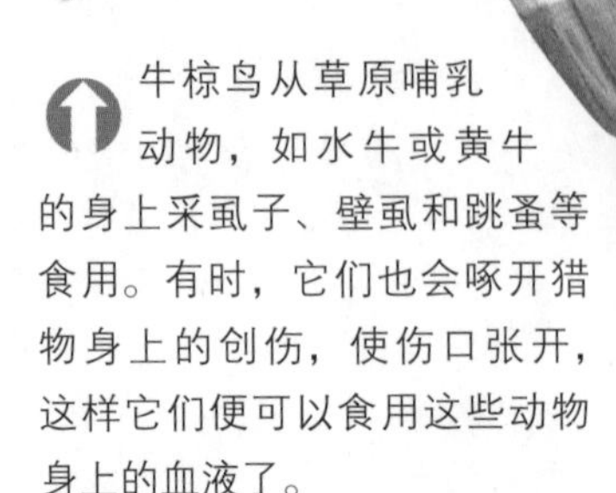

牛椋鸟从草原哺乳动物，如水牛或黄牛的身上采虱子、壁虱和跳蚤等食用。有时，它们也会啄开猎物身上的创伤，使伤口张开，这样它们便可以食用这些动物身上的血液了。

❍ 在热天里，有些雕在自己的腿上喷尿，用以降低体温。尿液被蒸发时带走了身体的热量，从而会降低身体温度。

❍ 雌性白背兀鹫常在高树上用大木棍筑巢，并把卵产在里面。它们通常用56天的时间来孵卵，在此期间，由雄鸟给它喂食。孵化后，母鸟和公鸟共同照看幼雏。

❍ 肉垂秃鹫是非洲最大的雕，长约1米，翼幅可达到2.8米。肉垂秃鹫的喙也比其他鹫的更大。

三趾鸵鸟不能飞行，但是它们能以50千米/小时的速度向前冲刺。跑动时，它们能用翅膀保持身体平衡。

秃长的颈脖

秃鹰常把头探到动物尸体里面，灵活地转动着脖子并用锋利的喙啄下肉来食用。秃鹰的脖子上光秃秃的，没有大的羽毛，这是因为大羽毛将会浸泡在血液中，从而影响秃鹰的活动。

胡兀鹫，又被称作“长胡子的鹰”，这是因为从它们面孔上垂悬下来的硬羽毛像胡子一样。

❍作为最大和最强有力的猎鹰之一，猎隼生活在空旷地区，特别是干燥的灌木林和干草原。从东欧，穿过中亚到中国，都有猎隼的踪影。这种长相庄严的猎鹰常捕食陆居哺乳动物，如野兔、土拨鼠、鼠兔等。同时，它们也会捕猎其他鸟类作为食物。

小而腿长的穴鸮居住在美洲广袤的草原上。它们通常在晚上捕食小鸟、青蛙和爬行动物。

肉垂秃鹫也食用动物腐尸。它们经常滑翔在非洲和中东的沙漠上空，搜寻动物尸体或其他捕食者（如狮子等）留下的肉块。当察觉食物时，它们就猛扑下来用钩状硬喙啄食。它们能利用自己强壮的体格，控制其他出现在动物尸体附近的雕，并经常抢夺食物。

雨林鸟

和其他栖息地相比较，雨林地区常常能够容纳更多种类的鸟。这里终年气候温暖，树木和其他植物能为鸟类提供大量食物及安全的筑巢地。为避免争夺同样资源，鸟通常居住在不同树层。

刚果太阳鸟

风信花金刚鹦鹉

南美洲的风信花金刚鹦鹉能长到 1 米长。它们常在树孔筑巢，每次产下两三个卵。但是通常只有一个能够幸存下来。

❍南美洲的巨雕是唯一居住在雨林的雕。除了食用腐尸外，它们也会捕食哺乳动物和爬行动物。

❍日鳽生活在南美洲雨林河岸处，主要以青蛙、昆虫和其他生物为食。

秃鹫鹰

麝雉

❍冕雕居住在非洲雨林，主要以猴子、猫鼬、鼠和其他哺乳动物为食。它们的巢通常是公鸟和母鸟共同用木棍筑在一棵大树杈上的。

和其他类型的栖所比起来，热带雨林能够为更多鸟类提供家园。许多生活在树冠层上的鸟有着令人惊异的多种颜色，猎鸟和捕食昆虫的鸟类常徘徊在森林地面上。

❍疣鼻栖鸭生活在世界许多地区的农家庭院和公园。

❍麝雉常把巢筑在雨林河上，当它们的幼雏遭遇威胁时，能迅速跳到水中逃生。

❍ 蛙嘴夜鹰的 12 个种类居住在东南亚和澳大利亚的雨林地区，它们常敞开宽大的嘴来捕食昆虫。

❍ 颜色鲜艳、长着长尾的绿咬鹃居住在中美洲地区。在玛雅和阿兹台克文明中，它们是神圣的代表，现在它们是危地马拉的国鸟。

❍ 在飞上天空之前，雄性绿咬鹃常从树上向后跳离，从而避免其极长的尾羽与树枝缠结在一起。

❍ 巨嘴鸟主要食用果子，它们常用长喙从树枝上采摘果子。它们也吃一些昆虫和小动物，如蜥蜴。

❍ 巨嘴鸟通常在树孔里筑巢。雌性产下 2~4 个卵后，由雄性帮助孵化，需要大约 15 天的时间。

❍ 胡子绿鸭居住在非洲雨林，当它们在茂密的雨林中与同类联系时，能发出非常好听的啸声。

❍ 绿咬鹃的羽毛非常出众，长达 90 厘米。

❍ 绯红金刚鹦鹉是世界上最大的鹦鹉之一，通常 20 多个集群移动。当它们从一棵树飞到另一棵树上、食用果子和树叶时，常发出刺耳的叫声。

❍ 雄性红色原鸡会发出喔喔啼叫声，以吸引雌性或者警告其他雄性对手。

❍ 同其他 41 个种类的天堂鸟一样，国王天堂鸟主要在雨林地区居住，与昆虫、青蛙和其他小动物待在一起。在它们的求爱表演中，雄性常展开翅膀，像一台快速转动的风扇一样振动不已。

7 哺乳动物

哺乳动物简介

哺乳动物有着多骨的骨架，身体被毛皮或毛发覆盖，幼体通常喝奶长大。哺乳动物有惊人的适应能力，遍布地球大部分可以栖息的地方，从干旱的沙漠到冰冷的北极。它们是温血动物，能保持身体的恒温。

蓝鲸是最大的哺乳动物，并且是已知的最大生物。它们长约 33.5 米，重约 210 吨，心脏重 700 千克左右。它们终生在海上度过。

❍ 哺乳动物大约有 4500 种大小不等的类型或种类，包括巨型蓝鲸和微型的鼩鼱、蝙蝠等。实际上，蓝鲸要比最小的动物——泰国猪鼻蝙蝠大 10000 万倍。

❍ 除了鸭嘴兽和针鼹外，所有哺乳动物都直接生出幼体。哺乳动物主要分两组：胎盘动物（例如猫）和有袋动物（幼体在袋中发育，如袋鼠）。

❍ 多数哺乳动物都有很好的视觉、嗅觉和听觉。它们的感觉器官能帮助它们发现食物和保护自己免受捕食者侵犯。许多哺乳动物过着夜行的生活方式，

海豹的身体光滑，呈子弹形。它们能用小而圆的脑袋、鸭脚板和强健的躯体，快速推动自己前进。但是一旦上岸，它们爬行则非常缓慢。

哺乳动物能适应各种各样的生活方式，例如非洲狞獾有强壮的下颌和锋利的牙，用以捕捉猎物。

人类

人类是在这个世界上数目最多的哺乳动物，超过60亿。人身上长有毛发、较大的脑，并用特殊乳腺分泌出来的奶哺养婴孩。

这意味着它们只在晚上活跃，因此都发育了非常优秀的夜视能力。

哺乳动物的呼吸

哺乳动物呼吸空气进入肺部，空气中包含氧气，氧气是一种能够从食物释放能量的气体。居住在水面下的哺乳动物，如鲸鱼，需要经常到水面上呼吸空气。一些小型哺乳动物，例如鼩鼱，由于快速运动，往往需要比一只同等重量的大型哺乳动物消耗 20 倍以上的氧气。

❍ 毛皮和油脂能保护哺乳动物免受寒冷。当它们感觉寒冷时，常缩成一团，寻找掩体避寒或抖个不停。一些哺乳动物通过休息或冬眠在冬天节省能量，也能通过出汗、喘气或休息使身体冷却。

❍ 多数哺乳动物靠四条腿移动，但不是所有的都如此：海居哺乳动物，如鲸鱼和海豹，有着非常适合在水里移动的流线型身体；蝙蝠是唯一会飞的哺乳动物。

哺乳动物之最

最大的啮齿动物	水豚（和山羊一样大）
最大的蹄类动物	河马
最长的毛发	牦牛（毛发长达 90 厘米）
最大的熊	北极熊（重 500 千克）
最臭的动物	臭鼬
最嗜睡的动物	冬眠鼠
最慢的动物	树懒
最重的树居动物	猩猩（重达 90 千克）
最适合山居的动物	鼠兔（生活在海拔 6000 米的地方）
披甲最多的动物	犰狳和穿山甲

❍ 就身体大小而言主，哺乳动物有着比其他动物更大的脑子，人类、黑猩猩、大猩猩、猩猩、狒狒和海豚是世界上最聪明的生物。由于哺乳动物的脑大，所以它们能学习、适应或者改变自己的行为。

❍ 更大的哺乳动物，如大象，通常只生一个后代并照料好几年。更小的哺乳动物，如鼠，常能生十个或更多后代，幼崽在几个星期内迅速长大并且完全独立。

❍ 多数哺乳动物的身体只适合发现和食用某种专门的食物。狩猎其他动物的肉食性动物通常长有锋利的刺牙，而吃植物的植食性动物的胃和肠子特别适应消化坚韧的纤维状食物。

❍ 所有哺乳动物的耳朵上都有三块小骨头，这些被称作小骨的骨头把声音从鼓膜传到内耳，内耳里的神经负责把信号传到大脑。

哺乳动物的过去和现在

哺乳动物大约在2亿年前开始出现在地球上，当时恐龙仍是地球霸主。当恐龙灭绝之后，有着大脑子、温暖的身体和学习能力的哺乳动物开始成为庞大的并占统治地位的动物群组。

❍在真正的哺乳动物涌现之前，有些爬行动物，如犬齿类动物，已经具备了哺乳动物的特征，长有头发和专用的牙齿。

❍人们现在相信第一只哺乳动物是从兽孔目爬行动物演变而来的。兽孔目爬行动物的肢体长在身体下面，而不是两边，这使得哺乳动物能够比爬行动物移动得更快速。

豹子的伪装

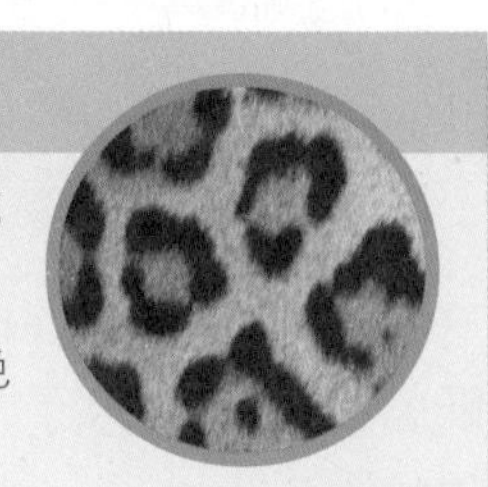

豹子皮层的特写镜头（如图），外部皮层的玫瑰华饰能帮助它们隐藏在森林阴影之中。豹子毛皮的背景颜色从秸秆色到深栗色不等，且偶尔也会有黑色。

❍可以通过观看化石便能想象出哺乳动物是如何演变的。动物遗骸，例如骨头和牙，在成千上万年前变成石头。不幸的是，柔软的身体部分，如脑子和毛皮，很少被保存，而往往正是这些东西才能告诉人们关于哺乳动物祖先的真实情况。

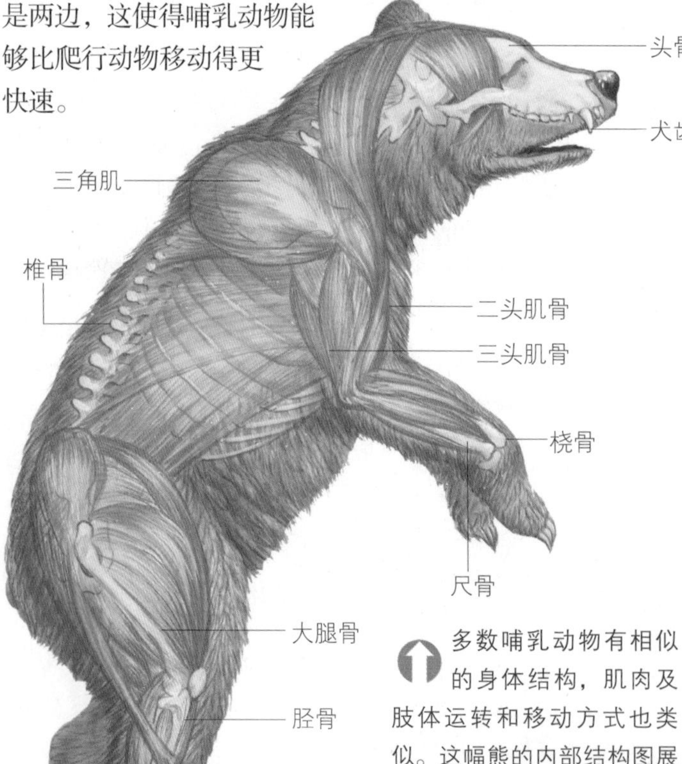

多数哺乳动物有相似的身体结构，肌肉及肢体运转和移动方式也类似。这幅熊的内部结构图展示的是肌肉和骨头如何共同合作，从而使熊运动的。

❍剑齿虎类在大约1万年前绝种。剑齿虎是剑齿虎类中最著名的动物，大小跟一头大狮子相似。它们用来刺穿猎物身体的犬齿长达25厘米。

❍数以万计的动物在演变期间自然灭绝，绝种的主要原因在于不能适应环境的变化。

❍大约3800万年前地球开始变冷，冰在南极洲形成。哺乳动物能控制自己的体温，也许正是这帮助它们

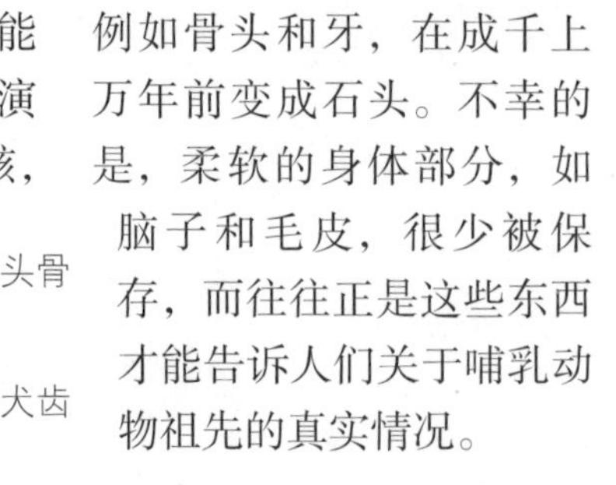

北美洲猛犸有巨大卷曲的长牙。它们高约 4 米，要比今天的所有大象都高，并且它们有长达 50 厘米的外层毛发。猛犸大约在 12500 年前绝种。

在剧烈的气候变化中幸存了来。

❍ 哺乳动物哺乳的乳腺演变于爬行动物身上的汗腺（爬行动物可以通过汗腺渗出奶汁喂养幼崽）。

❍ 多数哺乳动物身体覆盖在一层毛发或者毛皮之下。有些哺乳动物有脊椎、角和皮刺等，所有这些都由已经变厚、变硬的头发缕构成。

❍ 毛皮不但有利于保留动物身体的热量，同时也能给动物提供保护，而且还能用于伪装。明亮的毛皮还能起到吸引交配伴侣的作用。海洋哺乳动物，例如鲸鱼，身上仅有少量的刺毛。

许多哺乳动物出生时不能自立，必须依靠母乳提供所有养料。这些幼体吮吸母亲的奶头以让奶流出来。

最长的动物毛发

在所有动物中，麝牛与中亚的牦牛毛发最长，某些外层的毛发长约 100 厘米。这些庞大的动物能整年生存在 -70℃的北极地区。

❍ 许多哺乳动物的行为要比其他生物更加复杂多样，特别是它们有着更强的能力，即从自己的经验中学习的能力。一些哺乳动物，包括猴子和海豚，甚至能互相学习，特别是向长辈学习。

哺乳动物的饮食

哺乳动物的生命都开始于喝母乳，但是，随着身体成长和发育，它们会逐渐学会自己寻找食物。有些哺乳动物是掠食性动物，但有些则只吃植物和草；有些搜寻昆虫食用，还有一些以动物尸体遗骸为食。

❍要保持身体和脑子温暖并运作良好，哺乳动物需要食用大量能够提供能量的食物。哺乳动物的大部分时间也许都花在食物的寻找上，例如野马，每天花16~20个小时在食物上，在这段时间内它们咬嚼食物的次数可达3万次。

❍掠食性哺乳动物经常在黎明和黄昏猎食，因为这时的冷血动物，如蜥蜴或昆虫等都不太活跃，更加容易捕捉。植食性哺乳动物倾向于在日间饮食，因为这时可以更加容易地察觉捕食者。

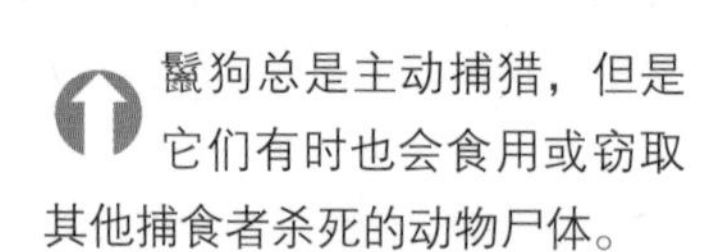

鬣狗总是主动捕猎，但是它们有时也会食用或窃取其他捕食者杀死的动物尸体。

❍哺乳动物能上下左右地移动颌。这意味着不同于其他动物，哺乳动物能咀嚼食物。

鼠兔常小心地把食物存放在洞穴里，以避免植物迅速烂掉。这种存放食物的方式叫贮藏。

❍哺乳动物的牙齿专门适应它们的食物。例如肉食者有锐利、可刺穿动物身体的切牙，植食者可能长有能剪断坚韧植物并将之研碎的牙齿。

❍动物通常需要捕捉食物，

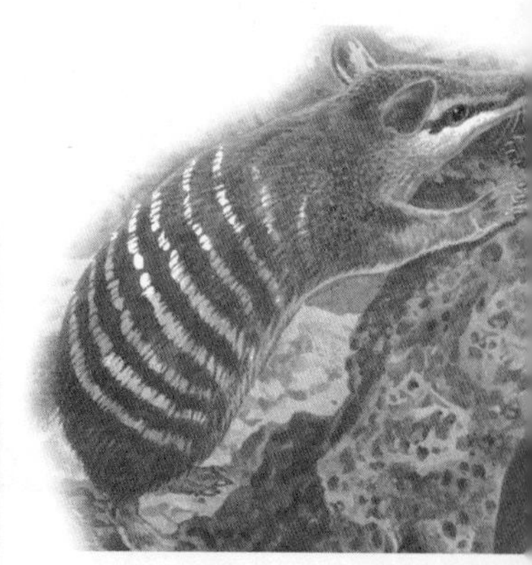

袋食蚁兽的舌头长达10厘米。它们常用舌头挖出小无脊椎动物食用。

猬

猬在晚上最活跃，它们能依靠嗅觉找出猎物。它们有着小而锋利的牙齿，主要食用昆虫、幼虫、蠕虫和类似的多汁生物。

哺乳动物中的掠食性动物如猫，通常用利爪来制服猎物。

❍一些植食者随着季节的变化而改变食谱，鼠兔在春天啃食芽和幼苗，在夏天食用草类植物，在秋天则储存叶子和草以备冬天食用。

❍有些哺乳动物只吃一两种食物。大熊猫主要以竹子的枝条和根为食，它们整天不停地吃，一天最多能吃12千克的竹子。有些哺乳动物，例如熊和人，则食用各种各样的食物，包括植物和肉，因此被称为杂食动物。

❍袋食蚁兽生活在澳大利亚西南。它们用锋利的前爪撕开白蚁巢，然后舔食白蚁，偶尔也吃蚂蚁。它们有52颗牙（比其他陆地哺乳动物要多）和一条发黏的舌头。

❍海岛猫鼬常攻击和食用毒蝎。它们先咬掉蝎子尾蜇，使其不具备毒性。通过食用这些危险生物，海岛猫鼬能享受到多数捕食者竭力避免的食物。

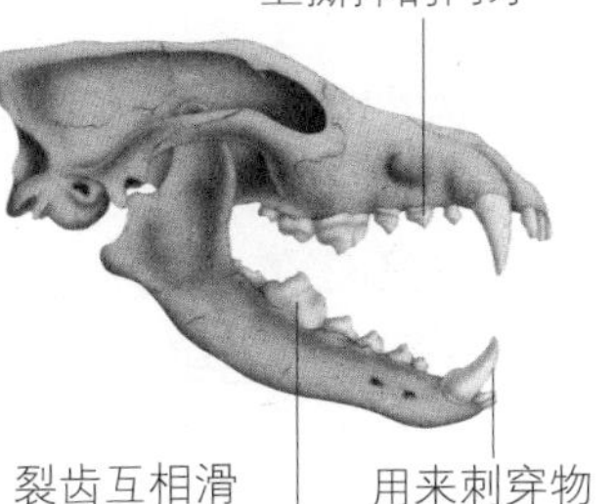

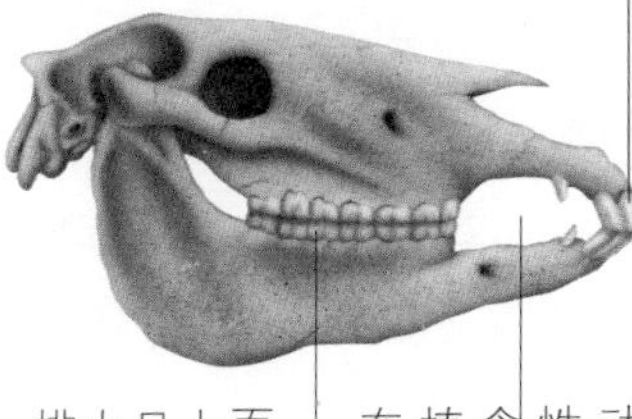

狮子是肉食性动物，它们的牙齿适于捕捉、撕裂和咀嚼猎物。马是植食性动物，它们的牙适合研碎坚韧的草本植物。

幼鲸

像陆地哺乳动物一样，鲸用自己的奶喂养幼崽。鲸奶营养非常丰富，所以幼崽常以令人难以置信的速度生长。例如蓝鲸的幼崽，每天喝500升母奶。蓝鲸的母乳非常浓，且营养丰富，以至于幼鲸成长速度惊人，每天增重100千克，而且这种情况会一直持续7个月之久。

大熊猫偶尔改变只食用竹子的习惯，会吃一些小食物，如鱼、老鼠和蛋等。

哺乳动物的世界

哺乳动物能居住在世界上绝大部分地方。它们在世界上每个主栖息地都可以生存，这是因为它们像鸟一样，能通过保持身体恒温来适应不同的气候。这就意味着，在世界的任何地方都能发现它们的身影。

南部的海象和其他哺乳动物都能在南极生存。由于身上厚实的脂肪，它们能够承受骤然的大幅度降温。

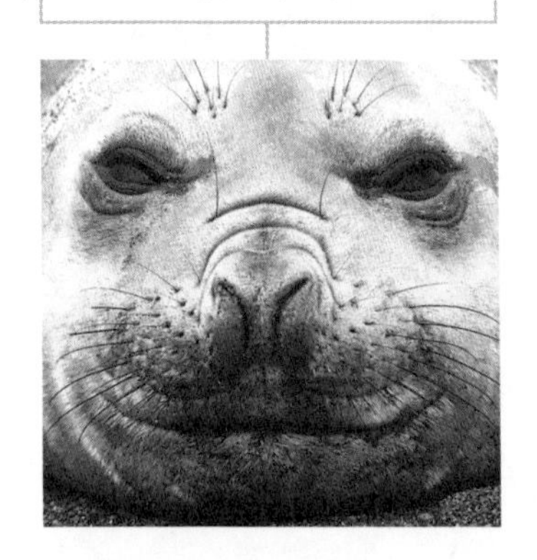

白狐在寒冷的北方栖息地可以很好地进行伪装。在冬天它们常炫耀着自己的白色“外套”，但在夏天，它们身上则长出棕色软毛。

长着厚实软毛的羊驼居住在高高的南美安第斯山，密集的羊毛能使它们在4800米的高处保持温暖。

美国黑熊喜欢居住在森林，它们在那里可以找到果子、莓果和坚果。它们也会在垃圾箱里获取食物。

你知道吗？

人类也许最早在非洲进化，然后大约在200万年前，开始向其他区域移动。现在人类几乎居住在地球表面的任何一个地方。

世界的海洋和河流成为那些又回到水中并适应水生生活方式的许多哺乳动物（如海豚）的家园。

在恐龙时代，最常见的是热带雨林。现存的部分雨林仍然为众多种类的动物，如图中这只鼠猴，提供栖息地。

神奇云豹经常潜伏在东南亚森林里。由于伐木业的影响，它们的数量正在下降。

图中这种濒临灭绝的欧洲貂居住在沼泽地，它们四处觅食，搜寻鱼、青蛙、水鸟和小龙虾等食物。

大洋洲在上百万年前与其他大陆脱离，于是在这里进化了一组完全不同的哺乳动物，例如沙袋鼠。

保持凉爽对动物的生存来说就像保持温暖一样重要。炎热和干燥地区的哺乳动物常躲在树荫下通过喘气来降低身体温度。狮子居住在非洲草原，在每天最热的那段时间里，它们会选择休息。

大群非洲牛羚常迁徙数百千米寻找新鲜的草，这种草只在季节性降水之后才会长出来。

林地和森林为长耳蝙蝠提供了捕猎昆虫的大量机会。

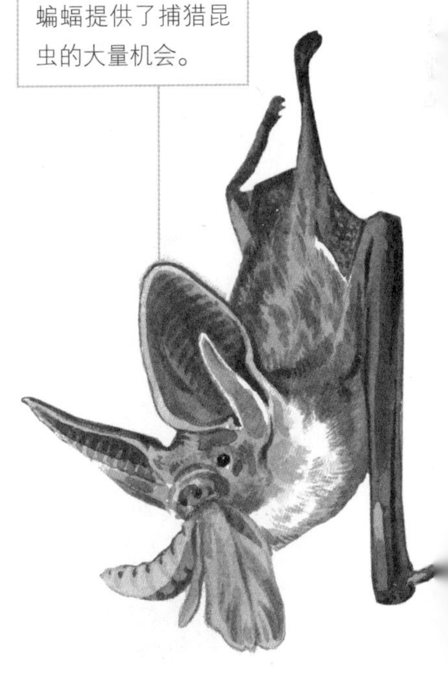

哺乳动物的感觉器官

哺乳动物是一个繁衍得极为迅速并且极其庞大的动物家族，原因之一就在于它们的智能水平。大脑发达的哺乳动物有能力处理来自五官（视觉器官、听觉器官、嗅觉器官、味觉器官和触觉器官）的信息，从而能确保安全，并找到食物、水和伴侣等。

➡图中这只占控制优势的豹子露出犬齿，压在另一只豹子身上。躺在地上的豹子已经放弃抵抗，表示认输。

⬇通过展示自己的力量，重达35千克的雄性山魈能吓退竞争者或入侵者，从而避免了与它们之间的战斗。

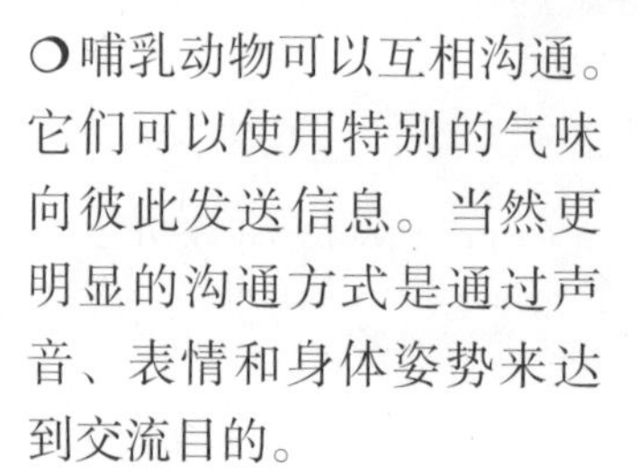

❍哺乳动物可以互相沟通。它们可以使用特别的气味向彼此发送信息。当然更明显的沟通方式是通过声音、表情和身体姿势来达到交流目的。

❍哺乳动物的腺体能产生有刺鼻气味的分泌物，它们通过气味来标记自己的地盘、伙伴、食物和幼崽等。

❍雄性山魈的面孔上有大红和蓝色的斑纹，用来吸引雌性。它们常通过打呵欠炫耀自己的大犬齿，来吓退其他雄性对手。它们的犬齿可长达7厘米。

❍像许多哺乳动物一样，马有着极强的嗅觉能力，可以根据气味辨认对方。母马能纯粹通过气味从牧群中挑出自己的小马驹，公马通过空气便知道附近是否有母马存在。

❍鲸鱼可以长距离穿过海洋移居或者旅行。它们能通过内部的磁铁微粒感觉地球的磁场，从而来确定方向。

触觉是马身上最发达的感觉器官。马能感觉到苍蝇在身体任何地方的降落，然后用尾巴把苍蝇打跑。马对自己身体任何部位的接触都会有反应——对耳朵和眼睛上接触的反应尤为明显。

❍有些狗的嗅觉非常灵敏，它们往往只要嗅一下鞋子，就能找出它的主人。

❍鲸鱼能看到水下1米深的地方，但是它们没有嗅觉。它们的听觉非常好，这使得彼此间能够互相沟通。许多鲸鱼通过发出嘀嗒声互相交流，这种声音人耳无法听到。

❍在黎明和黄昏，光线很暗的时候，哺乳动物经常依靠颊须和触觉获取周围的信息。鼹鼠居住在地下，因此它们不需要很好的听力或视力，而主要依靠味觉和触觉。长的触觉毛发或颊须覆盖住它们敏感的口鼻部。

北极熊

北极熊能嗅到冰上60千米外的海豹。当捕食海豹时，北极熊的白色“外套”在北极雪的衬托下能为它们提供非常好的伪装，但有时它的黑鼻子会暴露自己。当海豹探头出来呼吸时，北极熊会立即把它捉住。北极熊经常在水面下游泳，然后突然从大冰块下钻出来捕杀海豹。它们也会向海豹投掷大冰块，将之砸晕食用。

喧闹的哺乳动物

最喧闹的陆生动物是南美洲的红色和黑色吼猴。它们成组居住，通过嚎叫、高声呼喊来定义自己的地盘，驱赶入侵者。喊声通过下巴下面的回响室变得更大，甚至在几千米外都能听见。

❍肉食性哺乳动物，例如老虎，眼睛通常位于头前面。这帮助它们在攻击之前将视力集中在猎物身上。植食性哺乳动物，如兔子，眼睛通常位于头的两侧，因此它们能看到头两边的情景，并且能发现处于任何方向的捕食者。

在所有的哺乳动物中，抹香鲸脑子最大。储蓄在头骨中的脂肪能帮助它们通过回声定位法聚焦声音。

哺乳动物的群居生活

大多数哺乳动物往往直接生出幼崽。在雌性身体里面，正在发育的幼崽通过胎盘吸收母体的营养。多数哺乳动物的幼体出生时仍然需要父母的照料，但是它们往往已经发育得相当好了。

❍ 在哺乳动物生育或繁殖前，它们需要找到一个适当的伴侣来交配。当动物聚在一起繁衍时，求爱过程就开始了。通常在交配之前，雄性必须向雌性证明它们的健康和强壮。

❍ 幼崽在母亲身体里发育的这段时间被称为怀孕或者妊娠。经常处于被捕食者捕杀的哺乳动物，例如鹿，产下来的幼崽往往几个小时后就能跑起来。

⬆ 海岛猫鼬生活在地下，往往30多名成员组成一个大家庭。“哨兵”常站立在岩石或灌木上，当发现危险时，便咯咯、吱吱叫着向同类发出警报。

⬇ 在出生的第一个星期内，小马驹会一直紧挨着它的母亲。当它们逐渐变得自信后，就会离开母亲去探索外面的世界。

⬆ 雄斑马与群落中的所有雌斑马交配。作为交换，它必须保护整个群落和它们的地盘不受侵入者和捕食者的侵犯。

哺乳动物分组

根据繁衍后代的不同方式，哺乳动物可以被划分成三组。单孔类动物，如鸭嘴兽，通过产卵的方式繁衍后代。有袋动物，例如袋鼠，直接生出发育良好的幼崽，并用母乳喂养。胎盘动物，例如人，幼仔在母亲的子宫里面发育，通过胎盘得到营养素，直到它们获得足够的营养后才会被生出来。

❍动物刚出生或刚孵化的这段时间是它们一生中最危险的时候。有些种类，如青蛙和昆虫，往往产下数百个卵，以便至少某些幼体能存活下来。哺乳动物通常只有几个后代，并且向它们提供保护。

❍许多哺乳动物成群生活，这种生活方式能够为它们提供较大程度的保护和安全。如草原斑马的家庭通常由几位雌性和它们的子孙构成，由一个雄性斑马领导，并且雄性会和家庭中的所有雌性都发生交配行为。

❍当海岛猫鼬的幼体照料自己弟弟和姐妹时，它们的母亲会外出寻找食物以保证自己的奶量供应。群组的其他成员会在高土墩守卫，并且不断监视天空以防止捕食者的突然降临。

❍当动物群居生活时，它们经常会执行不同的角色或者工作。例如裸克分子鼠群往往由一位雌性领导80多个同类住在地下。除了这个女王外，其他群组成员必须开掘洞穴寻找食物，并且负责照看女王。

雄性产奶

某些种类的蝙蝠能够产奶，但是没有人知道它们是否哺乳幼崽。

⬆在一个群落中往往只有一个裸克分子鼠可以繁殖，它一次可以生20多个幼崽。

⬇鸭嘴兽居住在澳大利亚西部的河流区域。它们长有蹼足和一条类似桨的尾巴，后者专门用作游泳。

❍许多野生动物最危险的时期是幼儿发育阶段。野生大猩猩能活到40多岁，但是将近2/5的幼猩活不到一岁。一些幼猩会死于疾病，其他则被成年的雄性大猩猩、偷猎者或豹子杀害。

⬇发情哺乳动物之间的决斗，例如野山羊，将决定谁有交配权。输的一方必须等下一次跟另一个雄性决斗胜利后才享有交配权。

❍幼小的哺乳动物可能相当短命，往往只能活几年，较大的哺乳动物则往往有着较长的寿命。大象可以活到70岁，并且，当一只大象死掉时，其他大象会围在尸体周围，看上去像在哀悼和哭泣。

哺乳动物的移动方式

哺乳动物能在许多不同的地方居住，从海洋深处到树梢之巅。这些非凡和适应性强的动物也开发了各种在不同栖息地移动的方式——游泳、爬行、飞行等。动物需要通过移动来找到食物、遮蔽处和伴侣，而且迅速移动能帮助它们从天敌那里逃脱。

水中移动

水的密度较大，这意味着在水中移动需要付出额外多的能量。目前仅有三组哺乳动物能适应水中的生活：鲸和海豚、海豹和海狮、儒艮和海牛。

一些海豹和海狮能潜到1500米的海洋深处，并且它们能在水下停留1小时后才回到海面呼吸氧气。

水獭居住在海洋、河流和湖泊里，长有蹼足和防水衣，通过游水来捕捉青蛙和鱼等动物。

生活在水面下的哺乳动物通常有鸭脚板和飞翅（不是腿）。海豚的尾巴被称作锚爪，看起来与鱼尾较为相似。但是海豚在游泳时，身体会成拱形，并作上下运动，而不是像鱼那样做弯曲移动。

海牛居住在河里或临近海滨，它们最多在水下能待20分钟。

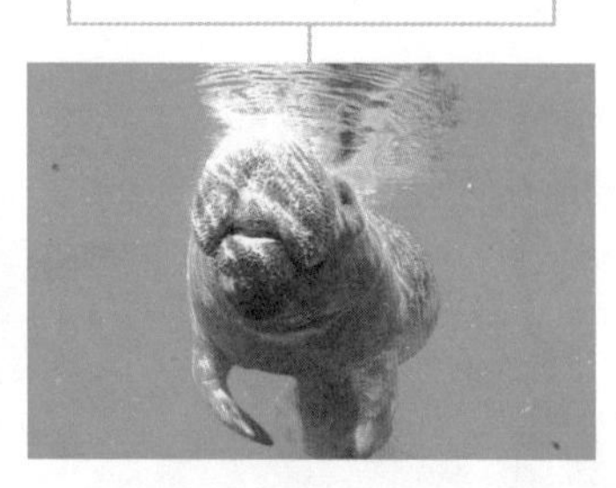

驼背鲸能够连续100次飞跃出水面。它们重达30吨，但是它们能用强有力的尾巴把自己“射入”空中。

北极熊的毛皮能存储空气，这能帮助这种巨大的动物漂浮在水面上。北极熊能潜入结冰的水中去寻找海豹和海鸟等猎物。

树居生命

飞行是另一种高能运动形式。蝙蝠是唯一能飞行的哺乳动物，其他哺乳动物，例如鼯鼠等，则只能滑行。树居的多数哺乳动物能做攀爬式或秋千式移动。

当灰鼠沿树枝疾走或飞跃在树之间时，浓密的尾巴能平衡身体并把握运动方向。

果蝠在树与树之间寻找食物，但是有时它们会被热带风暴吹离路线。

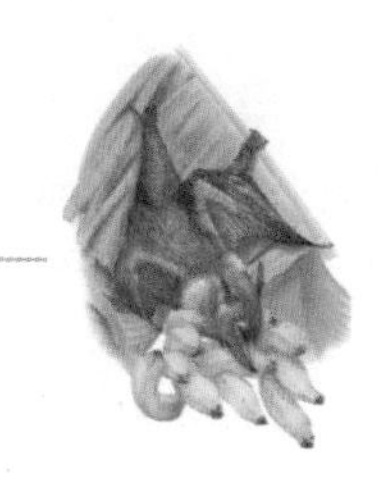

在所有大猩猩中，长臂猿是最灵活的。它们有着长长的猿臂，能够在森林里把自己投掷出去。

侏儒袋貂是一种树居有袋动物。它们的尾巴在分支附近卷曲并且有一块无毛皮肤，这可以帮助它们把东西抓紧。

树懒是世界上最慢的哺乳动物，它们的运动速度只有11～16米/小时。

陆地生命

多数陆居哺乳动物用四条腿行走，但是也有一些动物，如袋鼠和人，用两条腿走路。灵活的脊椎可以帮助猫达到巨大的爆发速度。

世界上最有弹性的哺乳动物是薮猫。当它们跳着扑向猎物时，能跳1米多高，且能飞跃4米的距离。

猎豹是世界上最快速的陆居哺乳动物，能达到105千米/小时的速度。在两秒钟内，猎豹就能加速到75千米/小时，但是它们往往在仅仅30秒冲刺后，就会用尽身体的能量而大大减速。

红色袋鼠是弹跳能力最强的哺乳动物。它们能以40千米/小时以上的速度跳跃移动，每次跳跃距离为9～10米。

尽管重达2吨多重，犀牛能以50千米/小时的速度移动。

食蚁动物

食蚁兽、树懒和犰狳相貌看上去虽然不是非常相似，但它们全都属于同一个哺乳动物小组——异关节类动物组。这些动物的共同特征是脑子小、牙很少或者根本没有牙。尽管大小不一，但它们都以蚂蚁为食。

两趾树懒（如图）没有尾巴，它们长着粗糙的毛皮，脑子小、眼睛小、耳朵小、牙齿少。

九带犰狳的表层皮革和多骨盔甲占它们身体重量的1/6以上。

❍当蚂蚁和白蚁被捉时，它们也会挣扎，但这在蚁乳动物看来，是构不成任何危险的。这些哺乳动物用长而发黏的舌头每舔一次，就能吃进几十个这种微型猎物。

❍不同于其他异关节类动物，树懒并不捕食蚂蚁，而是以叶子和果子为食。树懒的大胃被划分成许多隔间，里面的食物最多能占整个体重的1/3。

像其他树懒一样，三趾树懒常缓慢地在森林栖息地移动。虽然树懒的大部分时间是在树上度过，但它们也能在地面爬行，甚而在水中畅游。

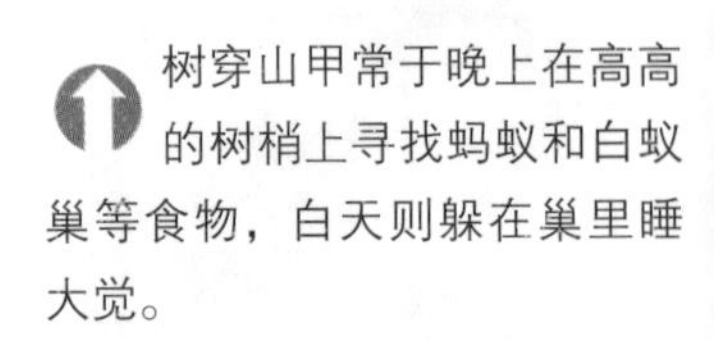

树穿山甲常于晚上在高高的树梢上寻找蚂蚁和白蚁巢等食物，白天则躲在巢里睡大觉。

❍树懒的毛皮跟多数哺乳动物不同，皮上的毛是反方向生长。当树懒头朝下时，它的毛皮会指向地面，这样即使在雨中，水也会很快从身上流下来。

阳光浴

不同于其他哺乳动物，树懒的体温会发生变化，因此，每天早晨它们常躺在森林树梢上进行阳光浴。

小食蚁兽主要居住在树上。它们能在地上行走，但速度很慢，姿势笨拙，而且往往会有被天敌猎杀的危险。

小树懒会在母亲的怀里生活9个月之久。在此期间，母树懒用能够找到的各种树叶来喂养它们。

❍ 树懒生活在南美的树林里。它们大部分时间垂悬在树上，一周往往只需下到地面上一次去排泄掉肠内杂物。

❍ 狳有着盔甲一样的坚韧覆盖物，由厚皮肤里面的小骨头板材构成。巨型犰狳有100颗牙。穿山甲有一层重叠角骨构成的覆盖物，但是没有牙齿。

❍ 小树穿山甲是四种非洲穿山甲之一。长而弯曲且适于抓住物体的尾巴能帮它们爬上树梢，而尖利边缘的鳞甲能帮它们更好地抓住树梢。

❍ 巨型食蚁兽是一种相貌古怪的哺乳动物，长着刷子般的尾巴、粗糙的毛皮和长而弯曲的鼻子。它们能长到2米长（包括尾巴）。巨型食蚁兽常慢慢游弋在中美洲和南美洲的树林或者灌木丛中。

❍ 柔滑的侏食蚁兽的外表有很大的欺骗性。尽管长着柔软的金黄或银色毛皮，这种哺乳动物绝对不是能抱在怀中的宠物。它们随时能用其可怕的锋利弯爪乱抓。它们通常不会毁坏整个蚁巢，而是在蚁巢的一边凿一个小孔，每次只猎取很小数量的蚂蚁。

❍ 犰狳有着敏锐的嗅觉，这使得它们能找出埋在土壤中的食物；它们强有力的前爪可以迅速地挖出草根和昆虫。神仙犰狳是来自南美洲南部最小的犰狳，只有15厘米。

❍ 小食蚁兽这种树居动物和巨型食蚁兽有着血缘关系，只不过体型较小。小食蚁兽强而灵活的无毛尾巴就像第五只脚一样，能缠绕在树枝上。它们生活在美国中南部地区的树林里。

中美洲柔滑的食蚁兽常在晚上搜寻树蚁巢。

巨型食蚁兽

巨型食蚁兽的嘴巴极小，小到我们能把一个手指正好插入到它的嘴中。巨型食蚁兽虽然没有牙，但当它们在穿进白蚁的坚硬土墩以后，能依靠其极端长而发黏的舌头吞食白蚁。巨型食蚁兽的舌头有60多厘米长。

蝙蝠

因为蝙蝠常在晚上飞行，且往往活跃在密集的森林栖息地，因此很少有人能看到它们。但在所有哺乳动物中，蝙蝠占了1/5。除极冷的地方以外，它们能出现在地球上的任何角落。多数蝙蝠主要以其他飞行物为食，如飞蛾。

❍按照祖先不同，蝙蝠可被划分成两个组群。最大的一组是微型翼手目动物，属夜间飞行动物，能使用回音定位猎物。另外一组是巨型翼手目动物，包括较大的蝙蝠。这些蝙蝠有着狐狸般的面孔但不会使用回音定位法。

蝙蝠的翅膀由特别的皮层组成，这种皮层构成了翼膜，可以向肢体方向延伸。

❍白天，多数蝙蝠在有遮掩的地方睡觉，如树孔或洞里。但也有一些会选择在开阔地，如树枝或在峭壁上休息。它们常保持静止或采用伪装，来躲避自己的天敌。

❍果蝠属巨型翼手目动物，有着长长的口鼻部。它们的面孔类似狗或狐狸，所

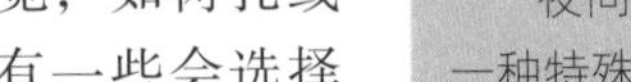

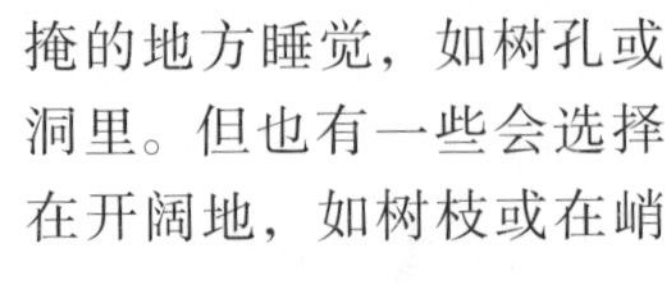

果蝠

有130多种果蝠遍布在非洲、亚洲和大洋洲。华莱士果蝠的体长约为20厘米，翼幅长达40~45厘米。

微型翼手目动物经常依靠听觉辨识伙伴、捕食者或猎物。

蝙蝠之最

最长寿命	
鼠耳蝠	33年
最长翼展	
马来亚蝠	1.8米
拥有最小头骨的蝙蝠	
大黄蜂蝙蝠	11毫米
飞行速度最快的蝙蝠	
大棕蝠	64千米/小时
冬眠时间最长的蝙蝠	
小棕蝠	一年中的7个月

回音定位

夜间飞行的蝙蝠常依靠一种特殊的感觉帮助寻找道路，即回音定位。回音定位和许多鲸在海洋深处发现目标的方法非常类似。蝙蝠奇怪形状的鼻子能发出尖锐的声音，当声音击中某种东西，如飞蛾时，回声就会被反弹到蝙蝠的耳里。蝙蝠用它们的特大号耳朵捕捉回音，并且能算出物体的方位、距离等。

⬇微型翼手目动物耳大眼小，常有一个奇怪形状的鼻子，称鼻叶。鼻叶在回音定位的使用中能起到极为重要的作用。

⬆次细长鼻蝠居住在北美洲的沙漠地区，以食用风琴管仙人掌和桶式仙人掌等植物为生。

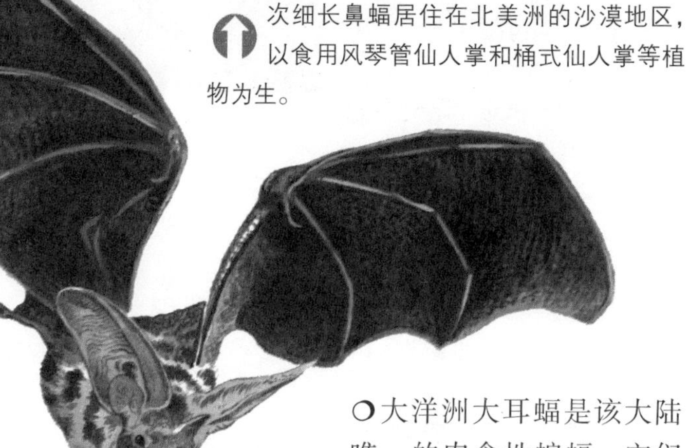

以又有“飞狐”的外号。多数果蝠生活在树上，常拍动翅膀来保持身体凉爽。

❍当黄昏降临时，果蝠便开始成群猎食。它们常居住在热带区域，那里整年有软熟的果子供应。

❍当蝙蝠栖息时，它们钩样的腿爪能像夹子一样夹住树梢或岩石壁架。它们常成群栖息以求温暖和安全。每个蝙蝠都有翅膀来包裹身体，这可为它们提供额外保护，保持身体热量。

❍次细长鼻蝠与众不同，因为它们常食用花蜜。花蜜糖分多，是一种浓缩能量。

❍大洋洲大耳蝠是该大陆唯一的肉食性蝙蝠。它们寻找并且吞食青蛙、鸟、蜥蜴、小哺乳动物等，有时甚至会吞食其他蝙蝠。

❍著名的吸血蝙蝠主要食用动物血液，而且它们是唯一食用这种怪异食物的蝙蝠。它们常在晚上搜寻猎物，如母牛、马等。它们沿着猎物的腿爬上其身体，然后利用锋利的牙齿在猎物身上咬开一个小口，再用舌头舔食创口渗流出来的血液。

❍许多食用花蜜和花粉的热带蝙蝠是植物的重要传粉者。它们饮食时，会把花粉从一棵植物带到另一棵植物上，从而帮助植物完成授粉。

蝙蝠类型

果蝠

果蝠不采用回音定位，而是靠视觉捕捉猎物。

蹄蝠

蹄蝠鼻子上奇形怪状的肉团能帮助它们使用回音定位功能。

油蝠

油蝠的脸呈黑色，耳朵很长且黑得发亮。

吸血蝙蝠

吸血蝙蝠的门牙可以在猎物不知不觉的情况下咬进它们的肉里。

啮齿动物

啮齿目有1700多个种类，组成最大的哺乳动物群。啮齿目动物通常是身型小的四腿、有尾动物，感觉锐利。它们四颗长门牙终生都在生长。啮齿目动物通常比较聪明、敏捷，适应性强，几乎在全世界的每个栖息地都能看到它们的身影。

土拨鼠通过冬眠度过冬天。在春天交配季节，雄土拨鼠通过甩尾巴和用牙齿发出咔嗒声，来保卫自己的洞穴，并击败其他雄性，从而获得交配权。

许多宠物豚鼠都来源于这种野生豚鼠，它们居住在南美洲南部的草和岩石灌丛中。

啮齿目动物有长而坚硬的牙和适合咬合的强有力的下颌，如图中这只花栗鼠。多数啮齿目动物主要以植物，如种子、坚果和果子等为食。

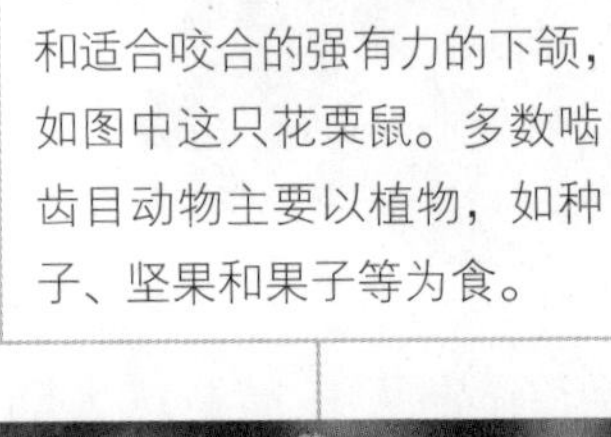

水豚是最大的啮齿目动物，长约1.3米。它们居住在南美洲池塘、湖泊和河流附近。

田鼠是一种像家鼠的啮齿目动物。它们通常食用植物，经常居住在草甸和农田里。

豪猪行动速度很慢，拖曳蹒跚。但由于它们有着长长的、锋利的棘刺，所以当遇到敌人时，它们也不需要逃跑。

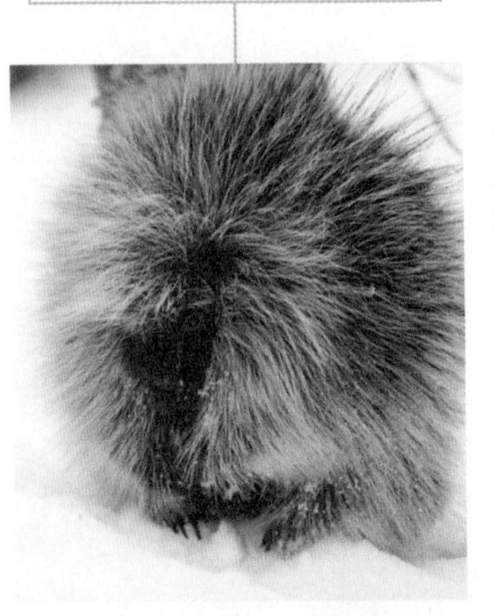

松鼠有270多个不同种类。它们经常藏埋坚果，然后又会忘记埋在什么地方了。这在某种程度上有利于林地树木的扩展。

草原土拨鼠是哺乳动物世界中的最佳掘穴者。它们常群居在一起，地下栖息所往往能延伸数百千米。

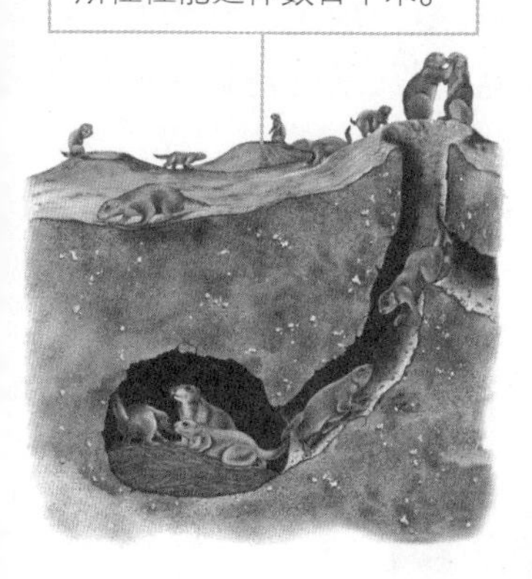

黑鼠通过海洋船只航行被带到了地球的各个角落，它们常携带能造成可怕瘟疫的跳蚤。在几个世纪内，这种瘟疫曾造成过上千万人的死亡。

像许多啮齿目动物一样，旅鼠成群居住。冬天，它们把巢修在雪地下，并且通过雪地开掘隧道，寻找草、莓果和地衣等食物。

鼯鼠其实只能滑翔，并不是真的能飞行。它们的肢体之间有降落伞一样的长毛膜。它们用尾巴掌舵，能够在空中滑翔。

海狸非常适应在水中生活。在水下时，它们能够关闭自己的鼻孔和耳朵，而且它们身上还有一层光滑的皮毛。海狸家族常协力共建横跨小河的水坝。

北美洲沙鼠只在晚上寻食，从而避开白天过热的天气。它们非常适应这种栖息生活，能直接从食物中得到身体所需的所有水分，所以从不需要饮水。

图中这只巢鼠小心地把草根编织成一个巢。它们以枝条、种子和昆虫为食。

老鼠经常被看作害虫，这是因为许多老鼠生活在人类附近。一有机会，它们就偷吃人类存储的食物，并且常入侵住家的壁柜和厨房。

鼬科

水獭、白鼬、黄鼠狼和獾全部属于哺乳动物的鼬科。长躯、短足、利齿使它们成为出色的捕猎者。它们活跃、灵活，能快速移动，常冲到洞穴或者在猎物身后掘穴。许多鼬科动物极端残暴，而且喜欢主动攻击比它们大得多的动物。

❍鼬科哺乳动物各种各样，居住在不同的栖所。例如貂生活在树上，獾挖洞生存，而水貂则在水边居住。多数鼬科动物耳短，每只脚上有五个脚趾，尾巴长，身躯纤细。

❍獾非常强壮，常在晚上出来活动。它们以家庭小组的方式生活在由地下房间和隧道构成的巨大网络里，该网络又称网洞。獾食用各种各样的食物，包括蠕虫、昆虫、青蛙、蜥蜴、鸟和果子等。

美国獾要比欧亚獾小，而且，不同于欧亚獾，它们不成群活动，而是单独居住和捕猎食物。

❍海獭很少来到地面上，但也很少进入15米深以下的水域。它们沿太平洋北部和西部海岸居住，主要食用贝类、蠕虫、海星和海胆等。

❍最大的水獭是居住在南美河流和沼泽的巴西水獭。它们长约2米，重约30千克。

❍蜂蜜獾往往由能发出特别叫声的蜂蜜指南鸟带到蜂巢。一旦蜂蜜獾用它的长爪打开了巢，蜂蜜指南鸟就能吃到蜂蜡、蜂，而蜂蜜獾则吃掉蜂蜜和幼虫。蜂蜜獾极其坚韧的皮肤可以保护它们免受蜜蜂的攻击。

❍欧亚獾在搜寻食物时，母欧亚通常有女友帮助看

黄鼠狼

据报道，缅甸的部落成员能使用经过训练的黄鼠狼来捕杀野生鹅和幼小的野山羊。

美国最小的黄鼠狼也是世界上最小的哺乳肉食性动物。它们长约15厘米，重约30克。

海獭是世界上最小的海洋哺乳动物，它们厚实的毛皮能保持身体温暖和干燥。它们还长着一条强有力的尾巴，可以像船舵一样帮助自己在水中前进。

水獭能很好地适应水中生活，它们食用鱼、青蛙、贝类和其他水栖哺乳动物，如水田鼠。

海獭

海獭是一种聪明的哺乳动物，例如，它们能用岩石打开壳瓣。它们从海底采集岩石，然后躺下来，把岩石靠在自己的腹部上，把壳瓣向岩石上撞。几次重击后，壳瓣就残破了。为了避免自己被浪潮冲走，疲乏的海獭在睡觉之前往往把自己包裹在海草里。

顾獾崽。獾是非常干净的动物，会经常更换它们的卧具，而且茅厕会离“卧室”一段距离。

❍典型臭鼬头小、尾巴蓬松，皮毛黑白色相间。这种条纹可以用来警告攻击者。臭鼬能从臀部喷出肮脏的液体，在喷射之前，臭鼬常用脚刹地并且提起尾巴。

❍黄鼠狼是鼬类中最小的动物，雄性通常是雌性的两倍大。它们食用各种不同猎物，在捕猎老鼠时，狭窄的头骨和细长的身体使它们可以沿着洞穴追踪到底。

蜂蜜獾的皮肤弹性很大，以至于它们能扭转头咬住攻击者。

❍为了得到白鼬的毛皮，人类已经进行了长时间的白鼬养殖。虽然这些鼬类动物在夏天有着红棕色毛皮，但在冬天它们的毛皮则呈白色。

❍鸡貂的大理石花纹状毛皮常带有不同寻常的标记，鸡貂的毛皮上长有黑毛皮。黑毛皮有斑点镶边，或黄色斑点，或白色斑点等图案。鸡貂生活在中亚的许多地方，主要在黄昏时食用老鼠、田鼠和旅鼠等猎物。

犀牛和貘

犀牛看上去类似河马或大象，但实际上它们却跟貘和马有着密切的血缘关系。犀牛是巨型的蹄形生物，有着极厚实的皮肤，庞大、强壮的躯体和长着角的鼻子。貘与猪类似，在离最近2500万年的动物演变史中几乎没有多少改变。

白色犀牛有两只角，前面一只较大，能长到1.3米。

犀牛的角

人们相信，目前在全世界野生犀牛的数量不超过12000只。这主要是由于犀牛的角极具价值，可被雕刻成华丽的把柄。为了保护犀牛不受偷猎者的侵害，经常会由受过专门训练的人员来切除牛角，这样，在切割过程中就不会给犀牛造成痛苦。

❍爪哇犀牛极为罕见，濒临灭种的物种之一。它们现生活在爪哇西边海岛野生动物园里，总共只有几十只。它们主要生活在森林里，但是随着人类对树木的砍伐、改林为田等行为，它们的数目不断减少。

幼貘来自巴西，长着带有白色镶边和斑点的红棕色毛皮。在森林树荫下斑纹的环境里这种图案能为它们提供很好的伪装。

❍白色犀牛是最大的犀牛，长约4.2米，肩高1.9米，重约3.5吨。它们名字中的“白色”并不是指它们皮肤的颜色，因为皮肤是灰色的，而是指宽广的口鼻。

❍东南亚的北部白犀牛有两只角，跟非洲的两个种类非常相似。它们是最小的犀牛，体长3米，重约750千克。

❍印第安犀牛对空阔的灌丛和草原的喜爱程度远胜过对森林的喜欢，它们的皮肤差不多有2厘米厚，被划分成明显的块状，这使得它们看上去就像披了一层盔甲。

❍黑犀牛实际上是灰棕色的，分布在非洲。但是由于非法偷猎者设置陷阱及捕杀，黑犀牛在一些地方已经彻底消失了。当黑犀牛漫游的时候，它们长而灵活的上嘴唇能咬住叶子和枝条。

❍所有犀牛面临的一个主要问题就是它们繁殖速度非常

缓慢。雌性通常每两到四年才生出一个幼体，这意味着犀牛数目需要很长时间才能增加或得到补充。

❍犀牛视力极差，甚至不能发现一个 30 米外静止的对象。它们主要依靠听觉和嗅觉查出潜在的天敌和入侵者。如果感到有危险，它们就会冲向入侵的动物和人，来保卫领地安全。

❍犀牛看上去也许像是可怕的猎者，但其实它们只是怯懦的植食性动物，主要食用树枝、叶子、草根、草茎、青草等。

❍貘骨头和牙的化石显示，貘在 2500 万年前就漫游在森林里。它们现生活在东南亚和中美洲的森林里，主要以植物为食。

❍貘只有四个种类：南美貘、山貘、贝尔德貘和马来亚貘。它们有着猪一样的身躯，口鼻部很长。它们嗅觉能力非常突出，并且听力也很好。

❍在闷热的森林里，貘大部分时间躲在水下以逃避天敌和保持身体凉快。它们常使用长口鼻部作为水下呼吸管。

除了尾端和耳朵外，爪哇犀牛身上没有毛发。它们是夜行动物，喜欢独居。

现在仅存 1500 多头印第安犀牛，它们主要分布在孟加拉、阿萨姆邦和尼泊尔等地。

马来亚貘身上有特别的黑白条纹，能帮助它们伪装在昏暗的下层丛林里。

罕见的北部白犀牛

北部白犀牛身上部分覆盖着毛发。它们是一种罕见的雨林动物，目前在世界上的总数不到 200 头。

黑犀牛经常在晚上活动，白天休息或在泥中打滚。它们倾向于单独居住。

猪和河马

猪科包括野猪和肉猪等适应性很强的一组动物。它们有着圆而矮胖的躯体，头大，腿细。河马大多数时间在水下或水边度过。现在，人们相信，在有蹄哺乳动物中，河马跟鲸有着最密切的血缘关系。

幼小的河马跟它们的母亲待在一起，直到四五岁。整个河马家庭成员关系密切。

❍疣猪是生活在非洲草原上的一种植食性野猪。疣猪身上沿着脊椎长着黑色的鬃毛，它们弯曲的獠牙可以作为战斗武器使用。

❍野猪跟猪有着密切的血缘关系。它们生活在南美洲，有着能消化坚韧植物纤维的复杂胃器官。它们常聚集成大的群落，而且群落中的雄性野猪往往敢攻击体型大于自己的其他动物。

❍野公猪被认为是所有家猪的祖先。野公猪有着厚实、粗糙的毛皮。为了安全，母猪经常聚集成群，它们会非常小心地保护小猪。

❍家猪实在不应该被当作是一种肮脏的动物，它们躺在泥中其实只是为了降温，因为它们的皮肤无法出汗。同时，它们也是高智能的生物，而且像狗的某些品种一样，能非常容易地被训练，并从事某种特定活动。

在白天，当河马吃草时，它们往往会热得受不了。在附近水池的短暂耽溺有助于降温，并且减少它们敏感性皮肤的痛苦。

即使吃水莴苣等食物的时候，河马也常保持警惕，时刻把眼睛、耳朵和鼻孔放在水面之上。

残暴的捍卫者

尽管河马不是掠食性动物，但人们普遍认为，河马是非洲最危险的哺乳动物。河马常主动攻击对手来保护它们的领地或幼崽。有时，当小船太靠近一匹潜伏在水面下的幼小河马时，河马就会游到船底下，将船弄翻。而且，河马能用其强大的下颌将人压碎、杀死。

当敏捷和强壮的疣猪在大草原上漫游时，它们经常会成群居住，并在洞中寻找遮蔽处。

❍当河马躺在水中时，在水面上仍然可以看见它的鼻孔、眼睛和耳朵。每个河马牧群往往会占领河道的一支或一个区域。雄性河马常常为了争夺地盘或在繁殖期间的交配权，与其他河马会发生战斗。公河马极大的犬齿能给对方造成致命的创伤。

❍晚上，河马从水里出来在河岸边吃草。它们的食物主要是草，但是也会食用小动物或啃食其他植物。

❍河马每夜在陆地上常旅行30多千米来寻找食物。但是，当被惊吓时，它们会立即跑回水里去。每天晚上它们最多会花5个小时来进食。

❍在小河马断奶，食物从母奶变成其他食物后，它们仍然会和母马待在一起。河马经常在水下哺乳幼崽，并在水下睡眠。但即使在没有清醒意识的时候，它们仍然能够有规律地浮出水面来呼吸。

河马背部的小鸟

耽溺于泥水中的河马丰满、平稳的背部能为鸟类提供一个安全和方便的休息处所。一些非洲鸟，例如食蜂鸟和白鹭，常习惯于落在河马身上，因为在那里它们可以找到许多昆虫。河马之所以会容忍这些鸟，是因为它们能除掉那些刺激并损坏皮肤的昆虫。

❍图中这匹矮河马尽管只有90厘米高，但是仍重达250千克。它们居住在西部非洲的沼泽森林里。目前，矮河马已经很罕见并面临绝种危险，现在全世界只有几千只矮河马。

人们在农场饲养猪以提供猪肉，但是现在猪有时也被人们当作宠物来养。

长颈鹿、骆驼和鹿

因为长颈鹿极长的脖颈和丑陋的棍状腿，所以在非洲开阔的灌木丛中很容易被发现。它们能吃到 6 米高树上的鲜美枝杈和枝条。

因为厚实的毛皮，野骆驼能生存在中国极端寒冷的地方。

❍ 骆驼、鹿和长颈鹿全属于被称为偶蹄类的有蹄动物，因为它们蹄的脚趾都是偶数（有的脚趾也许看不见，但趾骨仍是偶数）。

❍ 长颈鹿只有一个种类，但包括拥有不同皮层样式的几个变种。东非的网状长颈鹿有三角斑点，而南非海角长颈鹿则有斑点条纹。长颈鹿的毛皮在奶油色的底板上呈褐色斑块状，并且每只长颈鹿身上的花纹都有独特的图案。

❍ 长颈鹿的脖子可以超过 2 米长，但是里面只有 7 根骨头，这和人脖子里面的骨头数量一样。它们的长舌非常坚韧，能够缠在金合欢树的刺上而不至于受到损坏。

❍ 当长颈鹿走动时，它们先移动身体一边的两条腿，然后再移动另一边的两条腿。因为腿长，所以它们奔跑的速度很快，能以 50 千米 / 小时的速度疾驰。

羊驼和骆马

羊驼和骆马都是骆驼的近亲，居住在南美安地斯的高地。因为它们优良的毛皮，现在经常被人们狩猎。

❍ 善于攻击的狮子经常追击带着小长颈鹿的母长颈鹿。在这种情况下，长颈鹿常使用蹄子、脖子和头作为武器。幼小长颈鹿刚刚出生

长颈鹿倾向于群居，经常 15～20 个聚集成群。通常，长颈鹿不擅长进攻。

当白尾鹿感觉到危险时，它们往往会抬起尾巴，闪动自己的白色毛皮以警告附近的其他鹿。

往往就面临着被狮子和其他捕食者吞食的风险。

❍骆驼能在环境极为恶劣的栖息地生存，能很好地承受长时间干旱。当沙漠起风卷起沙子时，它们有保护眼睛的长睫毛、狭长切口的鼻孔，以及能保持自己在不稳定的地面上站稳的宽脚。

❍今天大多数骆驼已经被人类驯化。它们被用来作为驮兽，穿过沙漠长距离运输货物。它们也被饲养用来提供奶、肉、毛和皮革等。当运载货物时，骆驼能以3~8千米/小时的速度行进，并且能连续18个小时不用休息。

驯鹿在北美洲又被称为北美驯鹿。当它们搜寻食物时，一些群落一年能移动数百千米。

❍野骆驼有两个峰丘和粗糙的毛皮。峰丘不含水，但含有油脂。当新鲜食物供应缺乏时，这些油脂便能转换成能量，供野骆驼使用。

❍在北非、中东和澳大利亚生存的独峰驼能够忍受沙漠的极热和干旱。当多数独峰驼被驯服运载货物时，有一个种类的骆驼专门被训练来比赛。像双峰骆驼一样，峰驼主要食用植物，有时也啃食骨头和干肉。

❍鹿的典型特征是鹿角。这些角直接从鹿的头骨中长出来，并覆盖着一层薄薄的皮肤。在交配期间，雄性与雄性之间发生战斗时，这层皮肤会消失。当交配季节结束时，鹿角会自动脱落。

❍公鹿有着宽广的角，但是母鹿无角。小鹿生活在森林栖息地，它们搜寻植物、灌木和草等食物，成群居住。

❍多数鹿的种类居住在北欧和北美洲寒冷地区的森林和草原。驯鹿能通过嗅觉寻找雪之下的地衣来吃，从而度过严冬。

鹿角是雄性健康状况的标志。状况良好的鹿角等于告诉雌性它是一个优秀的交配伴侣，能够生出健康的后代。

一头刚出生的长颈鹿可以高达2米，但是没有多少自我保护能力，所以即使比它们小得多的肉食性动物，如狮子等，都能对它们构成致命威胁。

马科动物

马、小马、斑马和驴子全都属于同一个哺乳动物的家族——马科动物。马科动物的头和脖子上有长鬃毛，长着厚实簇状的尾巴。长腿、低沉的胸口和强有力的肌肉使它们能够以惊人的速度长途奔跑而不会疲倦。

❍从远古时期开始，人们就用马拉货、耕犁或者战斗。没有马的帮助，人类历史也许会完全不一样。甚至在今天，世界上许多人还在依靠马、小马、驴和骡子来运输。

舍特兰群岛小马有着厚实的毛皮和鬃毛，用以保护它们免受冷气候带来的伤害。它们大约在1万年前从斯堪的那维亚来到苏格兰。

阿拉伯马是纯血统的阿拉伯种。它们是最古老的家养马，现在只作为赛跑专用。

❍家养马有三种主要类型，分别是热血马、冷血马和温血马。热血马主要用作骑乘和赛跑；冷血马是主要用作拉货的重型马；温血马则两者合一，最为普遍。

❍小马通常比马要小，但身体更宽，腿更短。它们能容忍栖息地（包括陡峭的岩石山坡）非常艰辛的生活。有些品种的野生小马现仍生活在草原和沼泽荒野。

❍驴子是一种非常稳当，能在非常恶劣的环境下生存的马科动物。它们比马家族的大部分成员要矮，但却因能在食物贫瘠或水源缺乏的地方生存而闻名于世。

❍普里沃克马是世界上唯一仅存的野生马。过去很长一段时间里，它们一直被人们饲养在动物园和公园里，但是现在已经有一小群被放回到野生环境中去了。

康尼马拉马从16世纪就生活在西爱尔兰的荒野，它们现在遍及欧洲。康尼马拉马的特点是健壮而聪明。

早期马类

原古马是马的祖先之一。它们居住在4300~4900年前第三纪早期的森林里。它们的前脚有四只小蹄，后脚有三只蹄。像狗或猫一样，它们用脚垫走路。

马的名称

牡马	4岁以上的雄性马
母马	4岁以上的雌性马
小马	4岁以下的马
小雌马	4岁以下的雌马
驹	1岁以下的马

没人知道斑马为什么有条纹，也许是为了迷惑捕食者（如狮子），或者帮助斑马识别彼此。

不同类型的斑马

在斑马的三种类型中，狭纹斑马比另外两种生活在更北的地方。它们最高且有很细的条纹，特别在脸上。山斑马长着黑嘴，臀部上有厚实的黑条纹，它们属于濒临灭绝的动物种类。三个类型中最常见的是白氏斑马。

狭纹斑马 白氏斑马 山斑马

普氏马身体健壮，头大，脖子厚实，腿短。

❍斑马长着黑白条纹图案的毛皮。它们居住在非洲的大草原。斑马有三种类型：狭纹斑马、白氏斑马和山斑马。

❍马的牙齿在一生中会持续生长，通过观察马的牙齿能确定马的年龄。马科动物的嘴前面有锋利的门牙，后面有用于研磨食物的槽牙。晚年，马的槽牙开始脱落。

❍马科动物是高度社会化的动物，喜欢成群居住。马群通常由一匹母马带领，且包括一匹公马。如果受到惊吓，马会迅速跑掉。母马常紧挨它们的幼马，以保护它们。

❍马能用声音和肢体语言与马群的其他成员沟通。例如，把耳朵指向后方表示它们正感到惊慌或紧张。

❍马过去经常被捕食者捕杀，因此它们发育进化了卓越的视觉器官、听觉器官和嗅觉器官，用以帮助它们察觉附近潜在的各种威胁。马也依靠嗅觉互相识别，这就是为什么经常会看见它们用鼻子摩擦对方。

❍当太阳下山时，野马也能很好地看到东西，可以继续吃草。它们每天仅需要一点儿睡眠，一次只需要休息几分钟，就能继续行走。

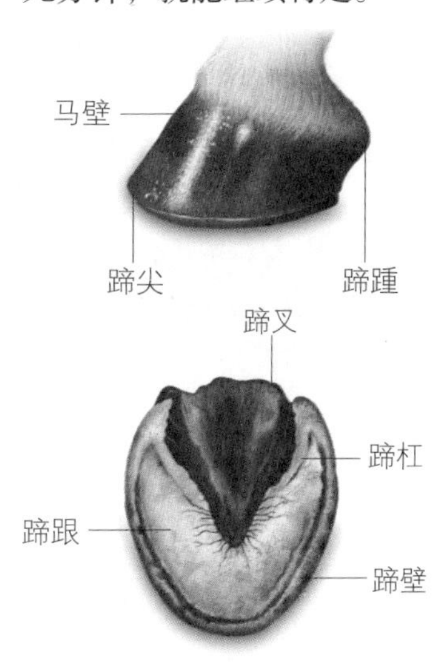

马蹄的构成物质和人的指甲、头发一样，且需要9个月的生长期。

牛科动物

牛科是一个大的哺乳动物群，有大约140个种类。虽然它们分布在世界各地，但是非洲有最大的牛科动物群。牛科动物包括奶牛、野牛、山羊、绵羊和羚羊等。

你知道吗？

1919年，最后一只真正野生的欧洲野牛被捕杀。但新的牧群——从动物园中养殖出来的野牛群，开始重新出现在波兰的野生保护区里，特别在别洛韦日自然保护区的森林里。

在加拿大西部和美国多雪家园生活的石山羊有着厚厚的毛皮，能使它们保持温暖。它们的蹄能够挖进岩石的空隙。

非洲大羚羊生活在非洲的各种栖息地，但它们从来不会远离水源，特别是沼泽。当面临天敌，如狮子和豹子威胁时，它们会立即跑到水中掩藏。

母牛被人类饲养以提供制作乳酪、黄油和酸奶的牛奶。家养的公牛也被饲养来提供牛肉。

美国唯一的羚羊种类是叉角羚，居住在开阔的大草原上。它们是这个世界上跑得最快的动物，对于羚羊来说，这非常不容易。叉角羚每年都会蜕角。

汤姆逊羚羊是世界上最小的肉味鲜美、反应最敏捷的一种羚羊。它们长达1米，是许多草原肉食性动物，如狮子和猎豹的主要食物。

达利绵羊的毛皮和灵活的脚使它们适合山地生活。它们对肉食性动物始终保持警惕。

因为长而粗糙的毛皮，麝牛能很好地保护自己免受草原寒风的伤害。成年麝牛从头到臀长达2米，雄性和雌性都有宽大、卷曲的角。

水牛亦称北美野牛，是一种庞大、强有力的并会主动进攻的哺乳动物。水牛白天休息，晚上吃草，常能形成2000头以上的大牧群。

野生大角野绵羊居住在中南美洲山区。雄性长着巨大、弯曲的角，并在交配季节用角打斗，以争夺交配权。

绵羊早在1万年前就被驯化，现在世界上大约有7亿只绵羊。

叉角羚能看到几千米外的另一只叉角羚臀部立起的白色毛，这种白色毛常用来向同类警告危险的来临。

林羚生活在非洲的沼泽地。只有雄性才有长的螺旋状角。这些哺乳动物往往沉浸在水表之下，只露出它们的鼻孔，以逃避狮子和鬣等捕食者。

当非洲瞪羚脖子向上舒展，食用树和高灌木的叶子时，姿态非常优美。它们常用后腿保持身体平衡。只有雄性非洲瞪羚才长角，这个种类目前居住在东非草原。

猫科动物

猫在动物界是最可怕的猎手。它们常悄悄靠近猎物，然后进行闪电般突袭，并用锋利的牙和爪将猎物撕碎屠杀。和其他较小的猫科动物一样，它们是肉食性动物，有着敏锐的感觉、快速的反应和极强的敏捷性。猫属于猫科哺乳动物。

狮群通常包括4~6个成年狮子和它们的幼崽。成年雄师每次在狮群只能待几年，当更年轻、更健康的雄狮与它们争夺控制权时，它们就不得不离开狮群。

❍ 老虎不仅是最大的猫科动物，也是地球上最大的肉食性动物之一。西伯利亚虎是目前幸存的5个品种中最大的，重达350千克，长约3米。

像所有猫科动物一样，猎豹长着圆头、短嘴和前视的眼睛。它们的视力非常好，能适应昏暗的光线。

❍ 所有猫科动物都有粗糙的舌头，上面带刺，非常适合把肉从骨头上撕下来。它们能把舌头变成瓢状，这样每次能舔舐大量的水来饮用。

❍ 多数猫科动物独来独往，住在自己的领地，防止入侵者进入。幼体通常和母亲待在一起，直到两岁左右。狮子通常成小组（狮群）活动。

❍ 猎豹是世界上最快速的陆生动物。它们居住在非洲、中东和亚洲西部的草原和沙漠里。虽然雌性猎豹每次能生出4到6个崽，但是它们只有1/20的可能性能活到成年，绝大多数都会被狮子和鬣狗等捕食。

❍ 当母狮寻找食物时，公狮会帮助照看幼狮。公狮通常会让幼狮第一个进食，而母狮则在公狮之后进食。所有的狮子尾巴尖都有一段深色长毛。这一簇长毛没有什么特殊用处，仅仅作为幼狮的玩具。

❍ 美洲狮一直居住在从南美洲的南部角落向北到阿拉斯加的这个大范围内。它们是猫科动物中体形、姿势最优美的，能够悄无声息地出现并突然跳到2米高的树上。

❍ 在所有大型猫科动物中，美洲虎最喜欢水。它们居住在中美洲和亚马孙盆地的沼泽区域。由于它们美丽的毛皮，曾经被人类冷酷地捕杀。但是，现在对它们最大的威胁则来自森林栖息地的破坏。

美洲狮，亦称美洲豹和山狮，通常以小动物，如兔子、灰鼠和海狸等为食。

❍豹子也许是大型猫科动物中最常见的。它们在晚上寻食，而且食用能找到的任何食物，包括甲虫等。它们居住在非洲和亚洲的森林里。

❍猫在世界上大约有 37 个种类，被驯服的宠物猫大约有 300 种。大多数猫科动物都有绝种的危险，最罕见的猫是西班牙猞猁。

❍豹猫身长约 1 米，它们非常敏捷。在黑暗中，它们能从地面飞跃起来，并用爪子抓住飞行中的蝙蝠。

❍当老虎藏在厚实的植被中时，身上的条纹能帮助它们伪装。当阳光和阴影在老虎皮毛上闪烁时，它们便混入背景之中。老虎白天大部分时间都在休息，只有当太阳下山时才会出来寻食，而这时它们的伪装效果最佳。

美洲虎是巨大的强有力的野兽，能攻击和捕杀牛、马。它们甚至食用乌龟。它们能用巨大的下颌将龟壳撬开食用。

粗糙的舌头

当猫用粗糙的舌头舔洗身子、润滑毛皮时，会在身上留下自己的气味。长在猫舌头上粗糙的微型物质被称作孔头。

加拿大猞猁居住在森林里，它们常寻找喜爱的猎物——雪兔为食。猞猁通常在晚上捕食，往往会花费几个小时来埋伏，然后当猎物出现时进行突袭。

虎猫多年来也因为身上的优良皮毛被人类猎杀，现在法律已经禁止捕杀此类动物。

犬科动物

所有狗，不管是家养还是野生，都是哺乳类犬科动物的成员。犬科动物有36个种类，包括狼、狐狸、土狼和狐狼等。它们都是非常聪明的动物，有长而精瘦的身体和纤细的腿，尾巴上覆有浓密的毛。

第三眼睑

狗有被称为第三眼睑的膜，可用来保护眼珠。因为它能清扫眼睛上的尘土。

土狼因狡猾而闻名。它们经常生活在人类附近，并攻击各种家庭宠物。

❍除了马达加斯加的非洲海岛和新西兰之外，豺狗能居住在地球的其他任一地区。但因为被人类捕杀及栖息地遭到破坏，豺狗的许多种类都有绝种的危险。与此相比，家养狗则非常兴旺，几乎在人类居住的任何地方都能看到。

❍最大的豺狗是灰狼，长1.5米，重达60千克。狼通常以家庭方式生活在一起，一个狼群常包括8~12个个体。它们共同寻找食物，可以捕杀比它们大得多的动物，如北美驯鹿。

❍红狼比灰狼小，而且更加罕见。它们仅住在美国的北卡罗来纳，并且现在也许只有100只左右生活在野生环境里。

❍第一个像狗的生物大约在3000万年前开始演变。第一头狼出现在大约30万年前。犬科的所有成员都有相似的特征：胸口有大量发达肌肉、下颌长、有犬齿和大嘴。它们的嗅觉超凡。

灰狼是所有家养狗的祖先，两者之间的相似性是很明显的。

耳廓狐

世界最小的狐狸是耳廓狐，它们往往比一只宠物猫更小。它们生活在北非的沙漠地区，主要食用蜥蜴和臭虫等物。相比身体而言，耳廓狐有着非常大的耳朵，能觉察非常轻微的声音，甚至来自远处的声音。

➡ 像犬科的其他成员一样，狐狼善于捕猎。成年狐狼往往会带食物给正在等待中的狼崽。

❍ 第一批被驯服的狗类出现在大约1.2万年前，当时仍在冰河时期。它们也许来自野生的狼和狗，最初被人类饲养用来狩猎或吓跑其他动物。

❍ 当追逐兔子时，土狼奔跑快速，能达到65千米/小时。这些看上去像狼的豺狗住在美洲中部和北部，在晚上它们的嗥叫声能穿过山脉和平原到达很远的地方。

❍ 非洲豺狗常聚集成群，数目往往超过30只。它们漫游在非洲平原以寻找斑马、角马和羚羊等食物，但是目前它们的数量在不断减少。

❍ 赤狐是犬科一个名气甚响的成员，现分布在欧洲、亚洲和大洋洲等地区。像其他狐狸一样，赤狐常开掘洞穴以建造保护幼崽的地方。

❍ 狐狼是犬科家庭中无所畏惧的防御者，一头狐狼就敢攻击比它重5倍的鬣狗。狐狼通常成对居住在非洲大陆，且往往居住在人类附近，并食用人类扔下的食物。

⬆ 赤狐对食物从不挑剔，常捕食兔子、甲虫和幼虫，甚至吃人类扔下的食物。

稀有犬类

大猎犬

耳朵下垂，嗅觉超凡。

中国冠毛犬

身上无毛，外出时需涂抹遮光剂。

松狮犬

全身绒毛，是地球上最古老的种类之一。

沙皮狗

皱皮最多的狗，曾经在中国被训练成猎犬。

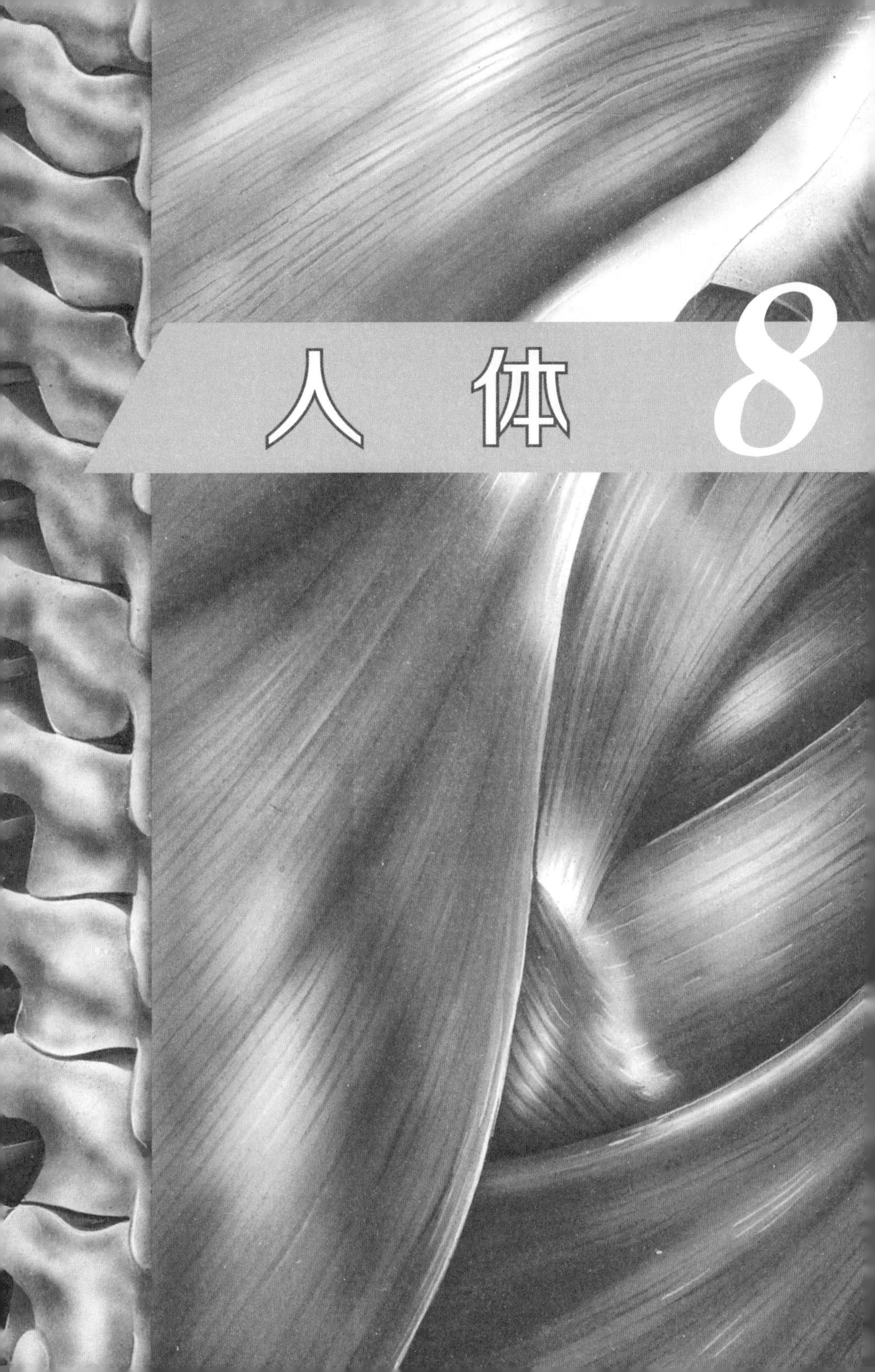

人体 8

神奇的人体

即使人和人看起来不太一样，但是他们的身体结构几乎完全相同，全都有着同样的器官、同样的肌肉和骨头，并且运作方式相同。

❍ 人是生存在地球上最普遍的生物。

❍ 世界上共有60多亿人，比任何大小相似的动物，如狮子、海豚甚至绵羊数量要多得多。

❍ 有一小部分人打破了普通人大小、年龄的限制，可以长得或极高、或极矮、或极重、或寿命极长。

❍ 人体由数百个不同的部分构成，包括器官、肌肉和骨头。

❍ 器官被紧密地包在一起且协调运作。

❍ 器官包括肺、肝脏、肾脏、胃、眼睛、耳朵、心脏、膀胱、肚脐和脑子等。

❍ 所有这些器官包裹在皮肤里面。

❍ 每一种器官都由成千上万个细胞组成。

❍ 人类的身体由40万~60万亿个细胞组成，每个细胞包含使每个人成为独特

人体大小不同，形成了各种各样的形状：女人和男人，女孩和男孩，老人和年轻人，彪形健壮和亭亭玉立，黑色和浅色，高个和矮个，而且他们的衣裳和发型也会不同。

人体小档案

心跳

每年心跳大约4千万次。

肺的大小

为了让路给心脏，左肺小于右肺。

眨眼睛

一个普通人每年大约眨600万次眼。

味觉

味觉一个细胞的平均寿命大约是10天。

连续成长

鼻子和耳朵终生都在生长。

细胞死亡

身体的血细胞以300万~500万/秒的速率被毁坏。

大腿骨头

一根人的大腿骨头实际上比混凝土强硬。

血液

脑子的重量大约只占体重的2%。然而，它需要身体20%左右的血液。

舌纹

每个人都有一个独特的舌纹，就和指纹一样独一无二。

不可修复

唯一不可修复的身体部位是牙齿。

个体的所有基因代码。

❍这个基因代码存在于脱氧核糖核酸这种聚合物中，每个脱氧核糖核酸分子的形状像一架卷起的梯子。

❍在脱氧核糖核酸中，对整个人体的全套指令被称作基因组。如果身体细胞中的所有脱氧核糖核酸连接起来的话，它将从地球延伸到太阳再回来，并循环 100 多次。

❍人的膀胱能舒适地延伸并足够容纳半升液体。当需要小便时，膀胱壁的神经会发送一条消息到达大脑。

❍皮肤由两层构成：上层是死的皮肤，并从身体上不断剥落，一天剥落 100 亿粒是完全可能的。

❍大脑分成左右两个部分，即左右半脑。左半脑接收感觉信息并且控制身体的右边，反之亦然。

❍在膝盖半屈和小腿自由下垂时，轻扣膝腱，小腿会做出急速前踢反应。这是一种无意识的反应，大脑并没有介入。

❍皮肤覆盖整个身体，约占身体总重量的 16%。

❍皮肤的厚度从 0.5 毫米到 4 毫米不等。

❍心脏只有柚子般大小。在一天内，心脏把血液输送到全身大约 1000 次。

❍在怀孕期间子宫会从苹果般大小胀大到篮球般大小。

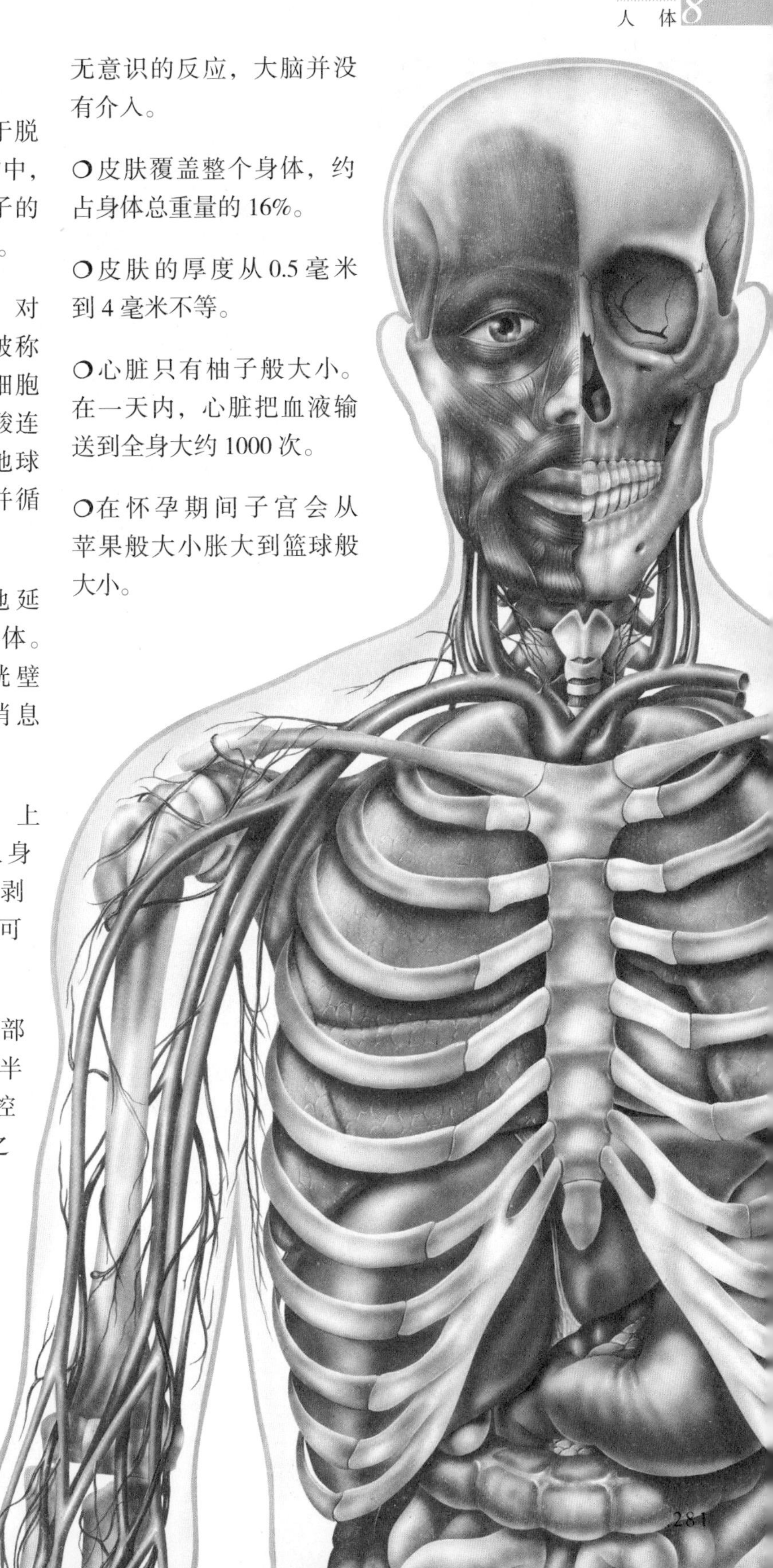

➲人体的前部透视图

身体系统

身体系统由一组部件构成，它们协作执行一个工作或特殊任务以保持身体活力，运作正常。人体大约有十二个主要系统。

❍ 心脏、血管和血液组成循环系统。该系统在整个身体内泵抽或流通血液。

❍ 骨骼支撑身体，保护主要器官，并且为肌肉提供支撑。

❍ 神经系统包括大脑和神经，是身体的控制和通信网络。

❍ 消化系统把食物分解，让身体吸收。

❍ 呼吸系统吸收空气到肺里以供应氧气，并且释放掉二氧化碳。

❍ 泌尿系统控制身体的水分平衡，把额外的水以尿的形式排出，并通过肾脏过滤消除血液中的杂质。

❍ 免疫系统是身体对毒菌的防御系统，它包括白细胞、抗体和淋巴系统。

❍ 其他身体系统包括荷尔蒙系统（通过激素控制成长和内部协调），外皮系统（皮肤、头发和指甲）和感观系统（眼睛、耳朵、鼻子、舌头、皮肤、平衡）。

❍ 生殖系统是能使人生育的性器官，它是唯一男女有别的系统。

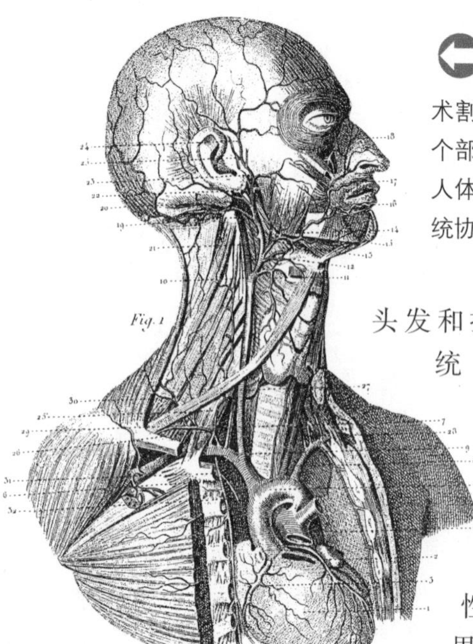

早在 16 和 17 世纪，解剖者就能通过手术割开身体，取出人体某个部分。但是他们不了解人体的部件是如何作为系统协力工作的。

当身体非常活跃时，几个主要系统会一起努力运作，包括肌肉、骨头和关节等。同时，呼吸系统会吸收氧气，循环系统会运输血液。

人工部件

一些身体部件，例如骨头和关节，可以由人工制作，通常采用坚韧的塑料、不锈钢和钛等材料。人工部件在图中用白色显示。

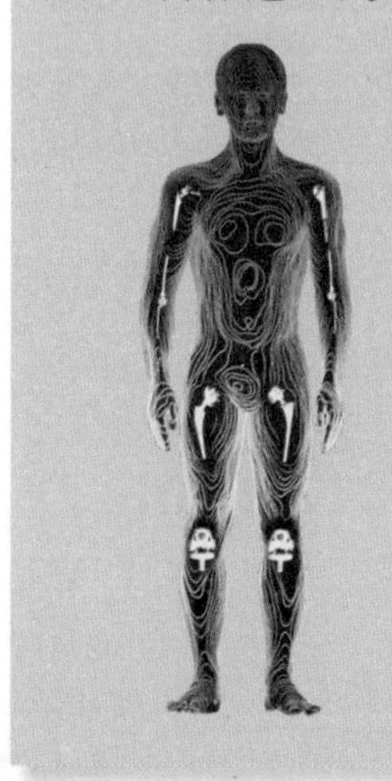

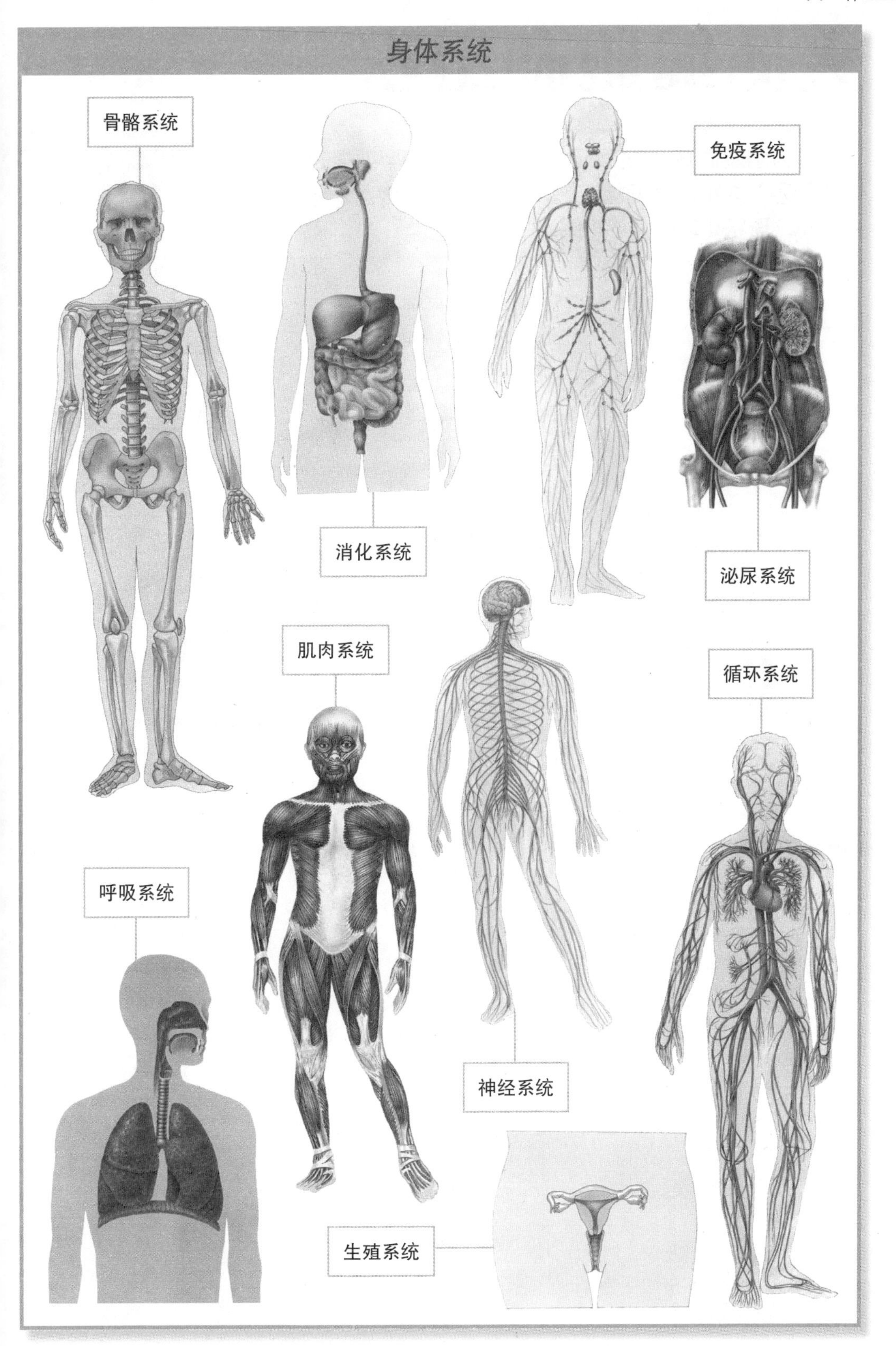
身体系统
骨骼系统
消化系统
免疫系统
泌尿系统
肌肉系统
循环系统
呼吸系统
神经系统
生殖系统

人体细胞和组织

人体由超过 50 兆的微细胞组成。一个典型细胞的直径是 0.02 毫米。标点符号中“句号”大小的空间能容纳大约 1000 个细胞。人身中大约有 200 种细胞，它们的大小、形状和功能各不相同。

头部扫描

对头部的扫描显示，脑组织的里面好像被分成几层，在不同的层执行许多次扫描就可以建立脑和头的三维结构图。

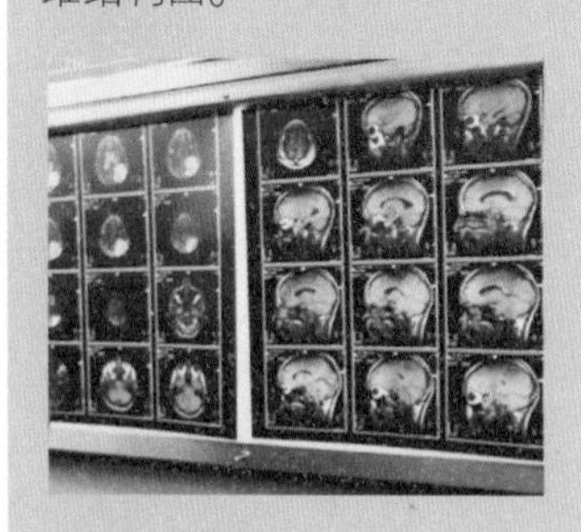

❍细胞的外层是细胞膜。在细胞里面，许多微小的细胞器官（有专门用途的细胞）在细胞质里漂浮。

❍多数细胞生命很短。它们迅速老化并以 500 万 / 秒的速率死亡。然而，一些专门类型的细胞，如干细胞，则总是能不断分裂产

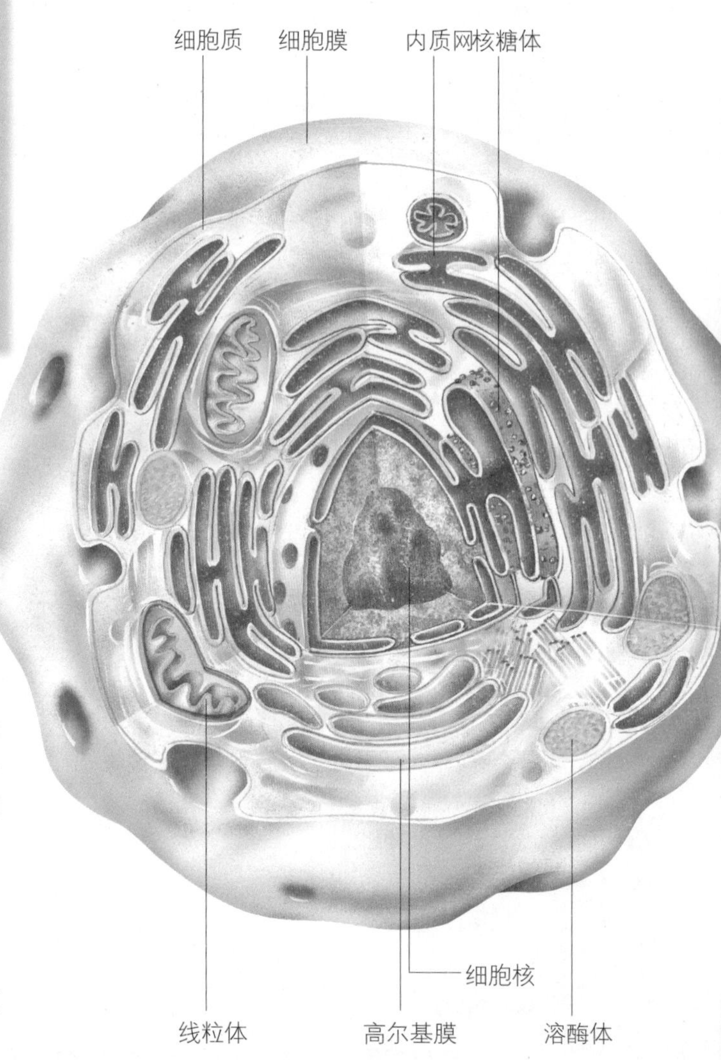

➲细胞膜是控制进出入细胞物质的外部层。线粒体分解葡萄糖，糖释放储存的化学能量，为细胞运行提供动力。核糖霉素像生产新物质，特别是蛋白质的一个小型工厂，蛋白质是细胞的主要零件。溶酶体是细胞垃圾箱，负责破坏所有不需要的材料。高尔基体是细胞调度中心，把化学制品在微小的膜里进行打包送到需要的地方。细胞核是细胞控制中心，每当需要一种新的化学制品时，它便通过一种叫作核糖核酸信使的化工材料发出指令。

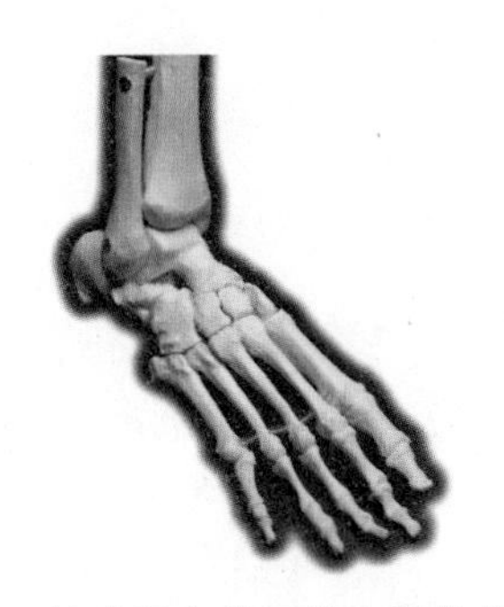

骨头是身体里第二强壮的组织，它们长期存在并且能最大程度抵抗衰变。所有组织中最坚硬的组织是覆盖在牙齿表面上的牙釉质。

生新细胞，取代老化细胞。

❍组织是同一类型且工作性质相同的微细胞的集合，例如缩短导致运动的肌肉组织，运载神经信号的神经组织等。

❍结缔组织以各种各样的方式把其他所有组织结合成一体。脂肪组织产生油脂和腱，软骨也是结缔组织。

❍上皮组织或覆于体表或衬于腔面，参与生产皮肤和身体的其他部位。它结合三种类型的细胞来产生一个稀薄的防水层。三种细胞分别呈鳞状、长方体状和柱状。

❍器官包括心脏、大脑、胃和肾脏，是身体的主要零件。身体里面最大的器官是肝脏，而整个身体最大的器官则是皮肤。通常，几种器官组成一个身体系统协力工作。

显微镜下

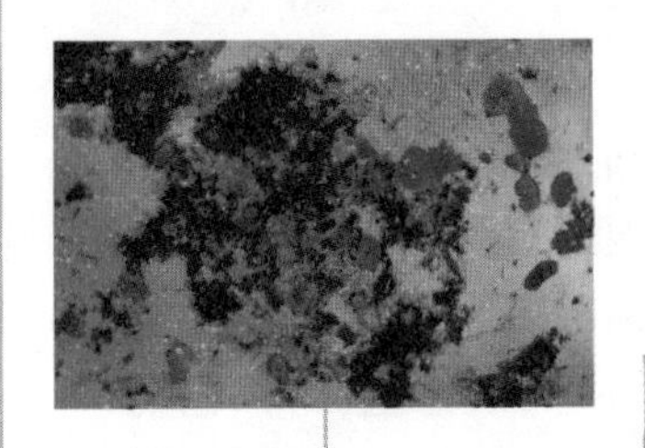

细菌是最普通的微生物，跟身体细胞比较起来非常微小。

血液组织的一项任务是集合同类细胞，如图中这些红细胞。

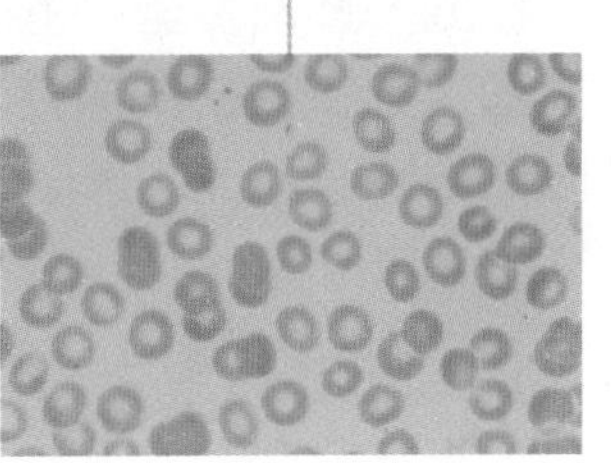

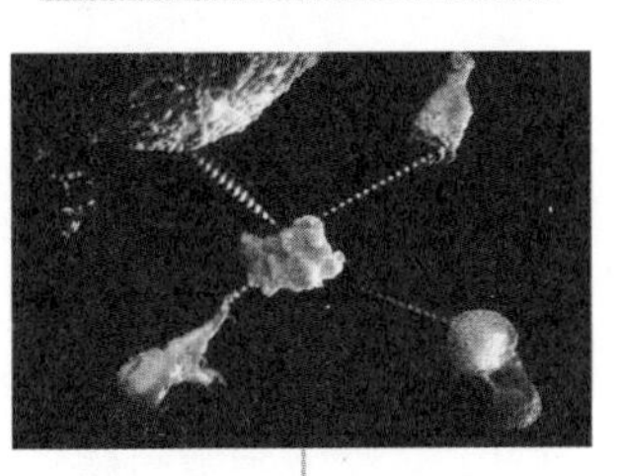

免疫系统包括能改变形状，并能在血管内外迁移的白细胞。

肺由特别的肺组织组成，但是围绕气管的黏膜则是上皮组织。

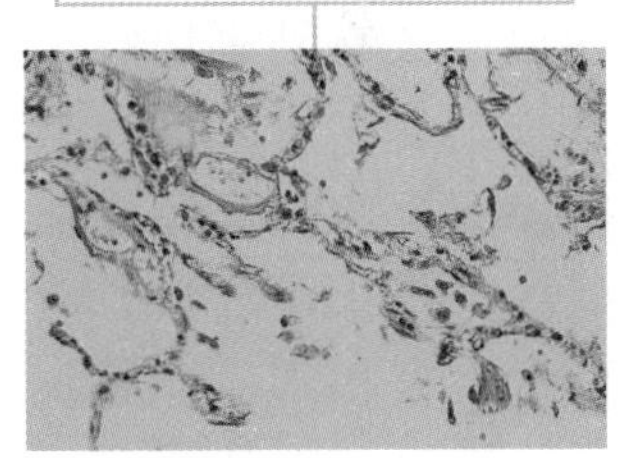

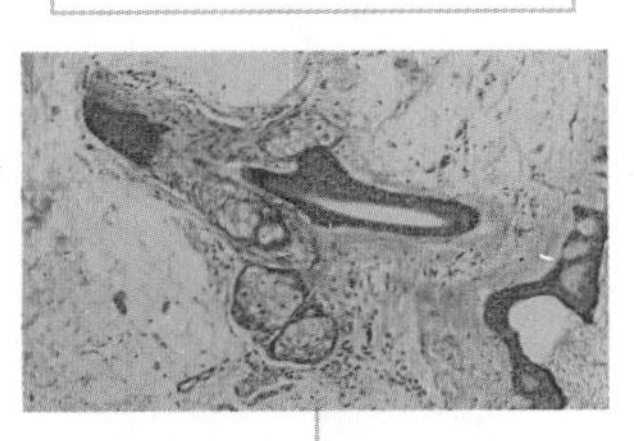

不同种类的上皮组织形成膜片状，覆在体表，或衬于体内器官及体腔腔面。皮肤是一种复杂形式的上皮组织。

这张显微镜图片显示的是牙齿附近的胶状组织。

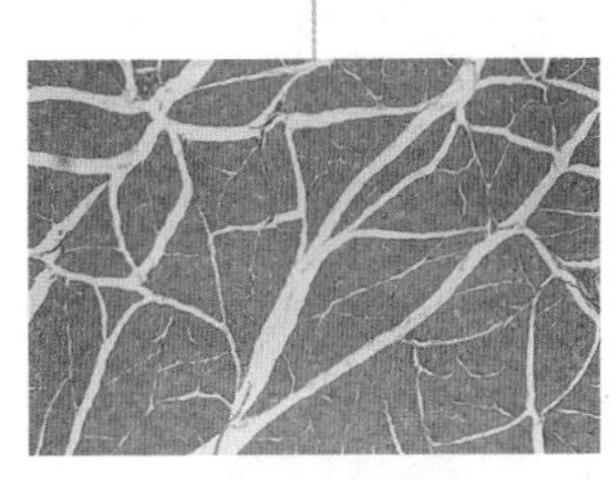

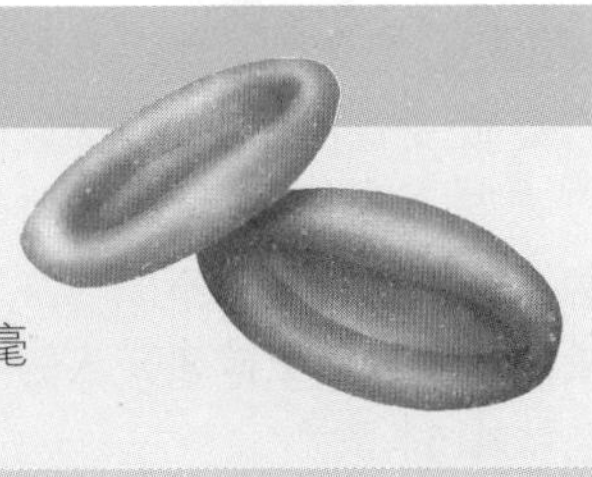

细胞的大小

人体中最小的细胞是红细胞，直径只有0.007毫米。巨型肌细胞是身体最大的细胞之一，宽0.1毫米，长50毫米。

人的皮肤

当谈到健康皮肤时，人们经常说某人皮肤“好得发亮”。事实上，皮肤表面是死的。皮肤表面由坚硬的、逐渐变坚韧的扁平死细胞组成。当我们行动、穿衣裳、洗涤并用毛巾擦皮肤时，它们都以每分钟数万计的速度剥落。

❍上层皮肤被称为表皮。它们的根部是快速增长的细胞，以替换老的、角质素硬化的细胞。老细胞则从皮肤表面脱落。

❍在表皮之下是更加厚实的真皮。真皮包含一种坚韧的、能拉伸的蛋白质纤维。真皮也包括微观血管、增长的头发根部、汗腺和能感觉接触的微传感器神经末梢。

由于保护皮肤免受太阳有害射线的黑色素上的差异，肤色有着极大不同。身上皮肤里的黑色素越多，人的肤色就越暗。

死的皮肤

皮肤摸上去也许非常光滑，但是它的表面实际上是由成千上万微小的剥落块构成的。这些剥落块往往太小以至于我们无法看见，其实它们都是被摩擦掉的扁平死细胞。每年身体会丢失大约4千克的皮肤，它们都是经摩擦而被剥落的。人一生脱落的皮肤重量与一个成年人的重量相当。

每根头发根部周围是皮脂腺，它分泌出一种自然油腻的物质，即皮脂。皮脂可以保持皮肤柔软并防水。

❍人的皮肤其实非常粗糙。它能自行修理许多较小的伤口，并且能自动愈合擦伤，除非创伤比较严重。需要特别指出的是，过度晒日光浴对皮肤非常有害。

❍太阳发射的无形射线，称UV-B（紫外线B），能危害到细胞皮肤表面下迅速分裂的表皮。这也许会导致一种严重的癌症形式——黑色素瘤。

晒日光浴不仅会使皮肤变得易碎，起皱纹，而且也会大大增加得皮肤癌的风险。

如果身体太热的话，例如锻炼时，皮肤里的微小汗腺会释放汗水，并渗流在皮肤的表面。当汗水变干时，便会从身体带走热量并使身体冷却。

❍ 皮肤保护身体较软的内部器官免受撞击和损伤。它保留潮湿体液，并把灰尘、毒菌和有害的物质关在外面。

❍ 当皮肤经常被挤按或摩擦，如脚底皮肤，它就会长厚以适应和保护身体。

厚皮肤和薄皮肤

最薄的皮肤出现在眼皮，只有 0.5 毫米厚。脚底皮最厚，厚达 5 毫米。

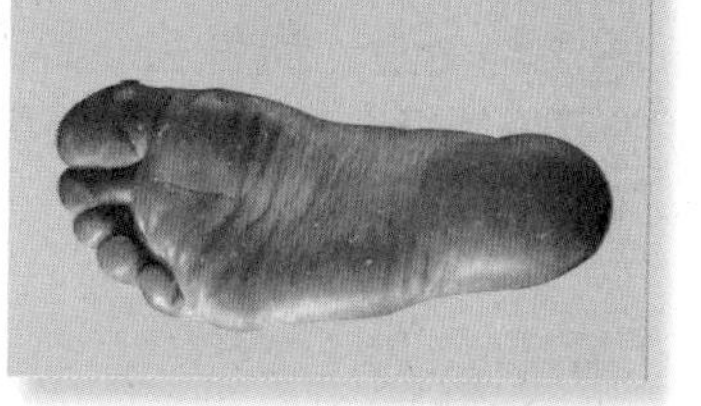

❍ 当身体变老时，皮肤会起皱纹，这是支持它的弹性蛋白和胶原纤维会下陷的缘故。

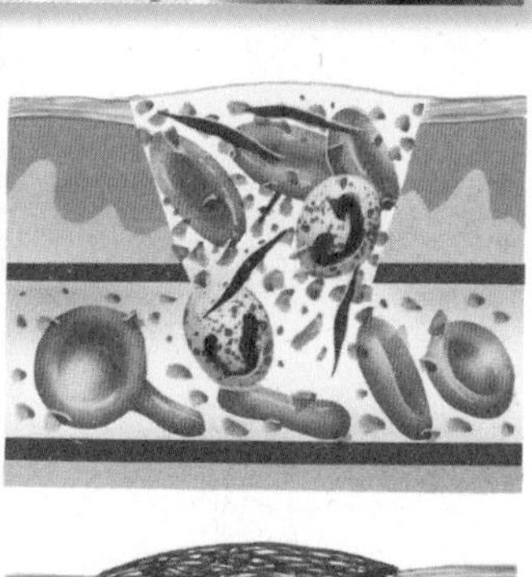

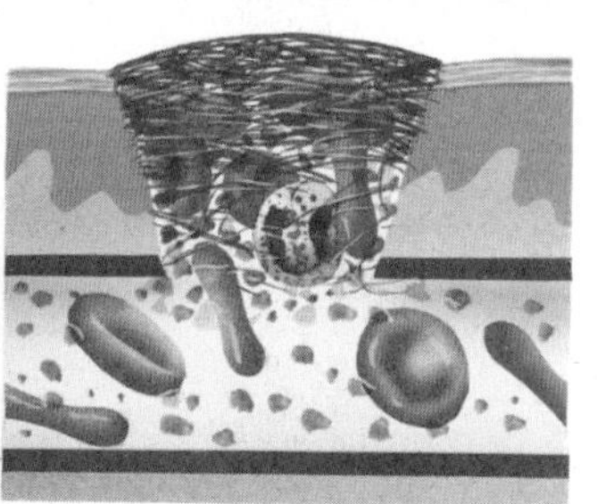

血块封住血液渗流。血液化学纤维形成微纤维网。血小板帮助形成凝块，阻止红细胞渗流。

皮肤外面表皮主要是死的，真皮是活的，由众多微观部件构成。

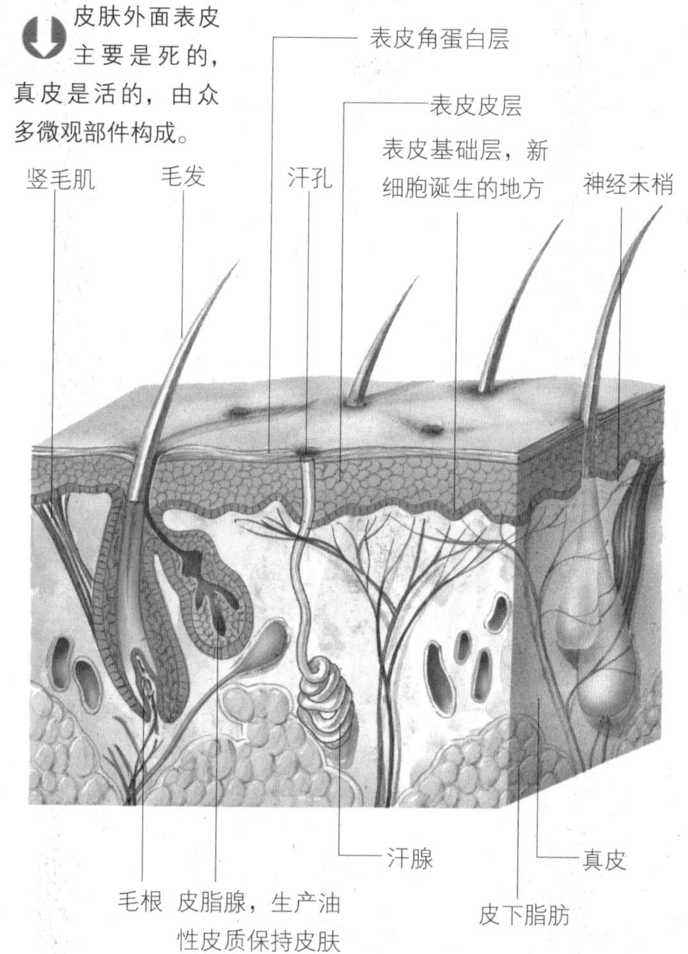

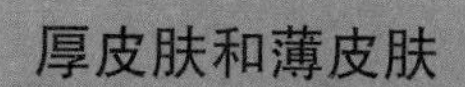

毛发和指甲

人头上约有12万根头发。除此之外，还有眉毛和睫毛，成年人在腋窝和腿之间也有毛发，男性会在面孔上长胡须。所有人，甚而婴孩，整个身体上都有微小的汗毛，数量可达2000万根之多。

指甲的生长

指甲每周大约长半毫米。经常用手，指甲也会长得快一些。因此，如果你常用左手的话，那么，你左手指甲要比右手指甲长得快。

❍毛发可帮助保护身体，头上的厚实长发更是如此。在寒冷的情况下，毛发也能帮助身体保持温暖。

指甲根在皮肤之下，并且沿甲基质（指甲下的皮肤）生长。指甲上的白色月牙状区域被称为“半月痕”。

❍没有头发可以长生。每根头发只长一次，然后就脱落，它的滤泡在新头发长出新芽之前会有一段“休息时间”。这种情况一直发生，因此身体的每个部分总是有一些毛发。

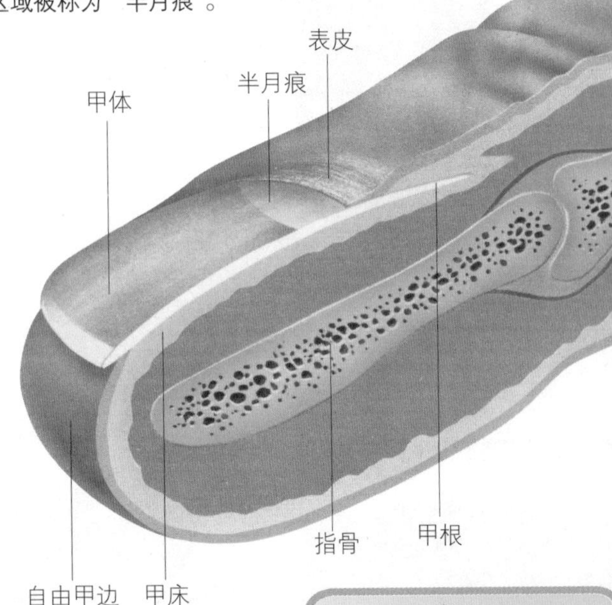

❍像皮肤一样，头发也是死的。头发唯一的活部位在于根部。头发在一个被称作滤泡的小坑里生长。头发的上部由老死而下陷的、充满坚韧角质素的毛细胞组成。

每根睫毛的生长周期通常只持续1~2个月，在它掉下来之前，新的眼睫毛会从同一个滤泡里长出来。眉毛也是如此，但是，它们在更新之前可以生长几个月。

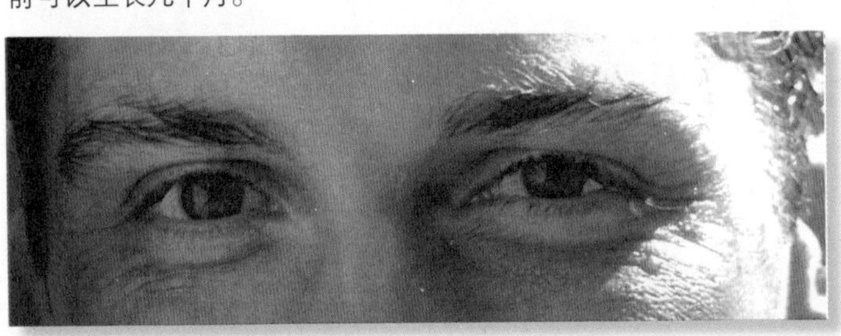

头发的数量

头发的数量部分取决于它们的颜色。

金色或者黄色	12万
红色或者深棕色	11万
褐色	10万
黑色	9万

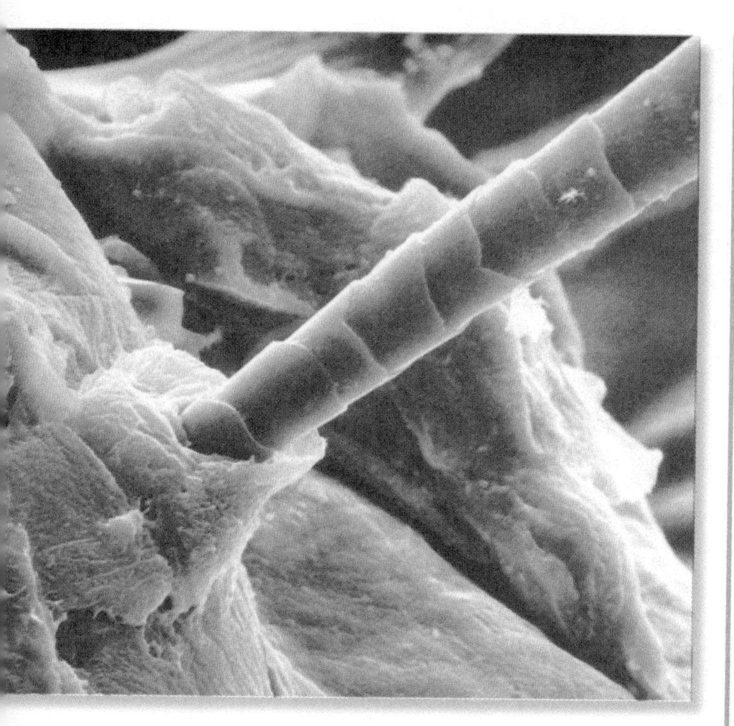

头发仅在它的根部——生长滤泡底部里是活的。黏附在皮肤外面的毛干由重叠在一起的扁平细胞组成。

❍一根头发每周生长 3.5 毫米。

❍像肤色一样，头发颜色取决于父母的基因。发色主要是由自然色素，特别是由包含在被称作黑素细胞中的茶褐色素决定。

❍指甲是坚韧的死组织，主要由角质素构成。其唯一有生命的部分是根部，隐藏在皮肤中。当整个指甲往指尖生长时，根部负责生产新的指甲组织。

❍指甲为灵活的指尖形成坚硬的依托，所以我们能感觉、接触、觉察压力，并能抓住东西。

❍脚指甲的生长速度是手指甲的 1/2 ~ 1/3。

❍大拇指指甲和大脚趾指甲的生长速度要比其他指甲快。

❍像头发一样，指甲在夏天要比在冬天长得快，在白天要比在夜里长得快。

❍指甲通常需要 6 个月左右就能从甲基长到指甲盖，但这根据季节不同会略有变化。

❍指甲根部半月形区域叫半月痕，上面覆盖着一层皮瓣。

头发颜色

头发包含色素（有色物质），主要是黑色素（黑褐色）和一些胡萝卜素（淡黄色）。不同数量的色素及微粒子延展方式的不同，导致了不同的头发颜色。

黑色卷发
平毛囊黑色素的结果

金色波浪发
卵形毛囊胡萝卜素的结果

黑色直发
圆滤泡黑色黑色素的结果

红色直发
圆滤泡红色黑色素的结果

骨骼和肌肉

肌肉形成身体的大多数“骨肉”，并且为我们的每一个动作提供力量。人身体的 650 块肌肉都有其解剖学名称，但是这些专业名称通常很长，听起来复杂。少量肌肉有普通平常的名字。同样身体 206 根骨头的每一根都有一个专业名称，同时许多骨头也有普通名字。

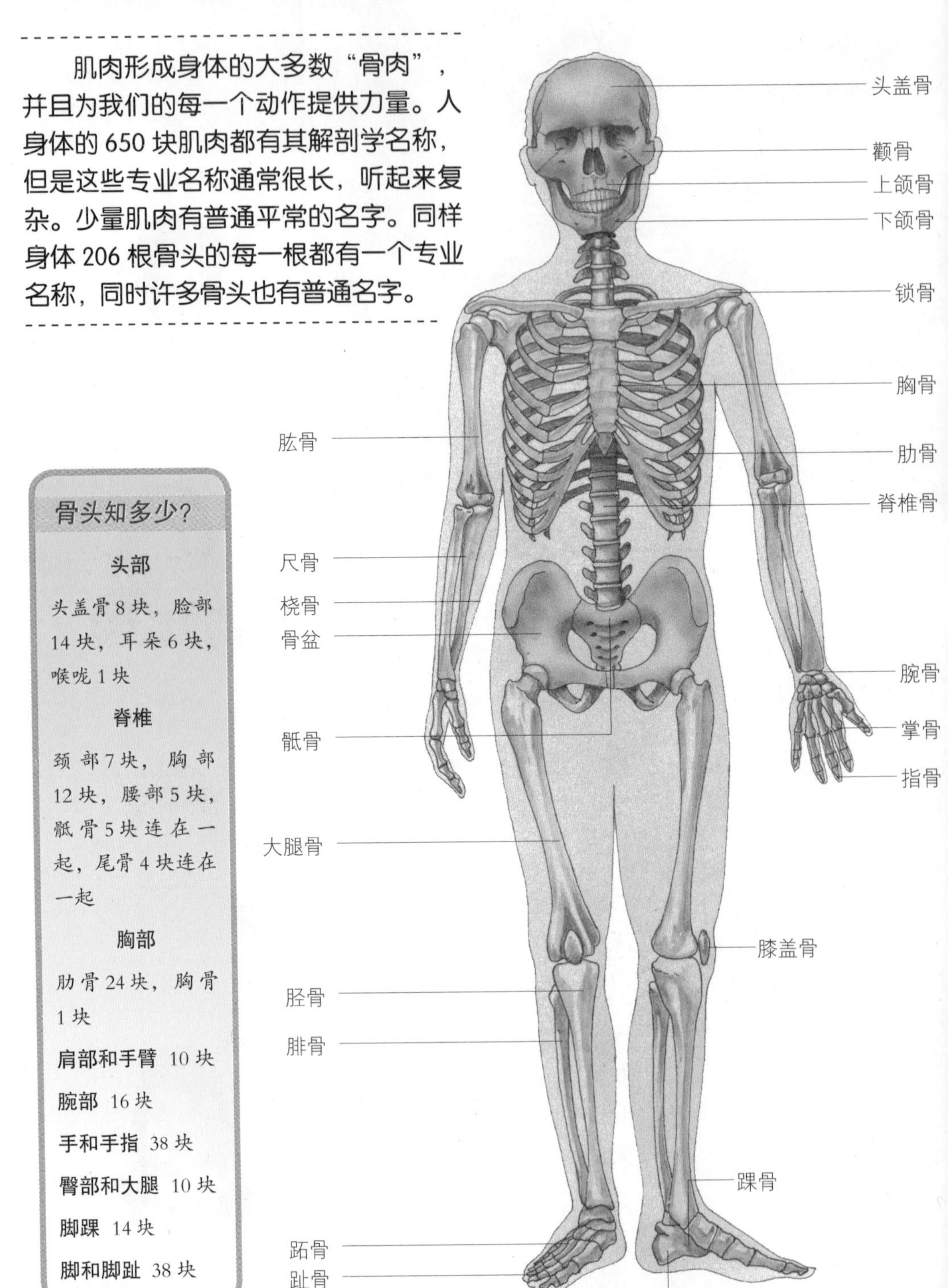

骨头知多少？

头部

头盖骨 8 块，脸部 14 块，耳朵 6 块，喉咙 1 块

脊椎

颈部 7 块，胸部 12 块，腰部 5 块，骶骨 5 块连在一起，尾骨 4 块连在一起

胸部

肋骨 24 块，胸骨 1 块

肩部和手臂 10 块

腕部 16 块

手和手指 38 块

臀部和大腿 10 块

脚踝 14 块

脚和脚趾 38 块

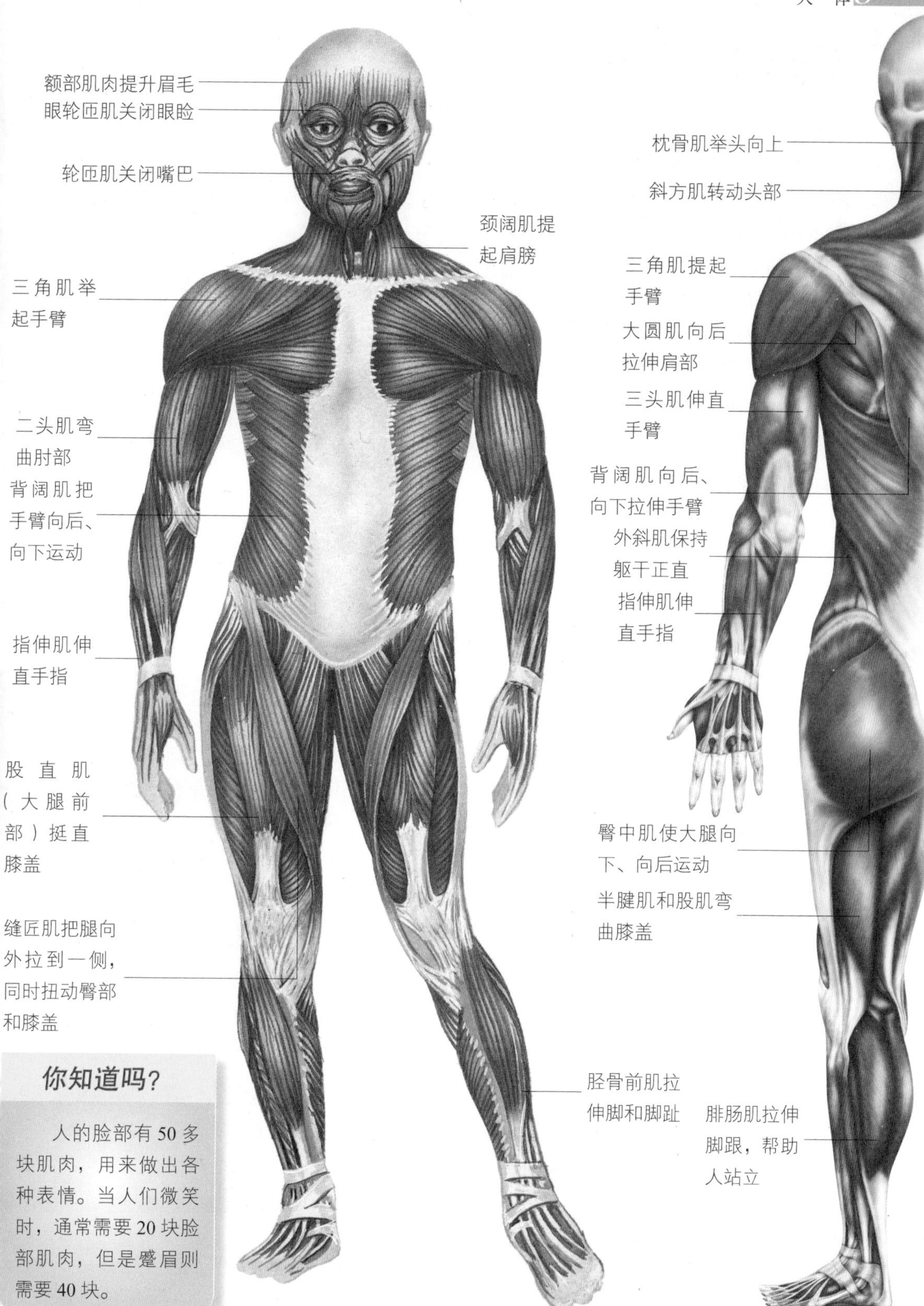

你知道吗？

人的脸部有 50 多块肌肉，用来做出各种表情。当人们微笑时，通常需要 20 块脸部肌肉，但是蹙眉则需要 40 块。

骨头

有超过 200 根骨头形成身体的内部支撑系统。骨头强而硬，使身体具备一定的形状，同时，它保护内脏和相连的软组织，如血管、神经等。

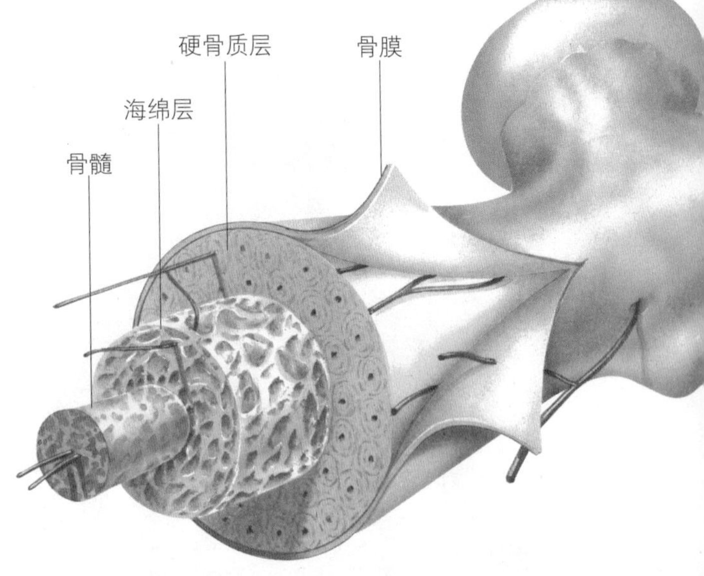

一根典型的骨头有着坚硬的外层，呈蜂窝状的中间层，及中心的骨髓，还包括微小的血管和神经。

❍ 骨头非常坚硬，同时也非常轻盈。骨头由积极的活性组织构成，如果太多压力施加在骨头上，它们会断折，但通常能自行修复。

❍ 一些骨头用来保护身体非常柔软的部位，例如，头骨保护大脑和主要感官。在面孔上两个深深的像插口一样的东西叫作眼眶，用来保护眼珠。

❍ 肋骨是细的、在胸口附近弯曲的 12 对平伸骨头。肋骨连在一起组成胸廓。与脊骨和胸骨一起，肋骨保护和维持生命器官——心、肺、肝、肾、胃和脾等的安全。

❍ 多数骨头并不是完全坚实的。它们常有三层，外面非常坚硬、紧凑，里面一层吸水或呈罗眼状，有微小的孔，以保持骨头轻盈。大多数骨头中间是骨髓，一种软的、类似果冻的物质。骨髓生产新的红细胞和白细胞提供给血液。骨头整体由坚韧皮肤样的层包裹，称为骨膜。

❍ 不是所有的骨头都有骨髓，而且不是所有的骨髓都相同。在婴孩身上，几乎所有骨头都包含红色

腱在肌肉的末端逐渐变细，成为坚韧、细长、绳索样的东西，并坚实地安置在骨头或软骨里。

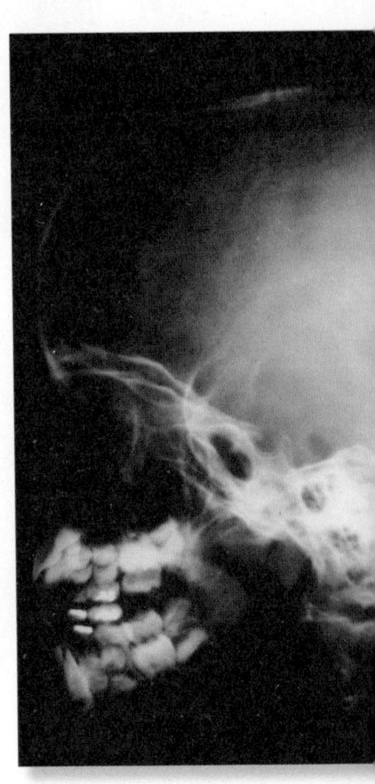

这张 X 片显示的是儿童的头骨，和身体相比，头骨显得相当大。

多数骨头坚韧的骨框里面是软性物质。这种果冻般的核心叫骨髓，通常呈红色或黄色。红色骨髓包含红色干细胞，这种干细胞通过不断分裂生成各种各样的血液细胞。

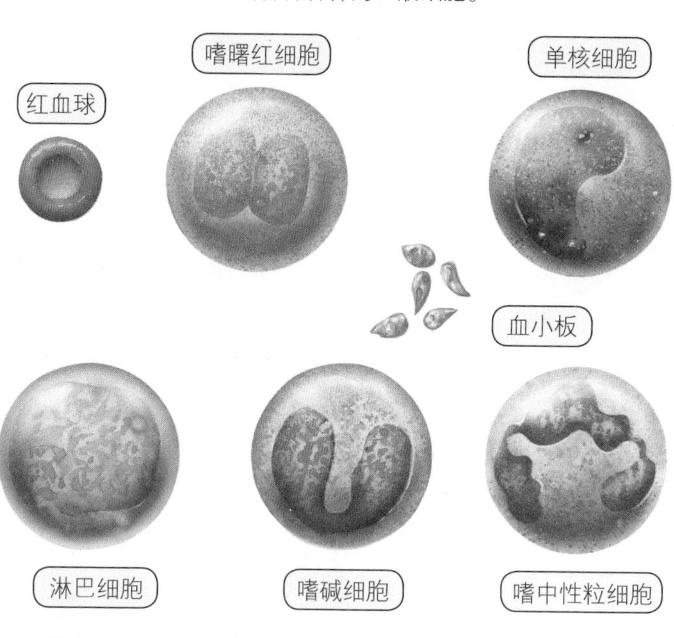

骨头的微观图

对骨头内部的微观观察可以解释骨骼为什么非常轻盈但却非常坚固。骨头像蜂窝一样，到处都是洞。骨头的结构由交叉的被称作骨小梁的支杆构成，每一个支杆都有着完美的角度，并完全能够应付压力和紧张。

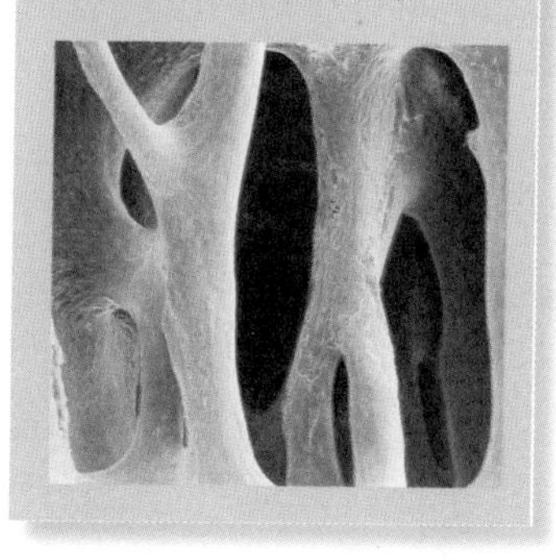

大骨和小骨

人身体里面最长的骨头是股骨，大约占身体高度的1/4。最小的骨头是耳朵里面的马镫骨，它只比这里显示的字母“U”大了少许。

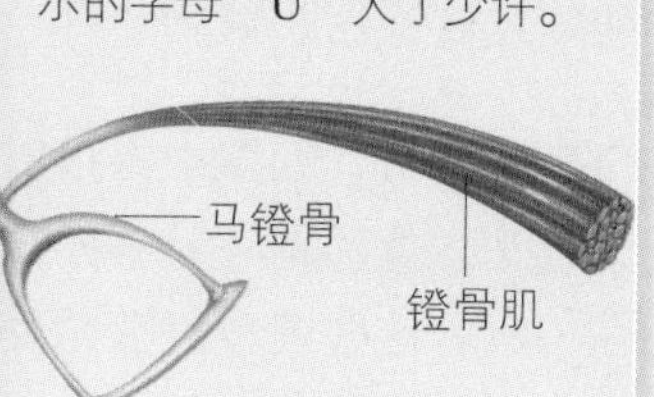

骨髓（生产新的血液细胞的骨髓），但是，随着身体生长，黄色骨髓（存放油脂的骨髓）会发生变化。

❍在胳膊和大腿里的长骨可作为坚硬的杠杆来运作，因此，当肌肉拉扯长骨时，它们能做推、举或其他动作。

❍身体大部分的2/3是水，但是骨头只有1/5是水。

❍头骨大小、形状都不尽相同，这在很大程度上会影响人们的面貌，结果这就出现了长脸、瘦脸、宽脸等不同面貌。

头盖骨
眼眶
颧骨
下颌骨

头骨不是一块骨头，而由纤维紧紧束在一起的22块骨头，这些骨头之间的缝隙几乎看不见，被称作“骨缝”。

脊 椎

脊椎是身体的中央支持部分。

它由26根椎骨构成，其中一个在顶部，当躯体屈曲和弯曲时，它能支撑头骨和头。

脊椎也保护身体的主要神经——脊髓（连接大脑与身体其他部分的神经）。

脊髓位于脊椎骨内的脊管里。

关节

单块骨头通常硬而坚韧，并且不能弯曲。但人体的整个骨骼能移动，这是因为骨头由灵活的关节联结。关节的作用旨在降低骨头间的摩擦和磨损。

人造关节

一些人由于长期的疾病影响关节受伤，或因过度使用关节变得僵硬和疼痛。人造关节可以替换自然关节。这些人造关节通常由特别坚硬的塑料或坚固的金属制成。人造臀部或者膝（如图所示），可帮助病人再次行走而不会带来痛苦。

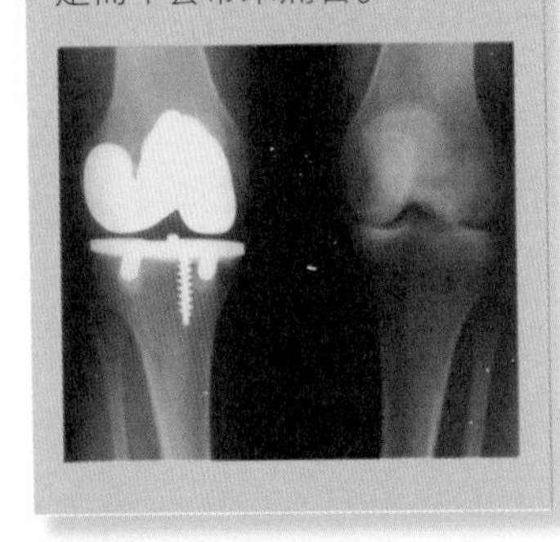

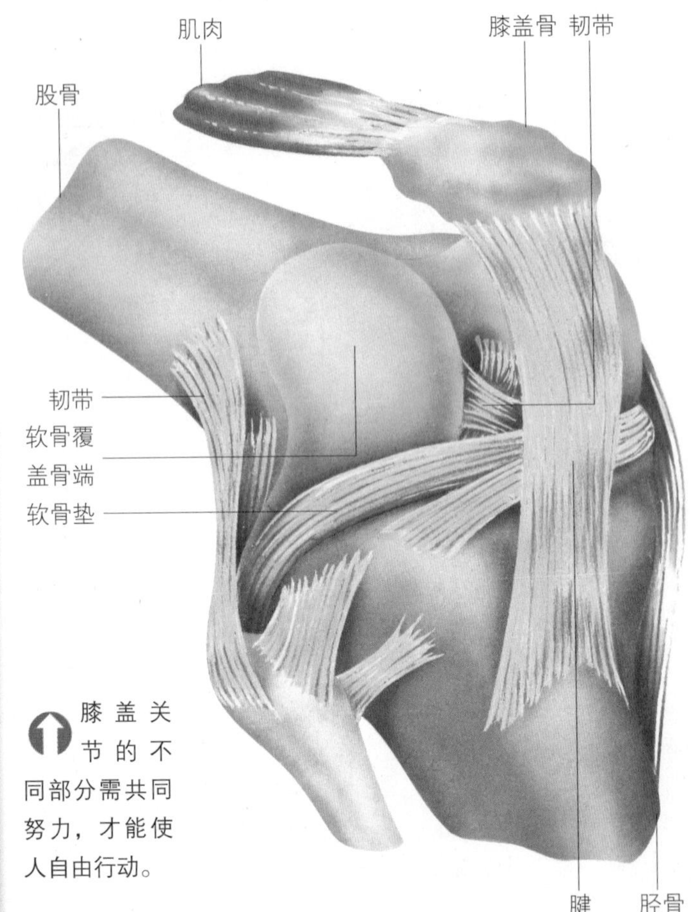

膝盖关节的不同部分需共同努力，才能使人自由行动。

❍骨头会合于关节。关节是骨头表面覆盖着的一层发亮、以软骨著称的柔软物质。软骨上覆盖着一种滑腻的液体（流动的滑液），这使得关节能顺畅活动。

❍韧带是在关节里把骨头结合在一起的强壮组织带。

❍屈戌关节，如手肘，可以让骨头在前后来回摇摆。

❍在杵臼关节，如肩膀和臀部，一根骨头的圆形末端坐落在其他的骨头的杯形插口里，并且能朝几乎所有的方向移动。

❍旋转关节能像轴上的车轮一样转弯，头在脊骨上能向左侧或右边旋转。

❍鞍状关节，如图中拇指里的骨头，像两副马鞍一样扣在一起。这些关节能在承受相当大的力量时，仍保持相

髋关节是杵臼关节，能够承受磨损和撕裂。当软骨缓冲的层破碎时，可以用一种特殊塑料制成的人工关节代替。

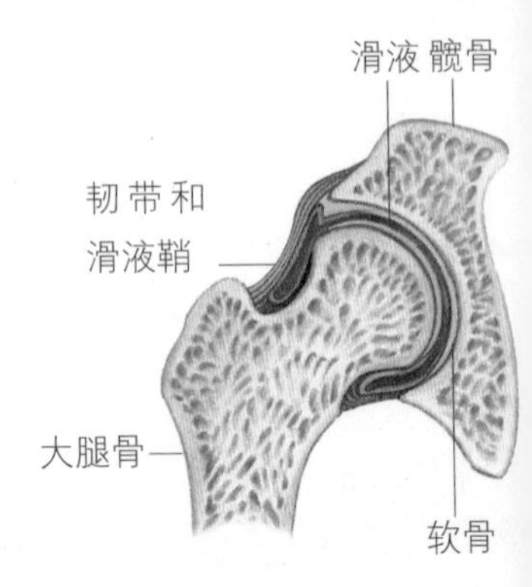

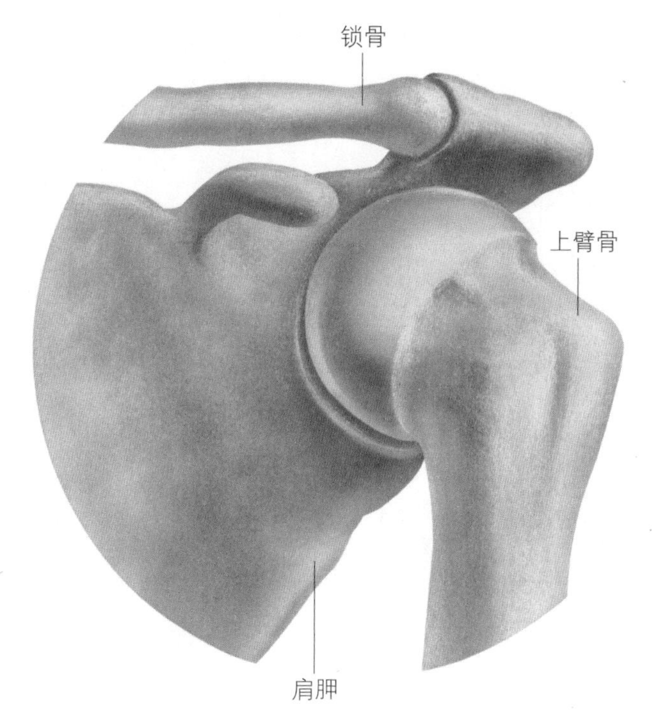

肩膀膀臂骨头的球形末端接入肩胛骨和锁骨，从而形成一个杯子样的插口。

柔软的关节

为了做出图中这样高难的动作，体操运动员必须有柔软、灵活的关节。

当的灵活性。

❍ 脊椎较硬的关节之间常有软骨型，用来缓冲外部冲击。

❍ 在一些关节里，不仅骨端覆盖着软骨，软骨之间也有软骨垫。这些额外的衬垫就是关节盘。有2个月牙形的软骨，被称为半月板，存在于每个膝关节里。它们帮助膝盖“锁定”力量，所以我们能不费太多力气便站直身体。

❍ 在关节里覆盖骨头末端的软骨被称为关节软骨。

❍ 还有一些坚韧而轻巧的其他软骨类型，它们坚固、轻盈，通常也柔韧易曲。

❍ 透明软骨构成了许多结构部分。组成喉头软骨喉框架的是透明软骨，形成鼻子和加强C形状圆形气管的软骨也是透明软骨。

❍ 弹性软骨在耳廓里面形成易弯曲的框架。

❍ 软骨比骨头长得快，并且子宫里婴孩的骨骼主要是软骨，后来才逐渐硬化。

在身体里，膝盖是能够承受最大压力的关节。除了韧带和腱提供支撑以外，膝盖还有着厚软骨垫。

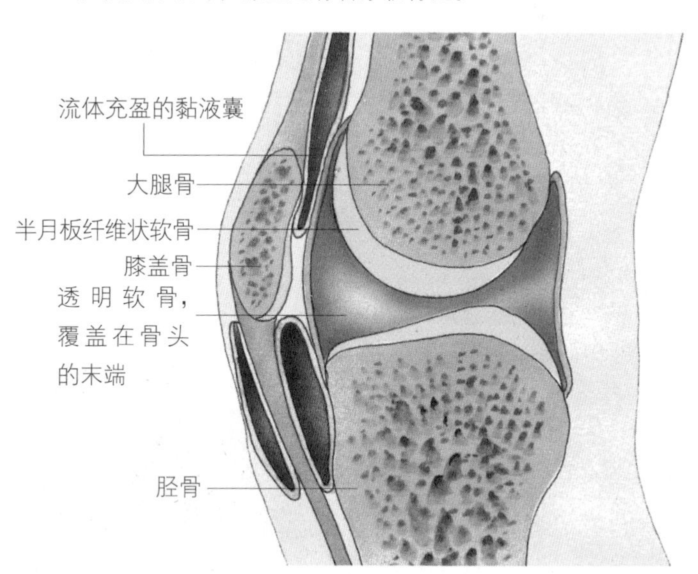

神经系统

身体由很多不同的器官和组织组成。它们必须以组织方式协力工作，以使整个身体保持健康、活跃。控制并且协调所有这些部分的主系统是神经系统。

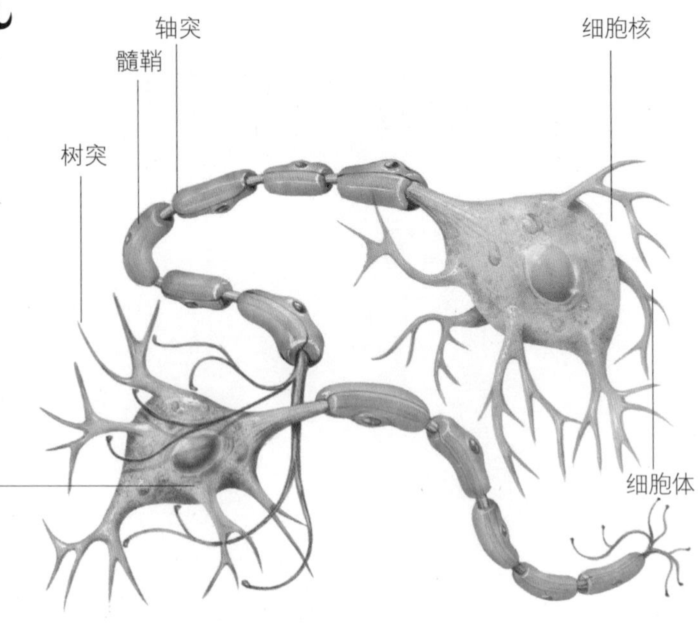

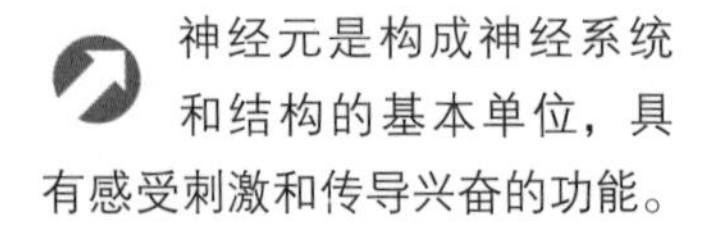

神经元是构成神经系统和结构的基本单位，具有感受刺激和传导兴奋的功能。

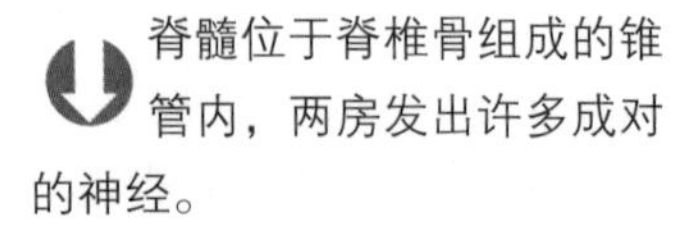

脊髓位于脊椎骨组成的锥管内，两房发出许多成对的神经。

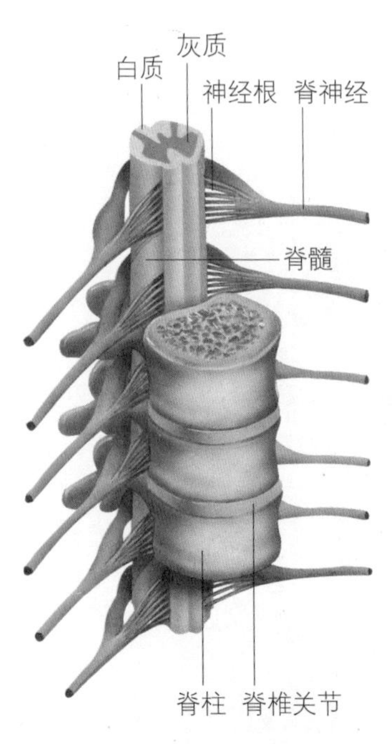

❍像计算机网络一样，神经系统来回传送极小的电子信号，把信息从身体的一个部分带到另一个。这种电子信号被称为神经信号。

神经信号的速率

不同类型的神经纤维信号传播速度不同。最快的信号以超过 120 米 / 秒的速率旅行，最慢的信号以 1~2 米 / 秒的速率运行。赛跑者在出发点应该至少需要 0.1 秒才能听见起动枪号令，并做出反应跃过起跑点。如果它们在 0.1 秒内起跑，将属于犯规。

❍神经系统有 3 个主要部分：大脑、脊髓和周围神经系统。

❍脑是中枢神经系统的头端膨大部分，位于颅腔内。其下经枕最大孔连接脊髓。

❍椎管由游离椎骨的椎孔和骶骨的骶管连成，上接枕骨大孔与颅腔相通，下达骶管裂孔而终。脊髓就位于椎管内。

❍周围神经系统联络于中枢神经和其他各系统器官之间。

❍一根粗的神经拥有成千上万条纤维，而最细的神经仅有几根纤维。

❍运动神经负责从大脑传送神经信号到肌肉和腺体。

❍感觉神经承载神经信号的方式正好相反，是从眼睛、耳朵和其他感官到大脑。

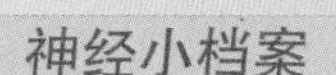

神经小档案

12对脑神经连接着脑的不同部位。

31对脊神经连接在脊髓，分别是8对颈神经，12对胸神经，5对腰神经，5对骶神经，1对尾神经

脊髓大约45厘米长。

一些神经细胞超过30厘米长，是身体里最长的细胞。

神经信号传递非常迅速，以致人们可以在不到0.2秒判断形势并作出反映。

神经系统是一个惊人的错综复杂的网络，连结大脑到身体各个部分的神经。周围神经系统的神经从中枢神经系统（大脑和脊髓）分支到四肢和身体。

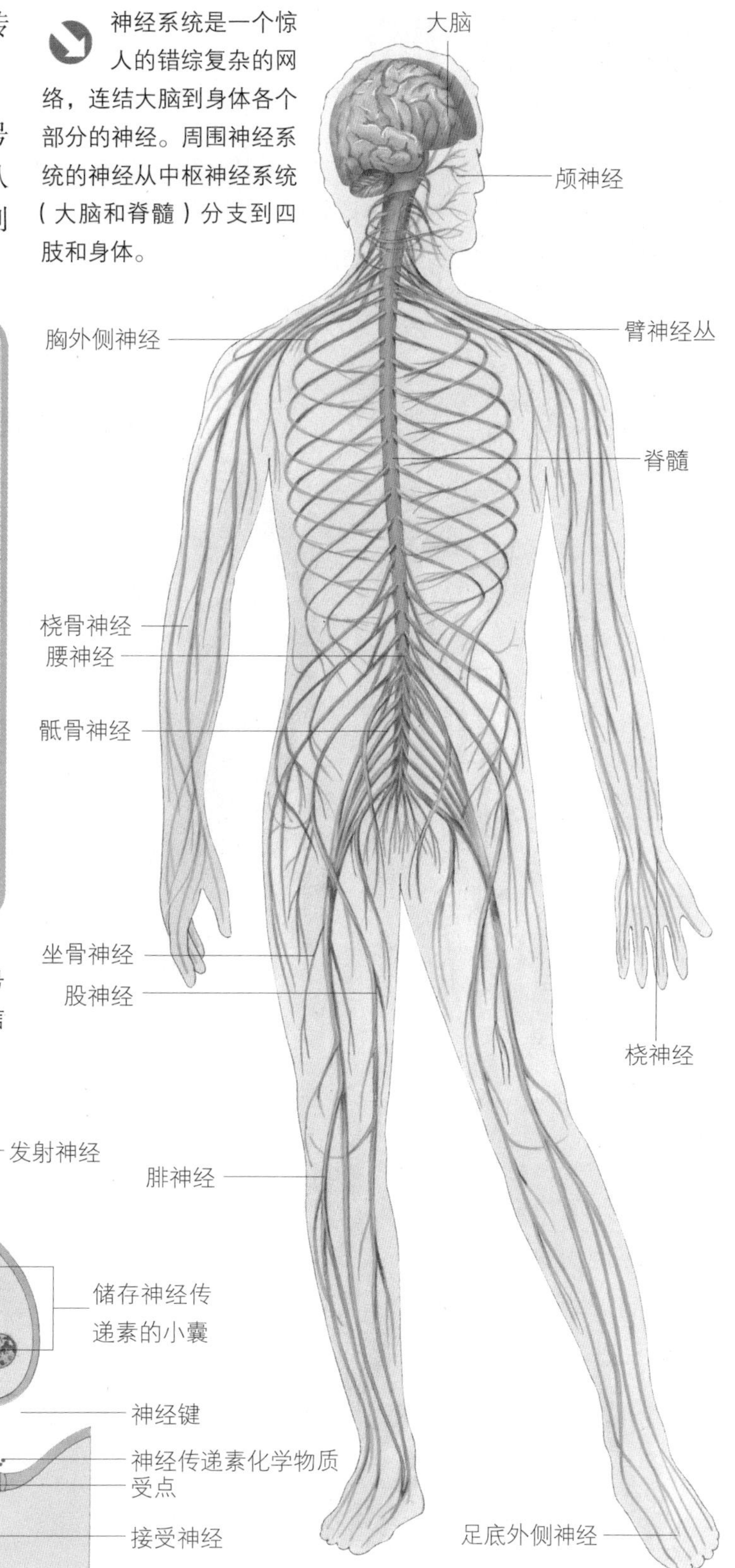

作为化学信使，神经信号穿过神经键。这些神经信号锁定在接收神经的感受器上。

人的大脑

大脑是人类智力活动的场所。人们借助大脑进行逻辑思考，发挥想象；从感觉中得到信息，解释信息并作出决定，人们也借助大脑储存记忆，体验各种情感（如恐惧和愉快等）及控制身体动作。

❍ 大脑活动多发生在大脑皮层质里。大脑皮层是一层薄层，盖住圆而起皱的大脑表面。

❍ 一些活动，如在头脑里建立一张眼睛看见的图像，主要发生在皮层的某个部分。其他过程，如储存和记忆，往往与皮层的几个区域及大脑的其他部分有关。

❍ 大脑皮质只有 5 毫米厚，但是当它们被拉平后，则几乎能覆盖一个枕套大小的区域，而且它包含至少 500 亿个神经细胞。

❍ 大脑的两个半球看起来一样，但是它们用不同的方式工作。

❍ 大多数人用左半球处理数目和单词、合乎逻辑地算出问题、做计划、进行推理和理解等。

❍ 右半球处理形状、颜色、声音、想象力、想法和启发等。

❍ 大脑两半脑由包含 1 亿条神经纤维的胼胝体连接。

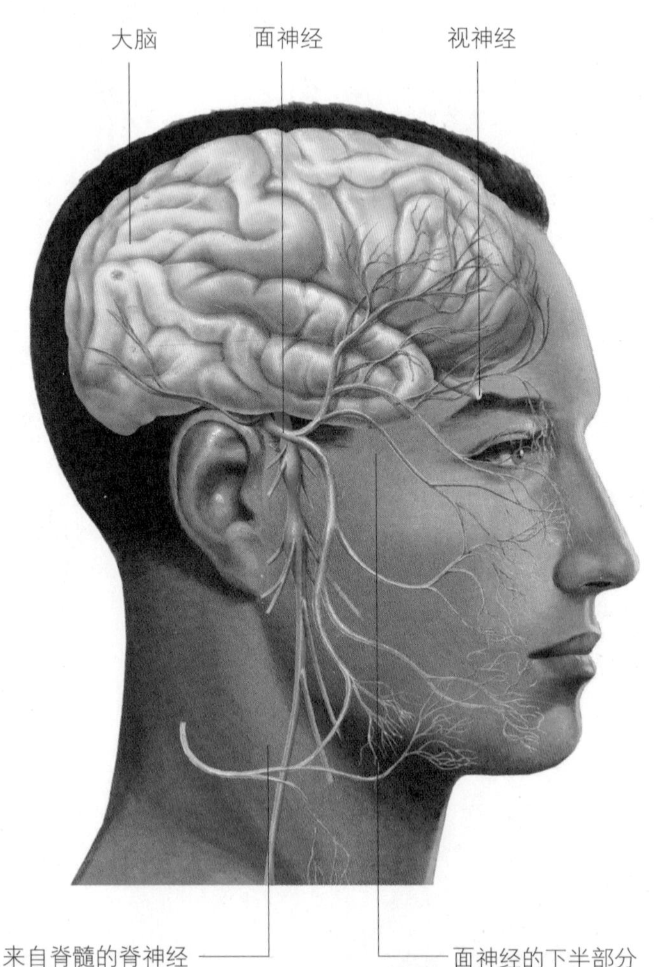

颅神经盖住大脑并向脸延伸，它们把信号从头和脖子带到大脑。来自大脑的指示以相反方向传递。

大脑和身体

人脑约占整个体重的 1/50。在最聪明的动物中，海豚的这个比例大约是 1/150。

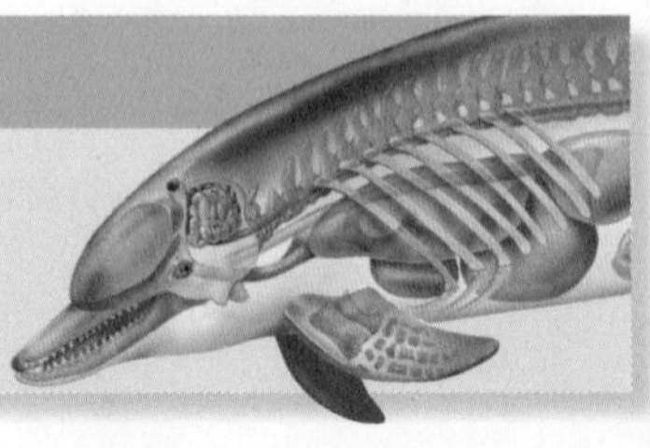

大脑皮层的不同部分处理来自感觉或发送到肌肉的神经信号。

触摸中心接受来自皮肤的信号

运动中枢控制肌肉和运动

意识

语言中心控制喉颈部肌肉

听觉中心接受耳朵里听觉神经的信号

小脑（负责动作协调）

视觉中心接收眼睛发出的视觉信号并处理所看见的东西

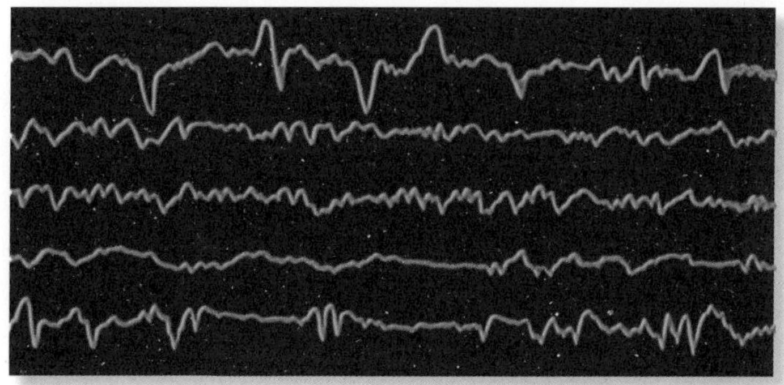

几十亿个神经信号每隔1秒在就大脑周围闪烁，从感觉中带来信息，把指令发到肌肉并且承载想法和记忆。其中一些信号能渗透头骨。人们可以通过缚在皮肤上的脑电图（EEG）仪的传感器垫采集信号。

大脑的9/10是两个大脑半球的大圆顶。很多有意识的想法在大脑皮层质发生，大脑皮层里面是神经节，外形像一个点。

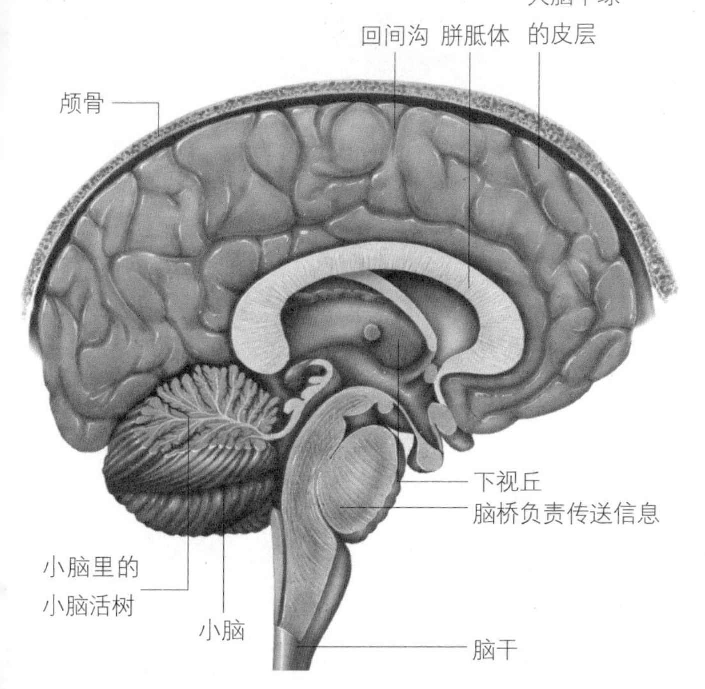

大脑结构

视觉中心 大脑的视觉中心位于皮层的较低后方，从眼睛接受神经信号并处理所看见的东西。

运动中枢 运动中枢通过肌肉收缩和放松来控制身体动作。

触摸中心 在运动中枢后面的触摸中心从身体皮肤不同部位上接收感觉信号。

后脑 在更低的后方有一个更小的起皱部分，就是后脑。它使肌肉的有力运动顺利、熟练和协调。

间脑 大脑的中部部分，例如丘脑，涉及意识，记忆和情感。

海马状突起 与风格、意志力、学习和记忆有关系。

脑干 最低部分是脑干，负责身体的自动运行，如消化和心跳等。

下视丘 视丘下部控制体热、水和饥饿，并且负责唤醒睡眠中的身体。

眼睛和视力

外界大部分信息（纸上的图片、文字，真实的场面和屏幕）通过眼睛进入身体，眼睛处理的信息要比其他所有器官处理的信息总和还要多。眼睛把光作为不同的颜色和亮度射线来识别，并且生产极小的神经信号图案传到大脑。

❍眼睛是充满一种似果冻般物质（玻璃状液）的坚韧球体。

❍眼珠大约有 2.5 厘米长，有坚韧的巩膜。在巩膜里面是一个富血层，叫作脉络膜，为眼睛的部分器官提供营养。

❍ 眼珠的前面是一扇透明的窗子——圆形角膜，让光射线进来。

❍光线经过虹膜进入瞳孔。在亮光下，瞳孔会变小，以防止太多光进入眼睛里面，造成损坏。

眼泪是在泪腺里制造的，并且从内部眼睑沿着泪管排进鼻子。眼睛里面是光敏衬里视网膜。

视交叉（来自每只眼的信号部分在这里交叉）

转动眼睛的肌肉

巩膜

泪腺

虹膜

瞳孔

泪管延伸到鼻子里

❍穿过晶状体的射线弯曲并形成一个清晰的图像映到视网膜上。

❍在视网膜上，有超过 1.3 亿个敏感细胞把光转换成神经信号。

❍每只眼睛提供的外部图景不同。大脑只要结合这些图景便可给出印象图景。

❍大脑通过眼睛的内视角度、晶状体变薄或加厚的数量等来估计物体距离。

❍数千种不同的颜色都来

有缺陷的视力

位于瞳孔之后的晶状体，能变得更厚实或更稀薄，从而聚焦近或远的对象。当晶状体不正常工作时，人们需要玻璃或隐形眼镜等帮助自己看得更清楚。

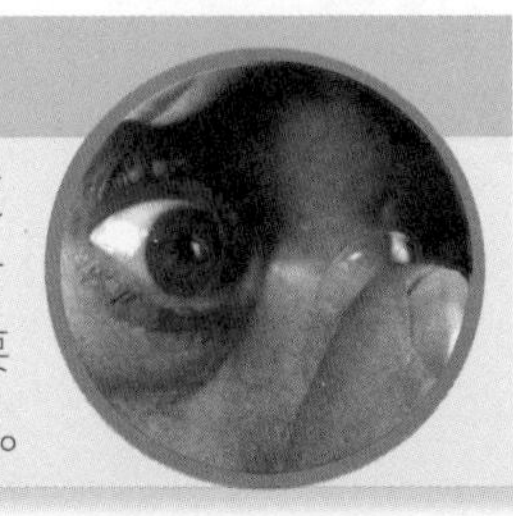

视网膜－光线衬里
－敏感棒和视锥细胞

脉络丛

携带信号到大
脑的视神经

（眼球）结膜

晶状体

角膜

虹膜

韧带支撑
晶状体

巩膜（覆盖层）

能否正确识别颜色取决于眼睛的视锥细胞。人的眼睛有3类不同的视锥细胞，每一类对频谱的不同部分敏感。

1. 感到频谱红色部分的红视锥细胞最高点

2. 感到频谱绿色部分的绿色视锥细胞最高点

1 2 3

白光频谱

3. 感到频谱蓝色部分的蓝色视锥细胞最高点

眼睛的有色部分是虹膜，通过清楚的角膜可以看到的那块环形肌肉。虹膜中间的深洞是瞳孔，光通过瞳孔进入到眼睛内部。差不多所有婴儿出生时眼睛都是蓝色的。几个月以后颜色也许会改变成棕色、绿色或者灰色，然后会保持下去。这种颜色从父母那儿继承，如果母亲和父亲都是蓝眼睛，他们的孩子几乎肯定是蓝眼睛。不过，如果父母两个都是棕色眼睛，那么他们的孩子可能有棕色或者蓝色眼睛。

自大脑与3类视锥细胞信号的结合。根据发现的光的颜色，可把它们分为红色、绿色和蓝色视锥细胞根。

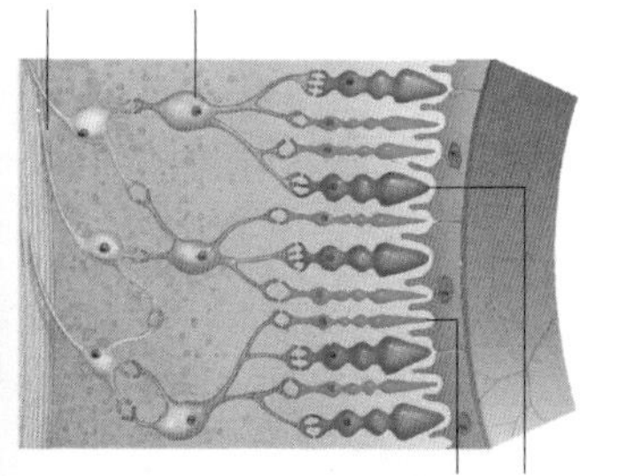

激光视力治疗

一种高功率激光光束可以准确地射进眼睛，进行各种各样眼睛疾病的治疗。来自光束的热能封闭漏的血管，或者造型，重新改变晶状体和角膜的形状从而使视力恢复正常。

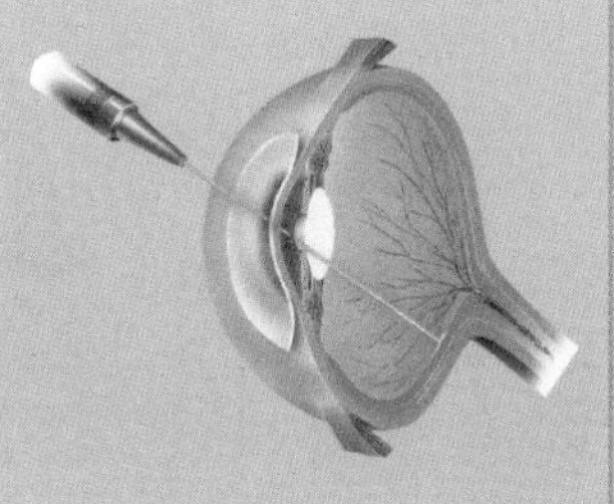

父母的眼睛颜色

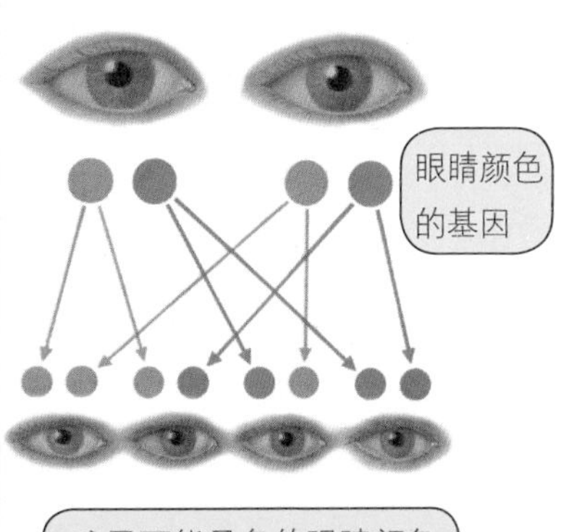

孩子可能具备的眼睛颜色

耳朵、听力和平衡

耳朵能够识别到达耳朵的看不见的、由空气压力变化发生的声音振动。声音的水平不论高低都有音调，并以赫兹来测量。声音的音量通过声波里的能量强度来测量。我们的耳朵只能对有限范围的频率和强度做出反应。

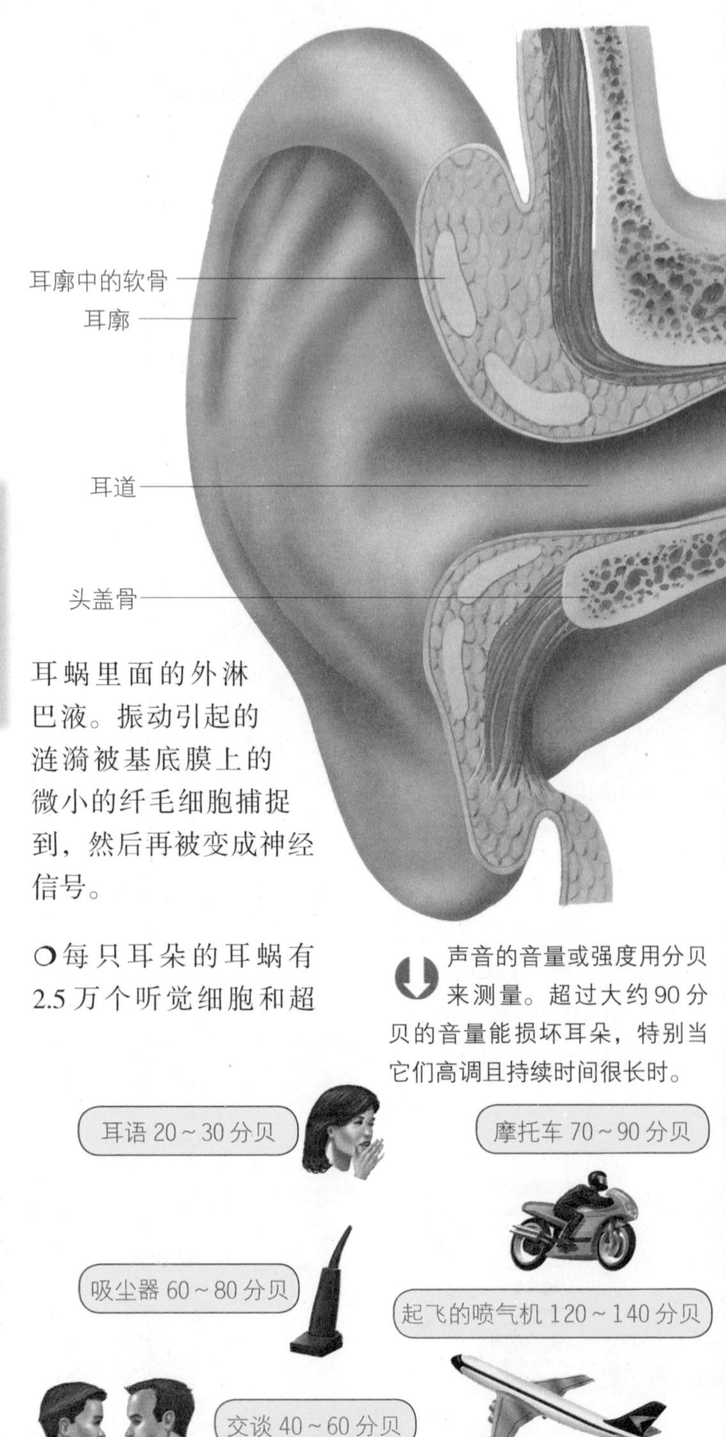

保持平衡

为了阻止失去平衡，最好把眼睛注视单个焦点，这样你的大脑不至于糊涂或者分心。

❍耳廓长在耳朵两侧，它们只是用来收集声音。

❍声波先进入一根稍微呈S型的导管，即外部耳朵导管，最后达到小而柔韧的鼓膜。

❍振动沿着3块极小的骨头运行——锤骨、砧骨和镫骨。这3块耳骨被称为小骨，是身体里最小的骨头。肌肉把它们包裹得紧紧地，因此当非常响亮的声波撞击耳朵时，它们的振动会较小。

❍之后，振动进入蜗牛形耳蜗里面的外淋巴液。振动引起的涟漪被基底膜上的微小的纤毛细胞捕捉到，然后再被变成神经信号。

❍每只耳朵的耳蜗有2.5万个听觉细胞和超

声音的音量或强度用分贝来测量。超过大约90分贝的音量能损坏耳朵，特别当它们高调且持续时间很长时。

耳语 20~30分贝

摩托车 70~90分贝

吸尘器 60~80分贝

起飞的喷气机 120~140分贝

交谈 40~60分贝

声波的振动沿着耳朵导管到达鼓膜，再沿着极小的耳朵骨头（骨质）到达卷曲螺旋，卷曲螺旋把它们转化成神经信号。在中耳和喉头之间的咽鼓管通过放进、放出空气来控制耳朵里面的气压，管道可以通过呵欠或吞咽来开放。

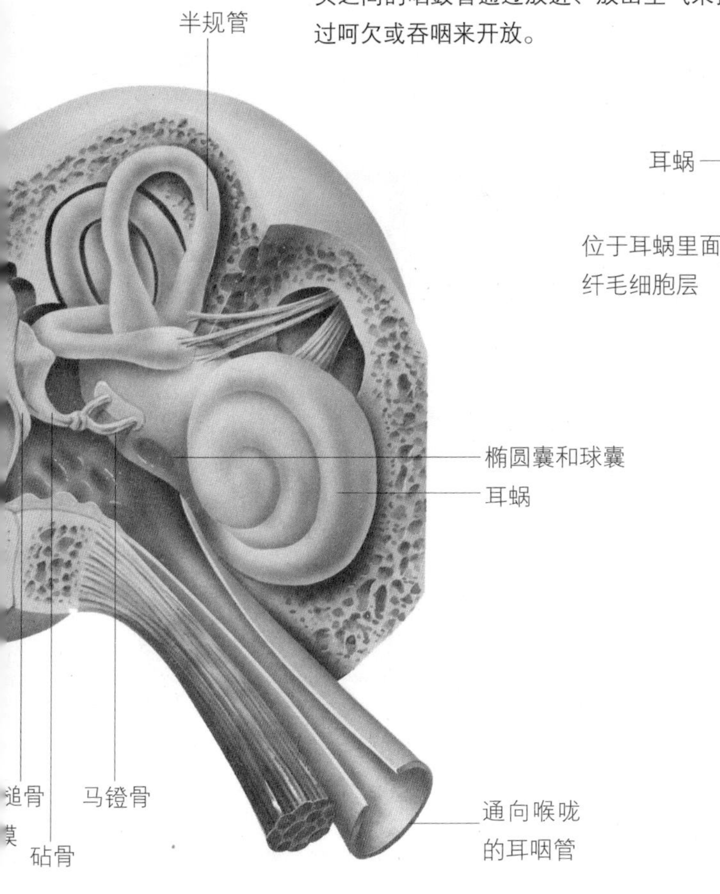

半规管

耳蜗

位于耳蜗里面纤毛细胞层

耳蜗的蜗牛状螺旋内充满流体和一个“Y”字形的膜，用来运载微观听觉细胞。

晕眩

坐过山车能使人感到眩晕，这是因为在身体已经停止之后，内耳里面的液体还在继续旋转。

过200万根的纤毛细胞，能够可以察觉振动。

❍ 人们之所以能知道声音产生的方向，是因为我们有两只耳朵。这种听觉被称为立体听觉或双耳听觉。

❍ 朝向声音来源的耳朵会比另一只耳朵更早听到声音，而且听到的声音也较响亮，这是因为声音在传播过程中变得越来越弱。

❍ 大脑能算出时间和空间的差，从而对声音来源做出判断。

❍ 为了保持身体笔直，身体必须把一连串关于自己位置的数据送到大脑，然后大脑必须连续告诉身体怎样移动来保持平衡。

❍ 平衡被大脑的很多部分控制，包括大脑中的小脑。

❍ 大脑可从许多来源获知身体姿势方面的信息，这些来源包括眼睛、身体附近的本体感受器及内耳中的半规管和其他器官。

❍ 半规管是内耳中三个微小的、流体充盈的圈。两个孔叫作椭圆囊，内耳迷路中的球囊与椭圆囊连到一起。

❍ 当我们的头移动时，槽内和洞内的流体滞后一点，从而拉起头发检测器，告诉大脑发生了什么事情。导管则会告诉你你正在点头还是摇头，及你正在向哪个向移动。

鼻子和嗅觉

气味是吸气时带进鼻子的极小的气味粒子。只需要一些气味粒子与数百万个空气分子混合，就能产生非常显著的味道。

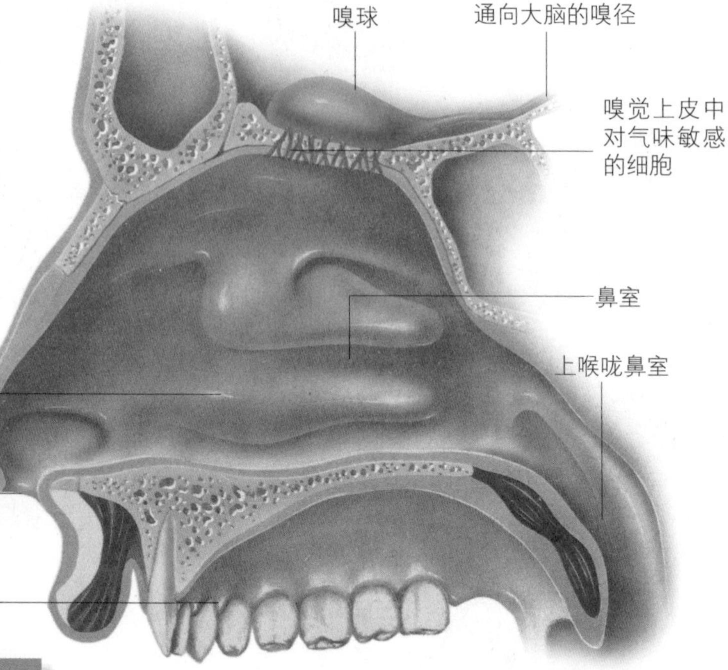

闭塞的鼻子

当人们感冒时，鼻子会产生许多特别的黏液盖住嗅觉块（嗅觉的上皮细胞），因此，人们嗅觉能力没有健康时那么好。当人们咀嚼时，这种黏液也能阻挡食品的气味，从而使得美味食品也淡然无味。

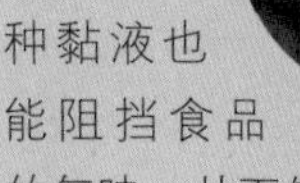

❍ 嗅觉的感觉部分是两块嗅觉上皮细胞，它们位于鼻腔上部、鼻后头颅骨里。

❍ 每个肉块包含嗅觉细胞，并长有束状微型纤毛。它们能够查出空气中飘浮进鼻子并待在里面的某些乙硫醇微粒。

❍ 嗅觉神经孔包含 2500 万个以上的感觉神经细胞。在嗅觉上皮里的每个感觉神经细胞有大约 20 根气味检测纤维小束，即嗅丝。

❍ 当气味分子触动嗅丝时，嗅丝发信号给嗅球，然后嗅球给能识别这种气味的大脑部分发送相关信息。

❍ 处理嗅觉的大脑部分与处理记忆和情感的部分密切相关。

❍ 大脑里两个紧密联结的部分往往能够解释为何某种气味常能唤起生动的记忆并引发强烈的情感。

⬆ 毛状的嗅觉神经孔能够发现气味。它们分布在鼻腔顶部、鼻子里面和嘴上方。

你知道吗？

人的鼻子能辨别超过 10000 种不同的化学制品之间的差别。

狗的嗅觉能力是人鼻子的 10000 倍。

软骨是在身体各种地方存在的一种橡胶状物质。对鼻子的打击能轻易损坏鼻子的软骨，这种事情经常发生在拳击手身上。

嗅觉出众的专家

有几种职业往往需要很好的嗅觉能力，包括酒、香水和空气清新剂等产品的制造商。

空气里极小的灰尘细菌和流动的粒子能堵塞鼻子，并能损坏气管和肺气管。因此，在布满灰尘或者粉尘、蒸汽和烟雾地方工作的人们，往往需要戴面罩来保护自己。外科医生在工作时也需要戴面罩，这样就不会使自己感染病毒。

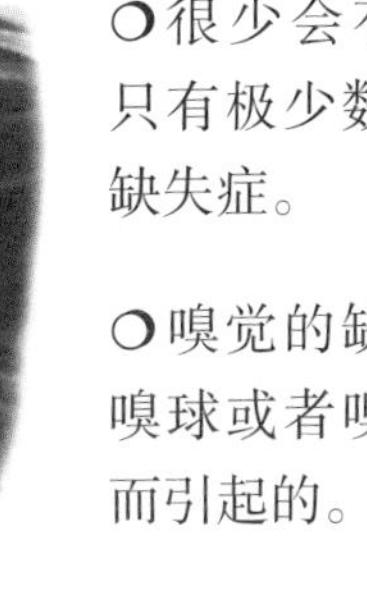

吸气可以使气味微粒打旋进入鼻腔，鼻腔里有气味细胞识别各种气味。

❍在20岁以前，你有可能会失去嗅觉能力的20%。到60岁时，你将会失去60%。

❍很少会有人没有嗅觉。只有极少数的人患有嗅觉缺失症。

❍嗅觉的缺失通常是由于嗅球或者嗅神经出现问题而引起的。

舌头和口味

与其他感觉相比较，味觉给我们提供的外部世界的信息量较少。味觉通过食品里的某种化学物质被激发，这些化学物质在嘴里经唾液溶化，然后通过舌头上的感觉神经细胞把信息送到大脑中专门负责气味的部分。

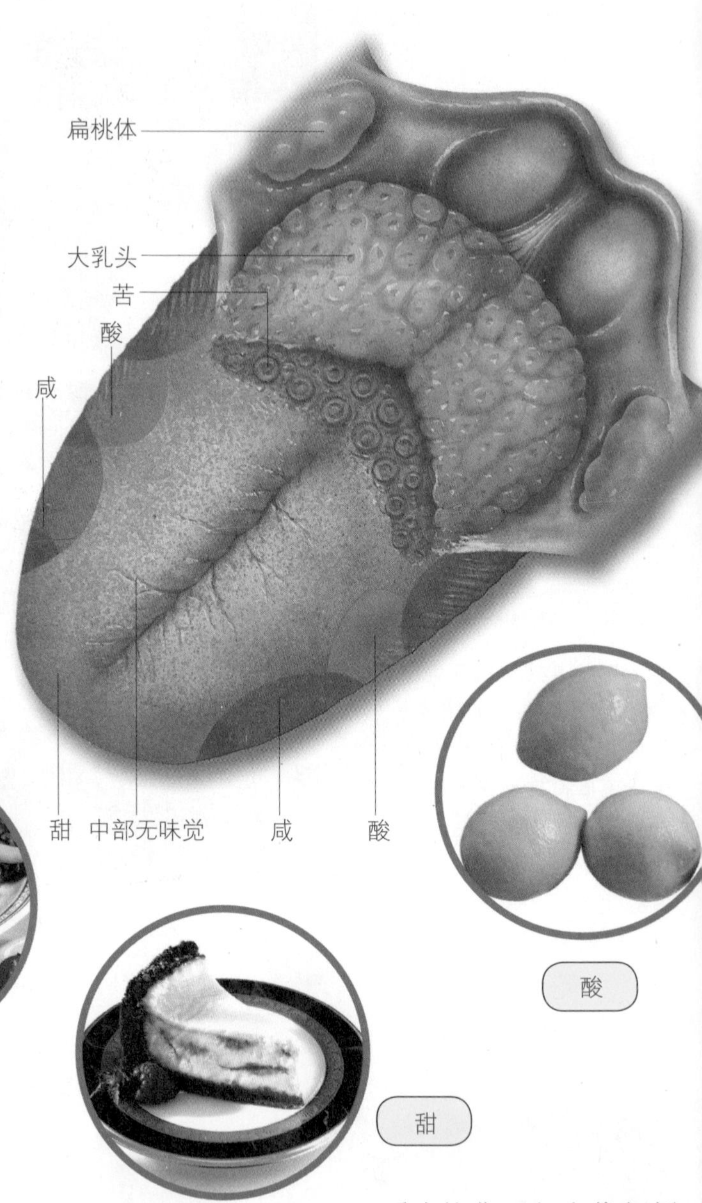

苦

咸

甜

酸

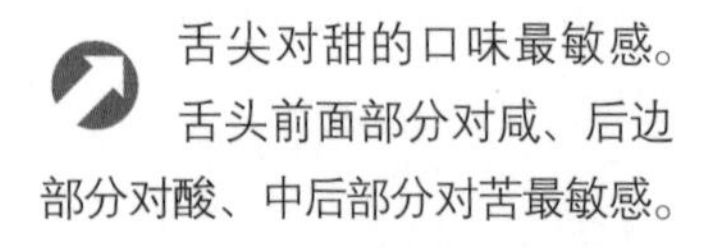

舌尖对甜的口味最敏感。舌头前面部分对咸、后边部分对酸、中后部分对苦最敏感。

❍舌头大部分肌肉都能伸展，这可以使舌头变成长、薄、短、宽等不同形状。

❍舌头前面、两边和背面有1万个味蕾，这些味蕾又叫作“舌乳头”，散布在舌头上叫作乳头的突起物之间。

❍味蕾对四种基本口味都很敏感：甜、酸、苦和咸。

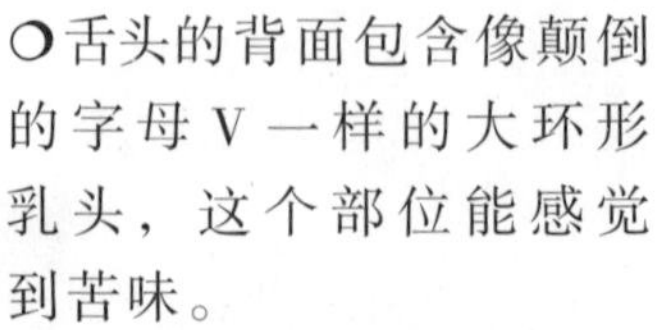

❍舌头的背面包含像颠倒的字母V一样的大环形乳头，这个部位能感觉到苦味。

❍舌头的前面是菌状乳头和丝状乳头，它们负责运

除了品尝冰激凌的味道，舌头还能判断出它的冰冷和细滑。

载能感受出甜、酸和咸味道的味蕾。

❍ 每个味蕾的直径约 0.1 毫米，包含大约 25 种味觉细胞，这些细胞都有味毛。能感觉食物中的化学调味品粒子。

❍ 目前我们仍然不是很清楚，在味觉细胞上的味毛对化学颗粒是如何反应的。可能味毛里有不同形状的微小凹点。某一种食用香料微粒只适合某一形状的凹点，就像钥匙和锁的关系一样，不能适合其他凹点。

❍ 只有当粒子和这些凹点完全吻合时，一个神经信号才会被送到大脑。

❍ 除了味道，舌头也能感觉到食物的构成、咸淡和冷热。

❍ 婴儿的味觉感官相当发达，味蕾遍及嘴里。

❍ 在嘴里还有其他感觉器官，包括感觉压力、湿气、寒冷、热和触觉等的传感器。

❍ 在身体循环更新之前，味觉细胞只存活大约一个星期。

❍ 感冒时，往往会失去味觉。这是因为鼻子被堵塞的缘故，而且也会失去嗅觉，但是味蕾会继续运作。

❍ 嘴里有三对主要唾腺，分别是腮腺、颌下腺和舌下腺。

察觉病症

舌头的颜色和形状能提供关于病症的线索。当我们生病时，舌头有时看起来有裂纹。有时，舌头上还会发生溃疡，这往往是疲劳和压力大的标志。

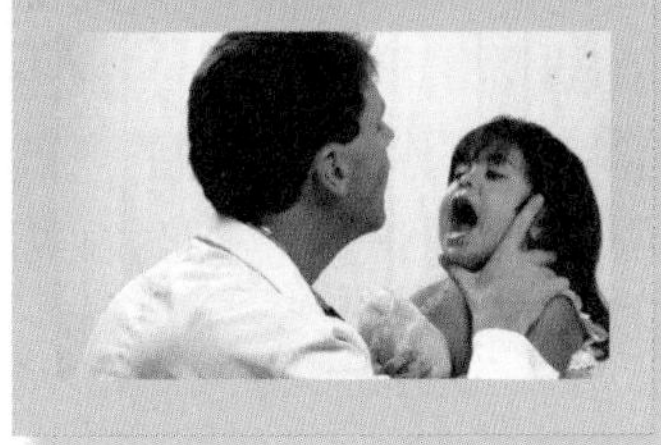

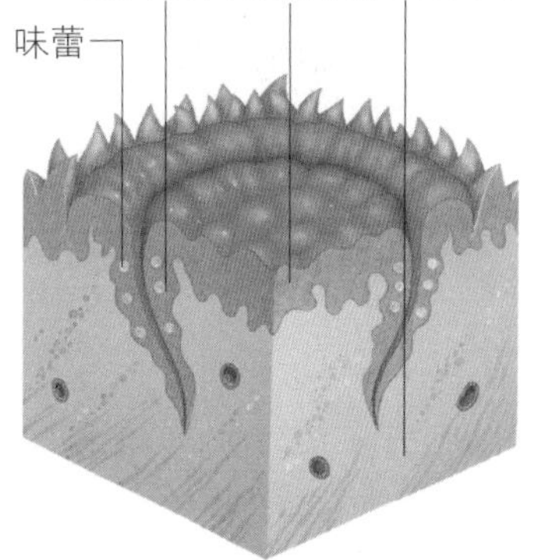

大的像丘疹一样，在舌头背面的肉块叫乳头。在乳头裂开的纵深方向有极小的味蕾。

❍ 在耳朵前面的是腮腺，是最大的一对。腮腺管穿过颊肌，开口于平对上颌第 2 磨牙相对处的颊黏膜。

❍ 颌下腺位于下颌的后面、嘴的下面，由舌头正下方处伸出颌下腺排泄管，主要分泌黏液和口水。

❍ 舌下腺在舌头之下。

呼吸系统

我们生活的空气中包含氧气。我们身体里面的化学变化过程需要氧气来分解从食物中获得的高能物质葡萄糖（血糖）。人体中专门负责吸进空气并把氧气送进血液的组织称作呼吸系统。

❍呼吸系统包括呼吸道（鼻、咽、喉、气管、支气管）和肺。

❍通过呼吸系统，空气到达肺部，在那里氧气被吸收，进入血液。

❍横膈膜是呼吸系统中最主要的肌肉组织，呈圆屋顶形，位于肺器官下面。当它拉紧或收缩时，会变得较平，从而可以扩展肺部来吸取空气。

❍呼吸时，肋间肌在肋骨之间也会收缩，举起前胸以扩展肺部。

❍呼出导致被使用过的低氧空气沿气道被推出体外。

呼吸

当我们休息或睡觉时，身体会每隔三四秒呼吸一次，每次通气量大约半升空气。经过运动锻炼以后，你可以做到每秒钟呼吸一次，每次通气量3升空气。

这张侧视图显示上部呼吸道，嘴巴、鼻子、喉头和气管的横剖面，声带在气管的上面。

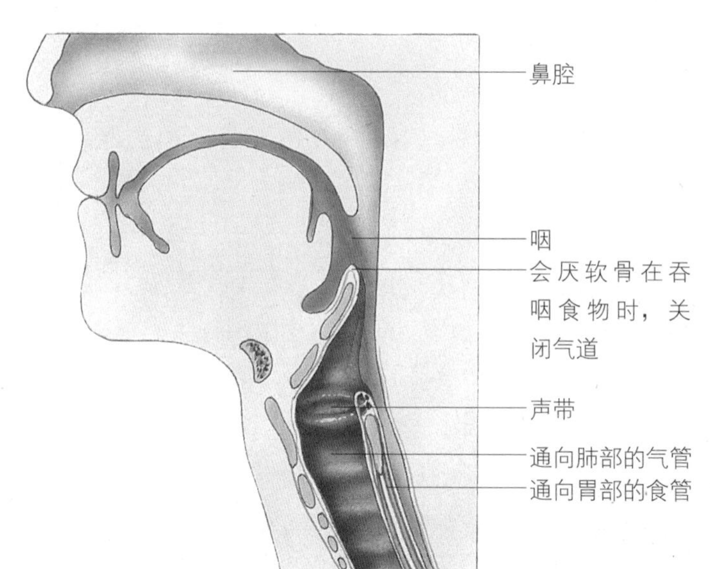

呼吸通过横膈膜和肋骨肌肉的收缩来供给动力。呼吸时，这些肌肉就必须放松。

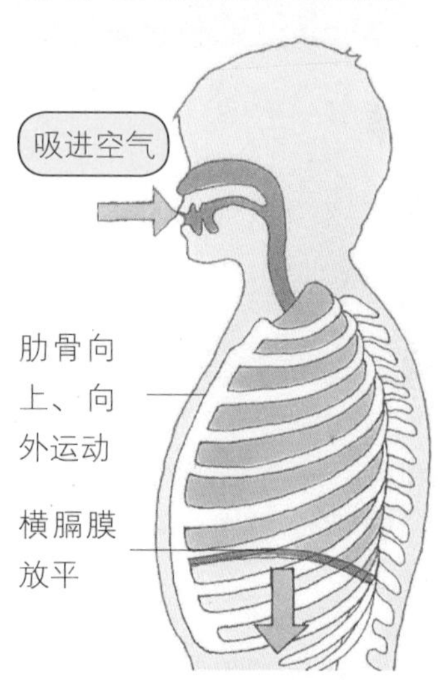

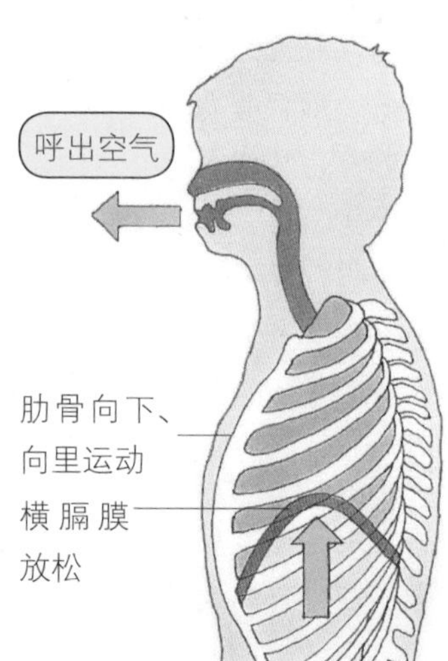

你知道吗?

我们所能发出的声音基本上都来自声带。但是气流在喉头的形状和位置，嘴巴、鼻子和鼻窦（空气填充的头骨空间）等都会对音质造成一定的影响。

❍ 当横膈膜放松时，被舒展的肺收缩回得更小，并推出空气。

❍ 在喉里面、脖子前面，有两个僵硬的起皱部分叫作声带，它们从两边突出来。在正常呼吸时，有个三角形的豁口用来通过空气。

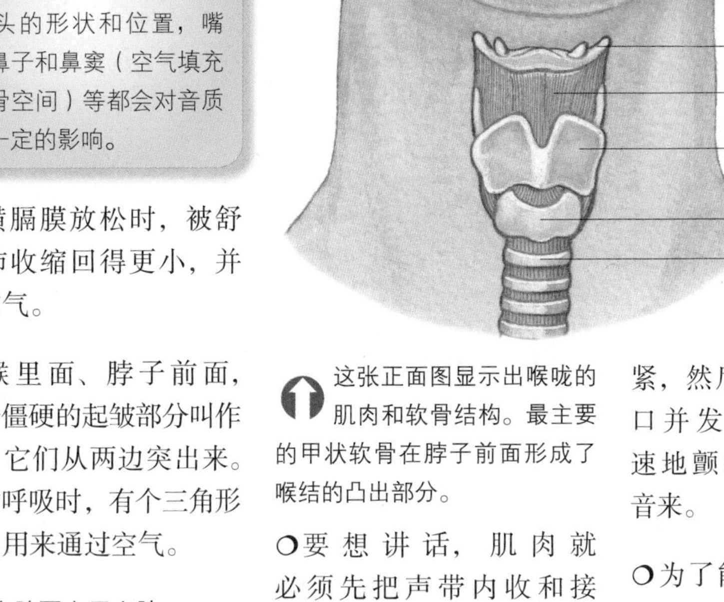

⬆ 这张正面图显示出喉咙的肌肉和软骨结构。最主要的甲状软骨在脖子前面形成了喉结的凸出部分。

❍ 要想讲话，肌肉就必须先把声带内收和接紧，然后空气穿过狭窄豁口并发生振动（来回迅速地颤抖），从而发出声音来。

❍ 为了能够发出更大的声音，胸口和腹部肌肉会强迫空气快速通过豁口。

❍ 要发出高频声音，喉部肌肉就要把声带拉得更紧。

❍ 男人的声带大约30毫米长，妇女的大约20毫米长。

↘ 右肺要大于左肺，左肺有个勺状的空间用来盛放心脏。

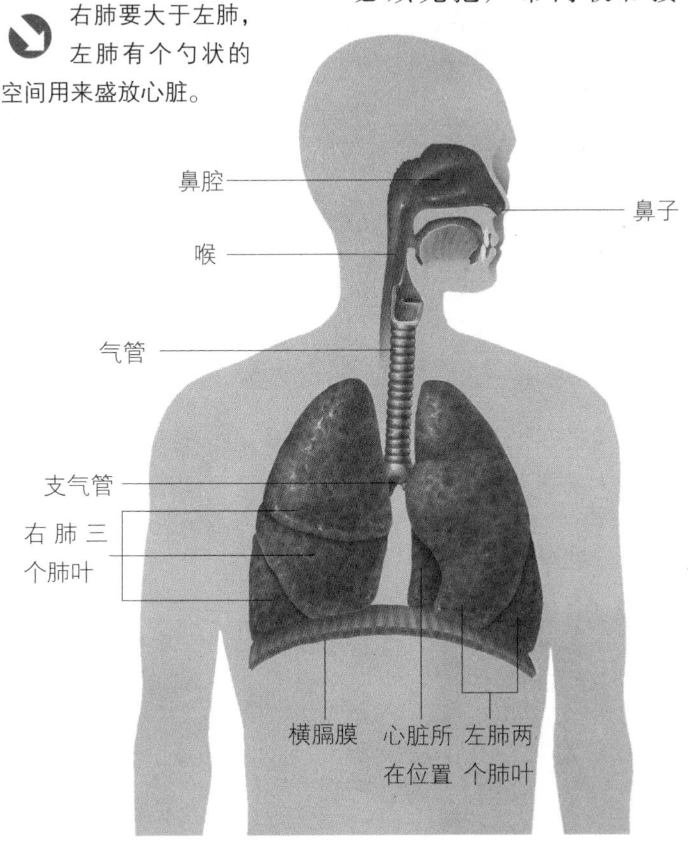

在太空

太空里没有空气，因此宇航员必须带着一种特别的背包。包里装着一个主氧气筒和一个备用的氧气筒以防不测。主氧气筒连接到宇航员的头盔上。

消化系统

我们的身体能食用并吸收各种各样的食物，包括肉、鱼、面包、米、面团、新鲜的水果和蔬菜。但是所有这些食物的消化过程相同。它们都必须通过消化道——身体内环形盘绕的通道。

❍食物沿着消化道，被分解成更小、更简单的物质，然后被吸收进血液。食物在人体中的整个旅途包括从消化道的一端到另一端，大约需要 24 个小时。

脂肪

脂肪是重要的能量来源。脂肪与碳水化合物及蛋白质一起组成食物的三个主要部分。脂肪分为饱和和不饱和的。当饱和脂肪与胆固醇含量较高的物质在血液结合时，可能会引发某些健康上的问题，例如心脏病的发作。

➲内窥镜是一个配备有灯光的管子，它可以经口腔进入胃内或经其他天然孔道进入体内，从而显示其状况。

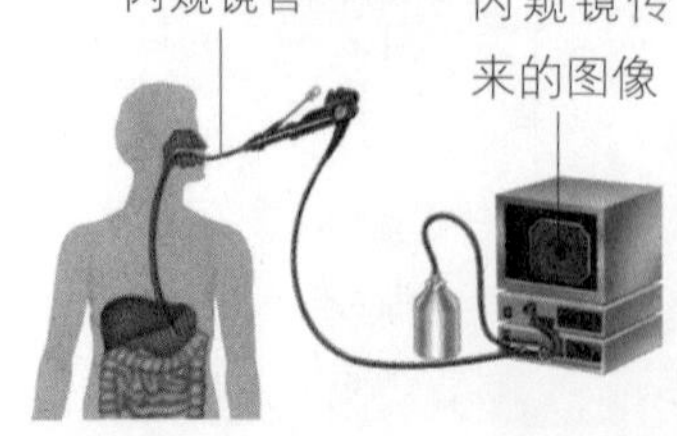

➲不同食物种类包含不同类型的营养素，它们在人体健康中都有着重要的作用。

❍在嘴巴里，食物被咀嚼，然后被唾液湿润。当它们被吞咽后，会沿着食道进入胃里。

❍当食物被吞下时，肌肉运动并关闭气管上面，因此食物可以进入食管，输送到胃里。

❍在胃里，食物与胃液充分混合。胃液包含一种叫作胃蛋白酶原的化学物质，能把食物变成一种叫作食糜的汤类物质，然后流入小肠。

❍在小肠里，营养物质被吸收进血液。废物在直肠被存放并且通过肛门排出体外。

❍肝脏不是消化道的一部分，但是它们是消化系统的一个组成部分。它们从小肠接受富含营养素的血液。肝脏能产生绿色的胆汁，存放在胆囊里，用来分解多脂食物。

❍在肝脏左边和胃后面是另一种消化器官——胰腺。胰腺可分泌胰液，帮助小肠进一步分解食物。

消化系统包括嘴、牙、舌头、喉头、食管、胃、小肠和大肠、肝脏和胰腺等。

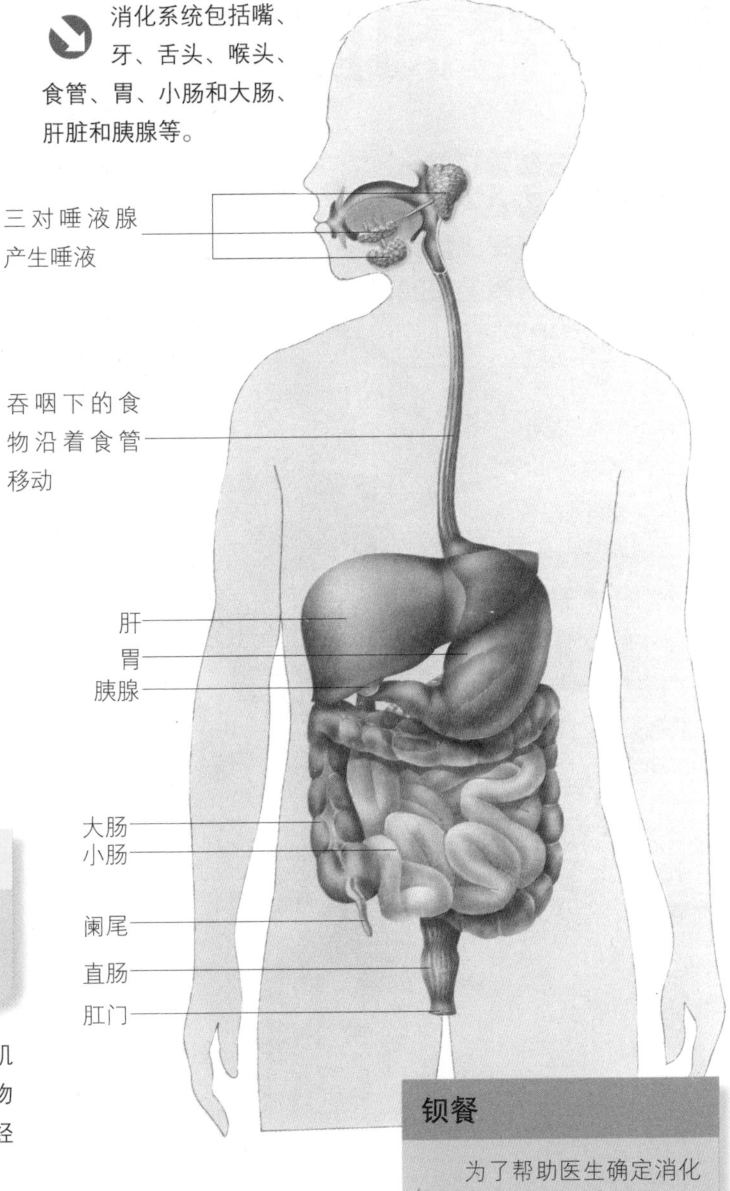

你知道吗？

一个人一年中食用的食物大约是他们体重的十倍。

吞咽涉及一系列复杂的肌肉行动，如舌头推挤食物团（图中黄色）进入喉头，经过气管口到达食管等。

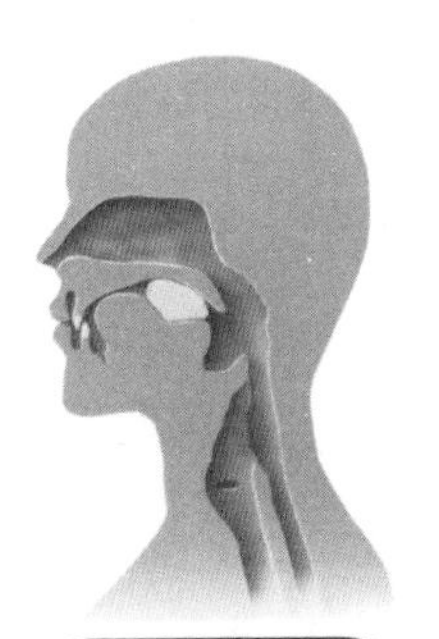

1. 舌头把食物挤压到嘴后部

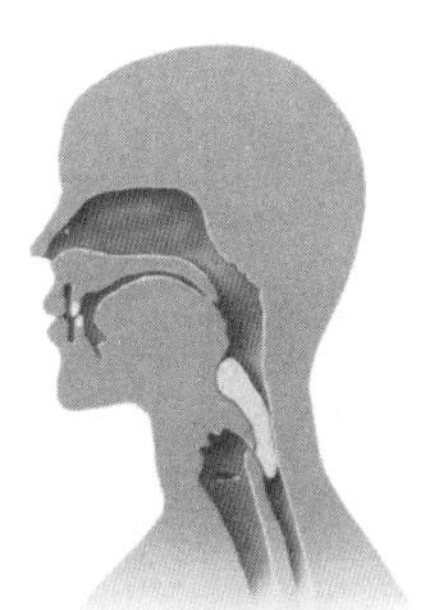

1. 食物经过气管的上部

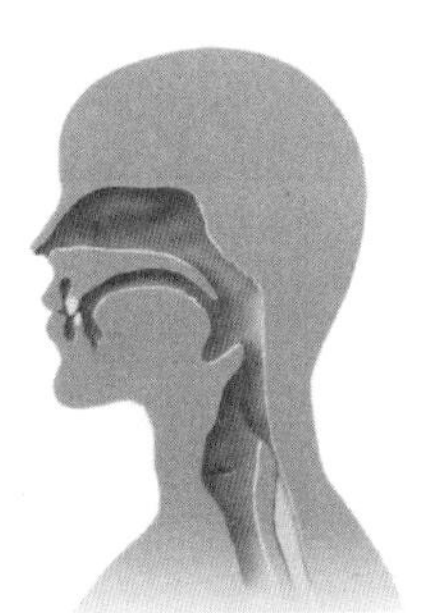

3. 食物被挤压进入食道

钡餐

为了帮助医生确定消化系统内的问题，患者可食用钡餐。钡餐包含一种特别的物质，在X射线检查时显示为白色。这能帮助医生做出正确的诊断，查出到底问题出在哪里。

胃、肾和肠

当我们吞咽食物时，食物会沿着食管进入胃。食物在胃里被磨碎成黏浆状物质，并在胃液的帮助下消化。

❍ 在一顿大餐期间，胃能舒展并容纳大约1.5升被嚼碎的食物。它的黏膜能分泌强有力的胃酸来消化食物，这种酸也能杀死食物中的细菌。

❍ 胃不能消化它自己的黏膜，因为黏膜外面包着一层黏液层，可抵抗酸的攻击。

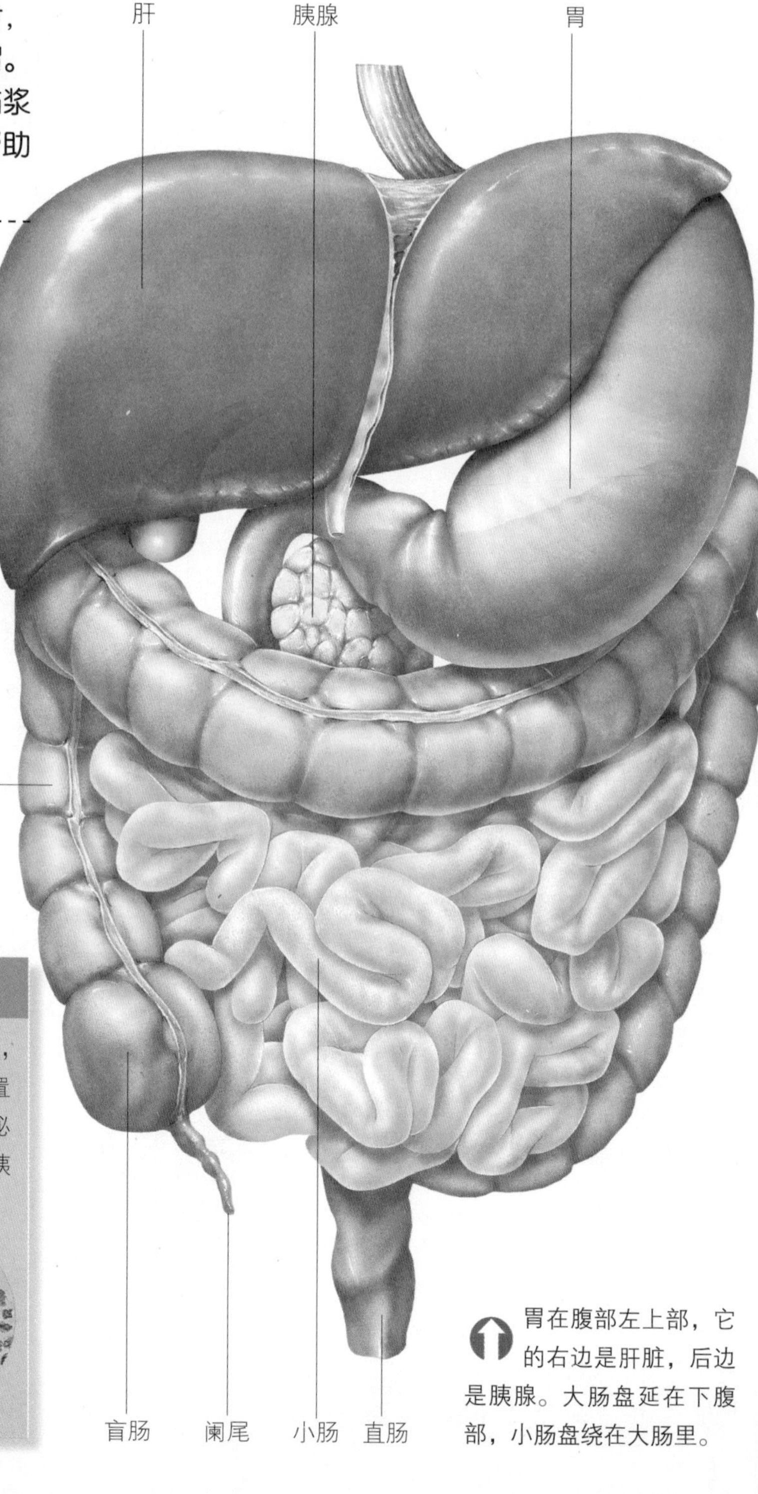

胃在腹部左上部，它的右边是肝脏，后边是胰腺。大肠盘延在下腹部，小肠盘绕在大肠里。

胰腺

该图是胰腺的微观图，胰岛（显示为紫色）被埋置在外分泌组织里。胰岛分泌两种重要激素：胰岛素和胰高血糖素。

胰岛素和胰高血糖素能够用来调控血糖水平。

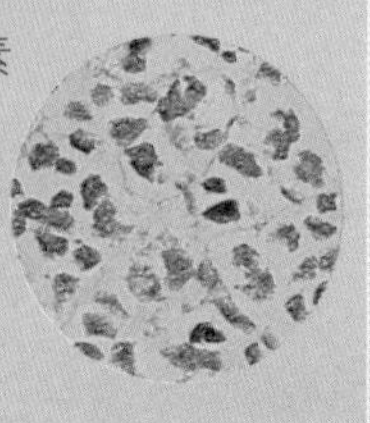

打嗝

如果到达胃部的食物太多的话，它便会挤压呼吸肌肉的横膈膜和神经。这可能会使横膈膜突然收缩，无法控制，从而产生打嗝现象。

❍ 多数营养素都通过小肠内部，流经小肠壁进入血液。

❍ 肝脏是身体的化工处理中心和最大内脏。

❍ 肝脏的头等任务是处理从食物中吸收的所有营养物质，并把它们输送到需要这些营养的身体细胞里。

❍ 肝脏把碳水化合物转变成葡萄糖。葡萄糖是为细胞提供能量的主要化学物质。肝脏能在血液中保持葡萄糖水平稳定。当水平下降时，它会释放更多的葡萄糖；当水平上升时，它会把葡萄糖作为糖朊（淀粉的一种类型）储存。

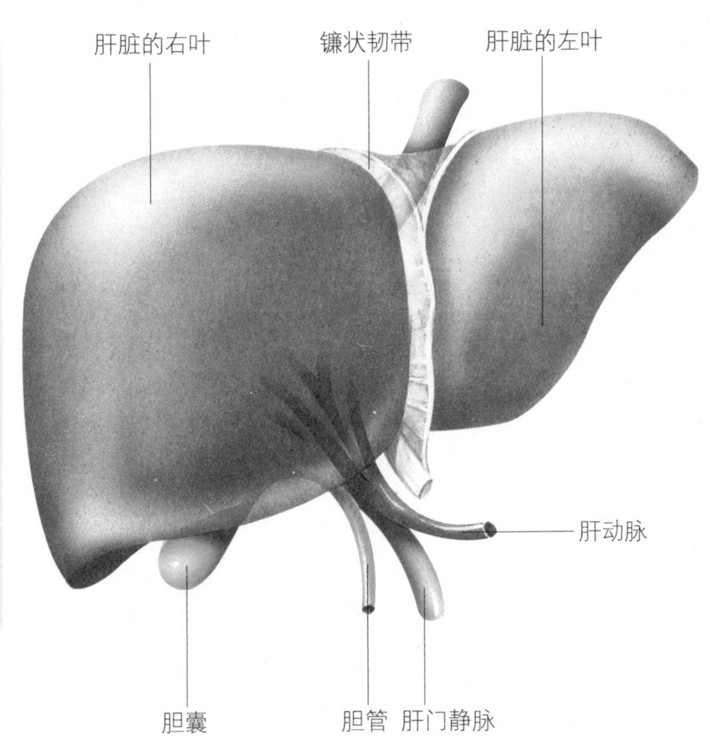

肝脏有两个部分，由图中的这条镰刀状韧带链接。这条韧带是一条血液丰富的器官，柔软而容易损坏。

❍ 胰腺由外分泌组织构成，与大约一百万个胰岛激素融为一体。

❍ 胰分泌多种消化酶（如胰淀粉酶）进入肠内帮助消化食物。胰淀粉酶可把淀粉分解为麦芽糖。

❍ 胰消酶通过胰管进入肠内，这条输送管也从肝脏运载胆汁。

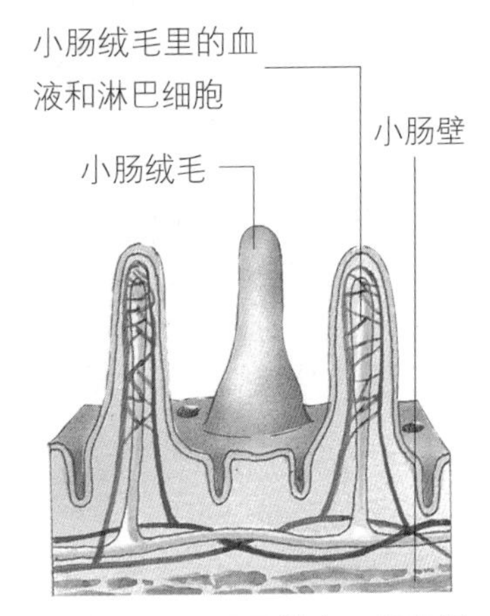

小肠周围是微小、指状折叠绒毛。在每根绒毛表面是更加微小、指状折叠的微绒毛。这些折叠常提供一个巨大的区域来帮助吸收食物。

表面区域

小肠的衬里折叠成扇状。

有褶皱的表面也是折叠成微小的指状结构，大约1毫米高，叫绒毛。

每根绒毛被数以万计的微绒毛覆盖。

小肠褶皱区、绒毛和微绒毛给小肠提供了巨大的表面以吸收营养物质。

心脏

心脏是推动血液流动的动力器官，通过有规律的收缩和扩张推动血液沿血管系统周而复始的循环流动。

心脏是一个卓越的双重泵浦，有两个可供泵抽的空间，即左、右心室。它能自动地收缩紧压血液到心室外面，并一路通到动脉。

肺动脉把血液送到肺部提取氧气

两条大静脉把缺氧的血液从身体带到心脏的右边

心率

刚出生的婴儿

每分钟 120~130，即使睡觉时也是如此。

7 岁

每分钟 80~90

休息中的成年人

每分钟 70

大量运动中的成年人

每分钟 150 以上

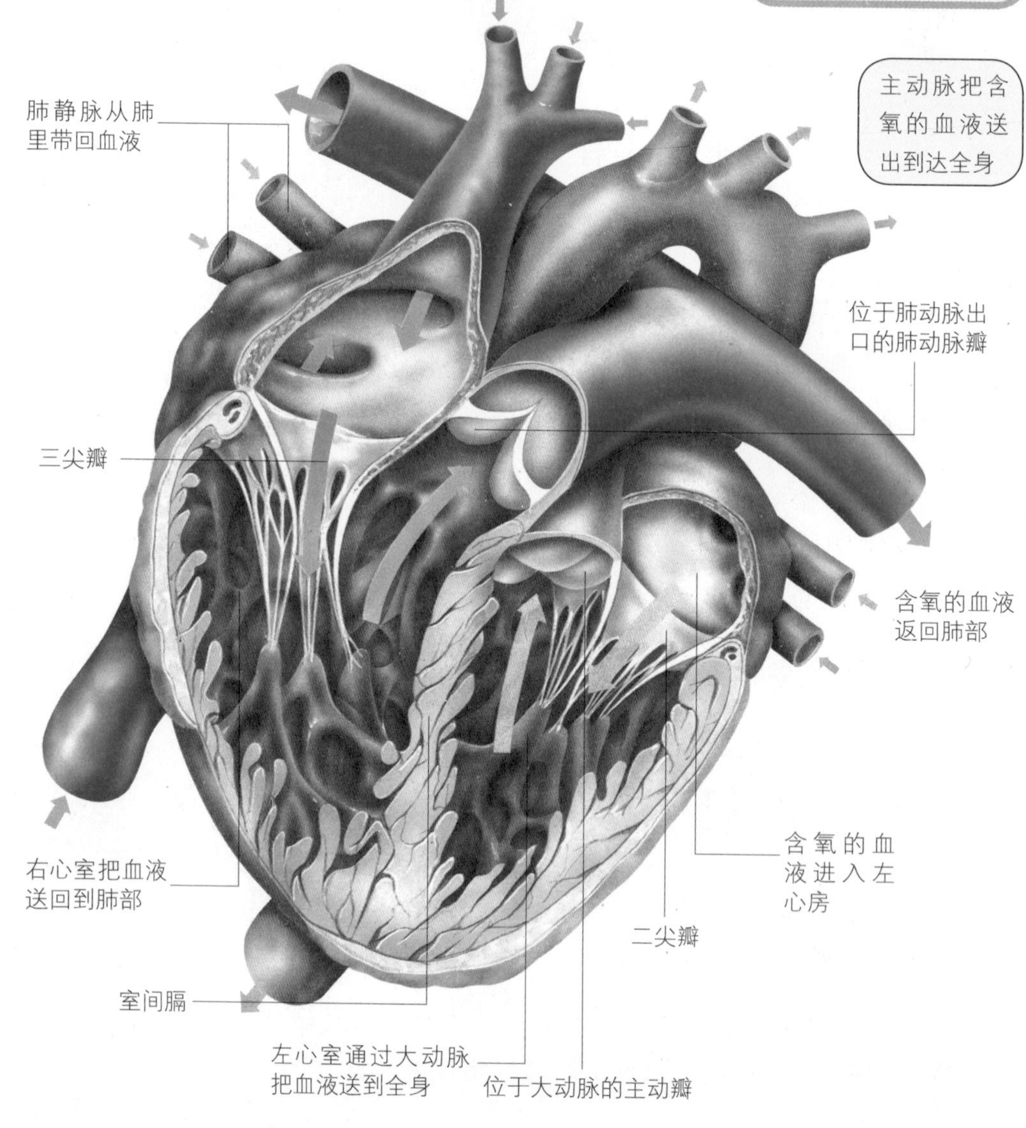

心电图

运动心电图机能通过监测活动期间心率的上升和下降幅度，来显示出心脏的健康状况。当心肌使心脏抽动时，会产生微小的脉冲电。皮肤上的护垫能收集这些脉冲，并在显示屏上作为一条波浪线显示出来。

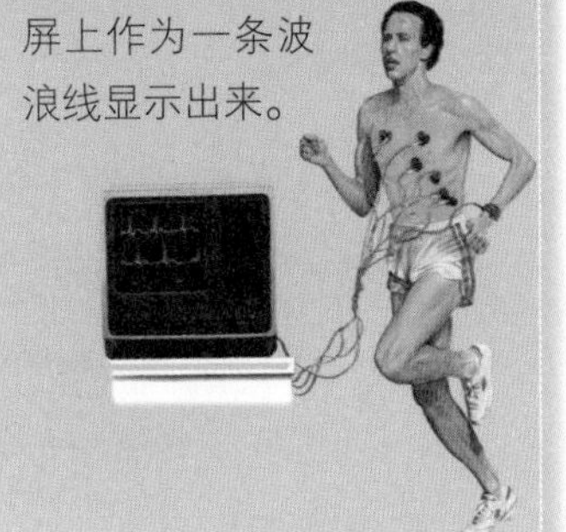

❍因为身体有两个循环系统，所以心脏有两个泵，而不是一个。

❍心脏的右侧通过肺循环送血液到肺里，并收集氧气。

❍血液回到心脏的左边，在体循环中把血液泵及全身，传输氧气。此后，血液再回到心脏并继续它无穷尽的旅途。

❍心脏的每边有两个室。上面有一个心房，在心房里，血液从静脉积累。除此之外，在下面还有一个心室，泵送血液到动脉里。

❍心脏每边有两个瓣膜以确保血液只能从一个方向循环流动。在心房和心室之间、在心室与离开心室的血管之间都有瓣膜。

心动周期

心脏的跳动可以分成一些阶段，但是事实上，这些阶段会合并成连续的一系列运动，称作心动周期。

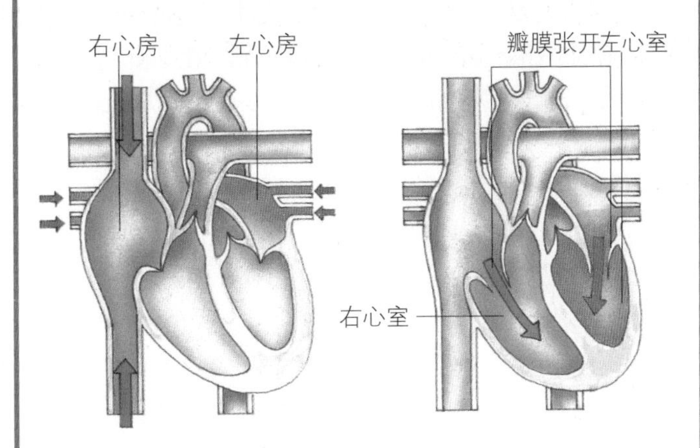

心动周期是指前一次心脏收缩完毕到下一次心脏收缩完毕，中间的这段时间。血液首先流到已经放松的心脏的心房。

当心肌波状运动遍及心脏，并把血液从心房挤压到心室的过程叫作心脏收缩。

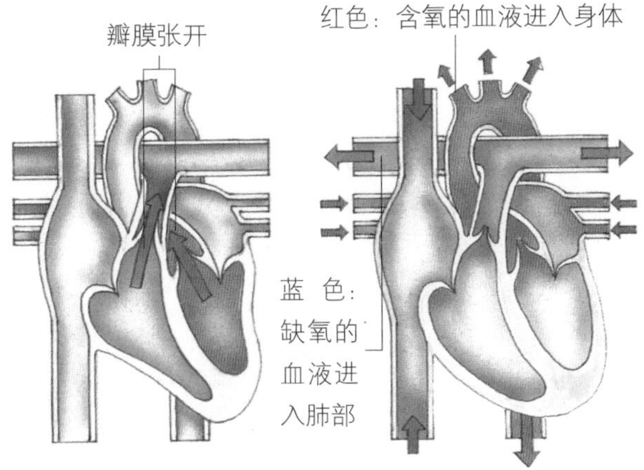

当心肌收缩到达厚壁的心室时，它们就把血液挤出进入到主动脉。

当心脏再次舒张时，心肌放松，来自主静脉的血液将充满心房。

❍心率可以通过测量腕部的脉搏率来实现。

人体废物排出

生物体与外界环境之间的物质和能量交换以及生物体内物质和能量的转变过程叫作新陈代谢。新陈代谢会产生许多种类的废物，有两个系统负责处理这种废物。

❍ 消化系统不仅处理食物残余和未消化的食物，而且也包括一些新陈代谢产生的废物。

❍ 固体废料从消化道的末端，即通过肛门排出。固体废料除了包括食物残渣外，还包括脱落的肠上皮细胞、大量的细菌和部分排泄物。

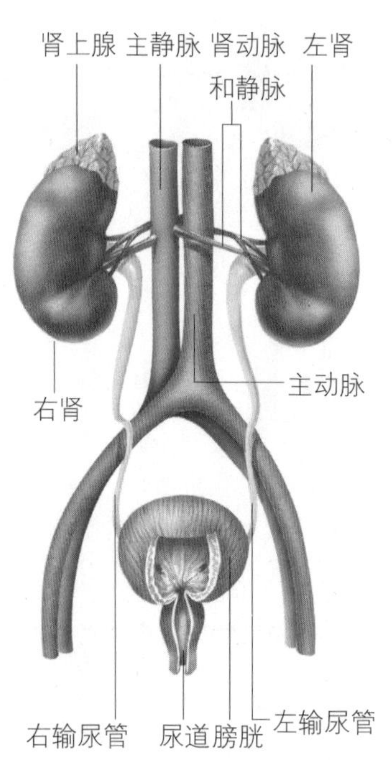

泌尿系统控制身体里水平衡。

你知道吗？

人一生大约要排掉45000升的尿，这足够填满一个游泳池。

❍ 另一个废物处理系统是泌尿系统，肾脏是其主要器官。泌尿系统过滤废物、不需要的盐和血液中的水，并且以尿的方式排泄出去。产生的尿量由激素控制。

❍ 肾脏有两层，外层为皮质，内层为髓质。尿聚集的地方叫作肾盂。

❍ 肾脏比其他身体器官能吸收更多的血液，大约每分钟能吸收1.2升血液。

❍ 在每个肾脏里面有大约一百万个微小的肾单位。这些肾单位从血液中带走废物及过量的水并形成尿。

❍ 尿通过输尿管流动到下体的膀胱。

❍ 当尿在膀胱聚集到300毫升左右时，你会感到需要排尿，尿会沿着尿道排泄到外面。

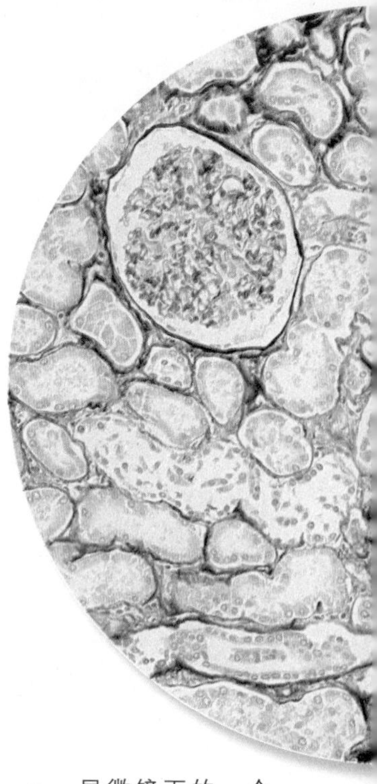

显微镜下的一个肾脏细胞。

血液透析

有时肾脏不能正常地运作，废物就会在血液中堆积起来。有这种症状的病人可以使用人工肾脏的血液透析来治疗。血液沿管子到达透析机，透析机过滤废品并且把血液送回到身体中去。这通常需要几个小时，每周要做几次。

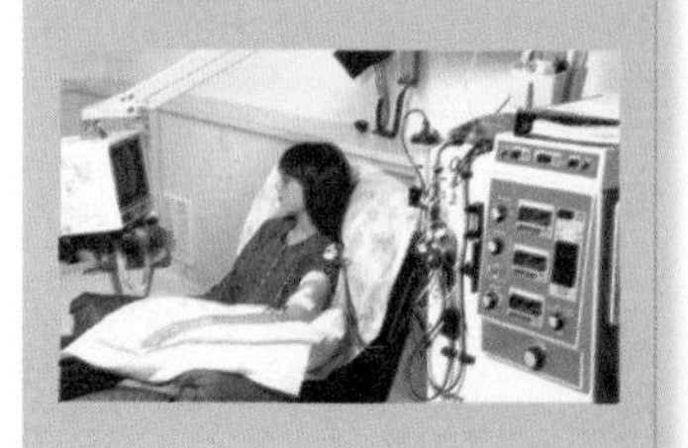

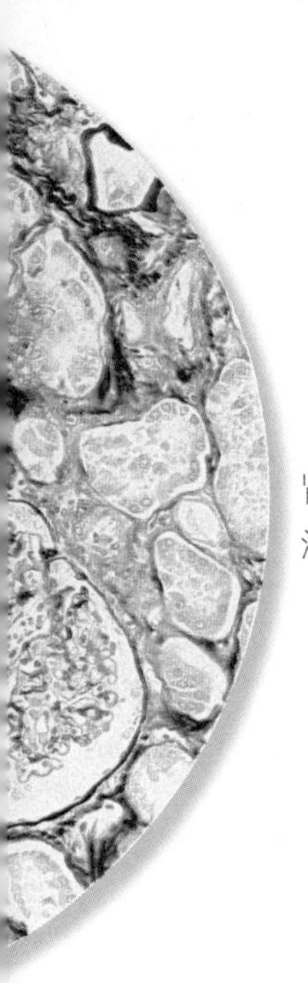

泌尿系统在血液里控制身体的水分平衡，把额外水作为尿排出，并通过肾脏过滤和消除血液中的杂质。肾脏设法从血液回收或保存各种可再用物质。它们在每 1000 升血液中，吸取 85 升水和其他血液物质，但是只有 0.6 升作为尿液排出。

❍ 尿液主要成分是水，但也包括其他物质，如尿素、各种各样的盐、肌酐、氨和血液废物等。

❍ 一个人每 24 个小时产生大约 1.5~2 升尿，但是这会随着身体活动和天气情况的不同而有变化。如果天气热和身体活跃时，就会大量流汗，从而会丢失更多水分，这时产生的尿就较少。

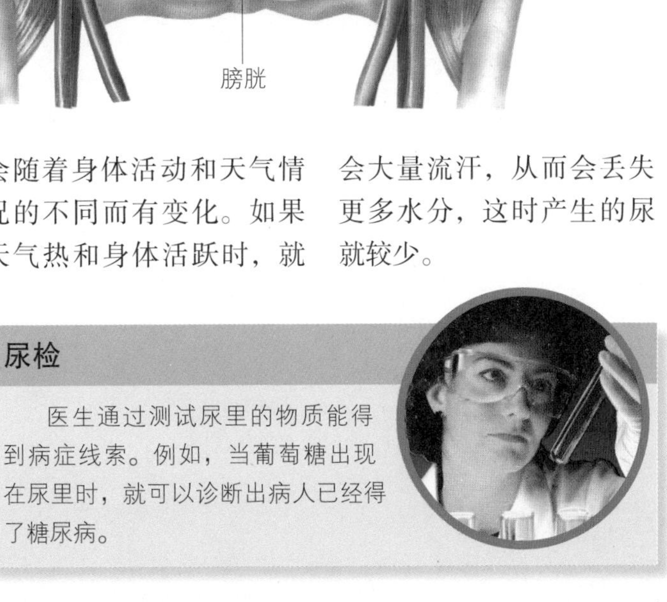

尿检

医生通过测试尿里的物质能得到病症线索。例如，当葡萄糖出现在尿里时，就可以诊断出病人已经得了糖尿病。